R语言
数据分析与挖掘
实战手册

程　静◎编著

中国铁道出版社有限公司
CHINA RAILWAY PUBLISHING HOUSE CO., LTD.

内 容 简 介

本书系统地介绍了利用 R 语言进行数据分析和挖掘的相关技术，采用由浅入深的框架体系：开篇伊始介绍 R 语言的基础操作，进而介绍回归分析、方差分析等数据分析的方法，以更好地探索数据内部结构，获取数据所包含的信息；更重要的是为后续的数据挖掘提供理论依据；最后介绍典型数据挖掘工具和方法，采用理论基础到算法介绍到案例实战的布局，让读者深刻感知数据挖掘的精髓，在了解算法的同时更好地学以致用。

本书提供的案例均给出了较为详尽地分析，以满足不同基础的读者的需要。本书适合的读者包括数据分析师、统计专业的本科生、经管类专业的研究生等。

图书在版编目（C I P）数据

R 语言数据分析与挖掘实战手册/程静编著.—北京：中国铁道出版社有限公司，2019.6

ISBN 978-7-113-25745-3

Ⅰ.①R… Ⅱ.①程… Ⅲ.①程序语言-程序设计-手册②数据处理-手册 Ⅳ.①TP312-62②TP274-62

中国版本图书馆 CIP 数据核字(2019)第 081947 号

书　　名： R 语言数据分析与挖掘实战手册
作　　者： 程　静

责任编辑： 荆　波　　**读者热线电话：** 010-63560056
责任印制： 赵星辰　　**封面设计：** MXK DESIGN STUDIO

出版发行： 中国铁道出版社有限公司（100054，北京市西城区右安门西街 8 号）
印　　刷： 中国铁道出版社印刷厂
版　　次： 2019 年 6 月第 1 版　2019 年 6 月第 1 次印刷
开　　本： 787mm×1092mm　1/16　**印张：** 16.5　**字数：** 347 千
书　　号： ISBN 978-7-113-25745-3
定　　价： 59.80 元

前言 Foreword

随着互联网技术的蓬勃发展，物联网、车联网和云计算等技术的日益成熟，人们的生活环境逐渐由一个数字化的网络体系覆盖。近年来，大数据、机器学习、人工智能等词汇不断出现在大众的视野中，而“数据挖掘”作为实现上述目标的核心利器，不容置疑地成为了数据分析者必须掌握的“关键技术”。

然而，直接接触或学习这项“关键技术”都是较为困难的，因为其本身涵盖了数学、统计学、算法编程等不同专业领域的知识，如何克服这种困难，如何在一本书中既讲清必要的理论知识，又能够使读者能够快速上手操作并在操作中学习更多的知识，成为一名数据分析达人，这是本书要解决的。

本书作者借助于多年的知识积累和实务工作经验，将数据分析和挖掘的各种“干货”浓缩于本书中，其中囊括了大量精美的图表与案例分析，行文深入浅出、图文并茂，将枯燥生硬的理论知识与案例分析相结合，便于读者更快地吸收知识并学以致用。本书抛开深奥的理论化条文，除了必备的基础理论知识介绍外，绝不贪多求全，特别强调实务操作、快速上手，绝不囿于示意与演示，更注重实战展示——从R 语言软件的安装、数据的获取、数据的预处理、数据的探索性分析到回归分析等数据分析的方法，再到常规聚类等典型的数据挖掘工具和方法，随着本书内容的一步步深入，读者将真正体会到数据挖掘的精髓和乐趣所在。

本书特色

1．内容体系由浅入深、详略得当，行文安排适用于不同基础的读者

本书内容涵盖了软件安装、数据获取、数据预处理、数据的探索性分析等基础内容以帮助基础较为薄弱的初学者尽快入门，而后介绍了数据分析的一些强有力工具，如回归分析、方差分析、主成分分析、因子分析和判别分析等数据分析的方法，最后将所有知识综合起来形成真正的数据挖掘知识体系。本书对基础部分的细节进行详细介绍，对较为高深的理论知识和算法进行了简单的介绍，这种由浅入深、详略得当的行文安排适用于基础不尽相同的读者。

2．内容切实可用，辅以大量实例，便于读者更快地掌握核心技术

本书注重实战操作，在基础部分进行详细讲解，如软件安装和数据处理等，均给出了实打实的教程，而在数据分析和挖掘技术的相关章节介绍中均采用了实例分

析，案例中的数据方便易得、真实可靠，在案例分析中按照数据挖掘的基本步骤进行，对分析结果进行详细解读，便于读者更好地理解和掌握每一章的核心技术。

3．将分析结果进行可视化展示，激发读者的阅读兴趣

本书采用较多的可视化展示，从算法介绍到实例分析，尽量采用图片的形式进行解读，以帮助读者从繁琐的文字描述中"解脱"出来，尤其是实例分析部分，将能够进行可视化展示的部分转化成图片形式，并配以简明扼要的文字解说，以便读者更加深刻地理解每一章的内容。需要强调的是，在行业应用中，数据挖掘的结果大多以图片的形式汇总为可视化报告，因此本书的初衷就是建立与行业应用的更多联系。

二维码下载包

为了便于读者习，我们把全书源代码以及书中图片的彩色版放入二维码下载包中，供读者下载使用。

本书读者对象

- 数据分析师
- 统计专业的本科生
- 经管类专业的研究生
- R 语言的编程爱好者

因受作者水平和篇幅所限，本书难免存有疏漏和不当之处，敬请指正。

编 者

2019 年 3 月

目　录 Contents

第 7 章 主成分分析和因子分析

第 8 章 判别分析

第 9 章 常规聚类分析

第 1 章

R 语言简介

R 语言是用于统计分析和数据挖掘的一门面向对象的编程语言，该语言的前身是由贝尔实验室开发的 S 语言，后由新西兰奥克兰大学的 Ross 和 Robert 共同开发，由于两位开发者的名字都是以 R 开头，故将此语言命名为 R 语言。目前，R 语言已经发展成为开放式的、免费开源的语言和环境。本章将会介绍最基本的 R 语言知识，以及 R 语言中关键术语的简单介绍，以帮助读者建立对 R 语言的整体认识。

1.1 R 语言软件的安装与运行

本节中，读者将会学习到 R 语言软件的最基本操作，即使大家不熟悉计算机编程语言，也同样可以掌握本节知识。

1.1.1 R 语言软件的安装、启动与关闭

首先介绍两个 R 语言的网站：R 语言工程网站和 R 语言的 CRAN 社区。

R 语言工程网站（http://www.r-project.org/）目前由 R 开发核心小组（R Development Core Team）维护，他们在该网站上发布 R 语言的相关信息，如 R 语言的简介、R 语言的更新、宏包信息、R 语言的常用手册、已出版的 R 语言的相关书籍、R 语言会议等信息。

R 语言的 CRAN 社区（https://cran.r-project.org/）是获取 R 语言软件和源代码，以及其他资源的主要场所，通过它或者其他镜像站点下载最新版本的 R 语言软件和大量的程辑包（packages）。

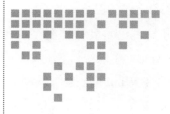

由于 R 语言是免费开源的语言和环境，故我们可以从 CRAN 社区免费下载 R 语言并安装到本地计算机。

R 语言可以在大多数桌面环境下使用，目前开发者已将其移植到了各种主流系统，无论用户使用的是 Linux、UNIX、Windows 还是 Mac OS 系统，都可以在 R 语言网站上很方便地下载最新的 R 语言软件。本书主要介绍在 Windows 操作系统上安装并使用 R 语言，其他操作系统上 R 语言的安装和使用方法请参见 R 语言的相关说明。

首先，进入 R 语言的工程网站，界面如图 1.1 所示，可以看到，该页面上有一些蓝色的字体，是导入其他相关网页的超链接，还可以找到“download R”的字样，点击进入 CRAN 镜像网站列表，该列表按照国家名字排序，只需要找到地理位置比较靠近的镜像即可，如 China 下面的几个链接，任意选择一个链接点击就进入 R 语言的下载安装页面，如图 1.2 所示。该页面提供不同操作系统下的 R 语言安装包，选择合适的即可。

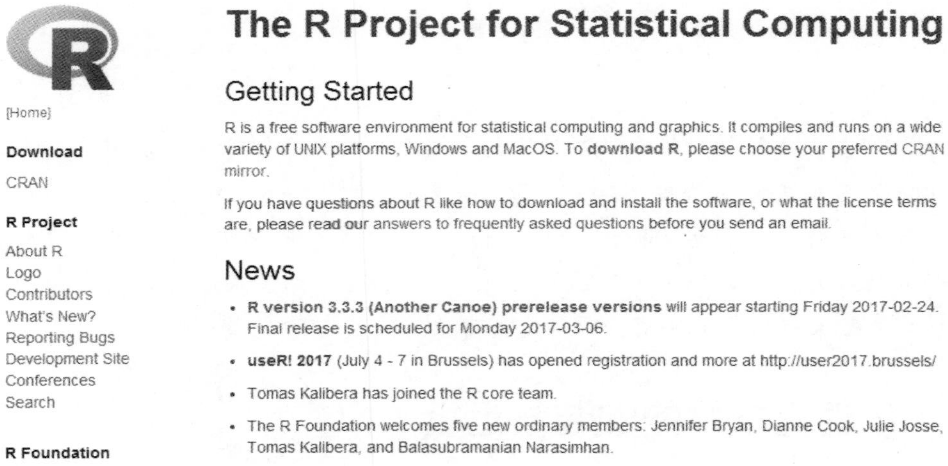

图 1.1　R 语言主页界面展示

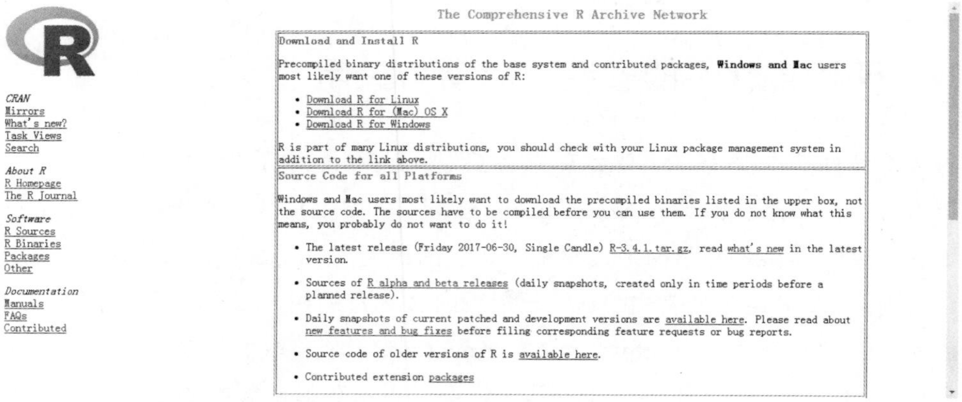

图 1.2　R 语言的安装页面

根据不同的操作系统点击链接，这里选择我们 Windows 系统的安装链接，目前 CARN 上针对 Windows 平台只有 32 位版本的 R 语言程序，但这些版本同样可以在 64 位 Windows 上正常运行，在软件的安装中也会有相应的选项来区分选择。

安装成功后，电脑桌面会出现蓝色的 R 图标，双击该图标就可以启动 R 语言软件。启动后界面如图 1.3 所示。

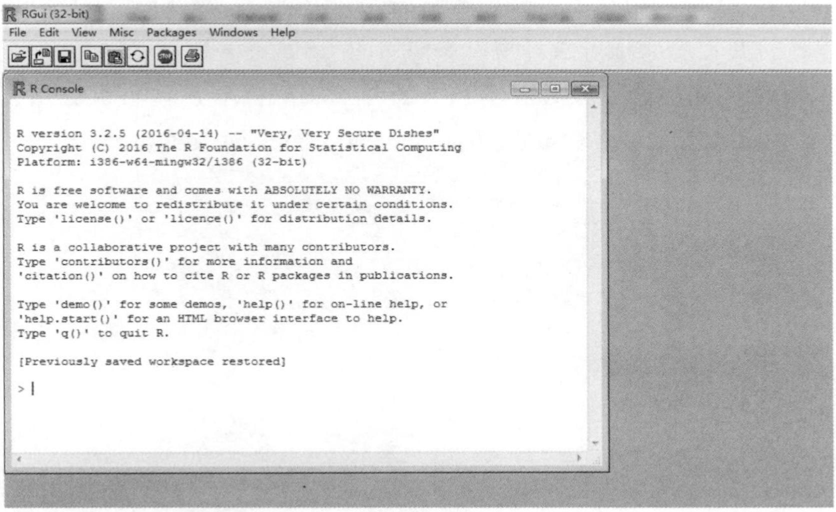

图 1.3　R 语言软件的界面展示

R 语言按照问答方式运行，即在命令提示符“>”后键入命令后回车，R 语言就可以完成相应的操作，例如输入以下命令，就可以得到如图 1.4 所示的结果。

```
> plot(iris)
```

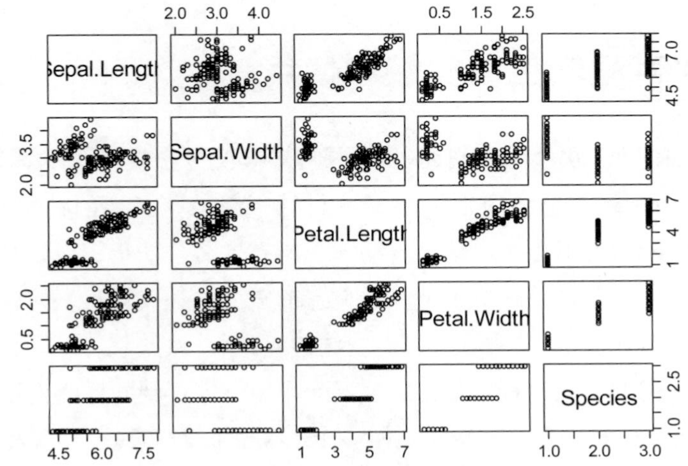

图 1.4　代码运行示例

如果需要关闭该软件，则有两种方式：

在命令提示符“>”后面输入 q()，会出现提示：save workspace image?即是否保存工作空间的镜像，点击是则保存，则之前在软件上的操作会全部被记录下来，如数据存储、函数编辑等，之后可以直接调用；否则不保存。

点击右上角的关闭图标，同样选择是否保存工作空间镜像后关闭软件。

除去标准的 RGui，现在还有一种非常流行的 R 语言运行方式：RStudio。它是一套免费、开源的 R 语言集成开发环境，界面如图 1.5 所示。RStudio 将所有的窗口都绑定在屏幕上，通过标签页的方式展示，界面看上去更美观，使用也更加方便。关于 RStudio 的安装运行，请参见 RStudio 的主页（http://www.rstudio.org/）。

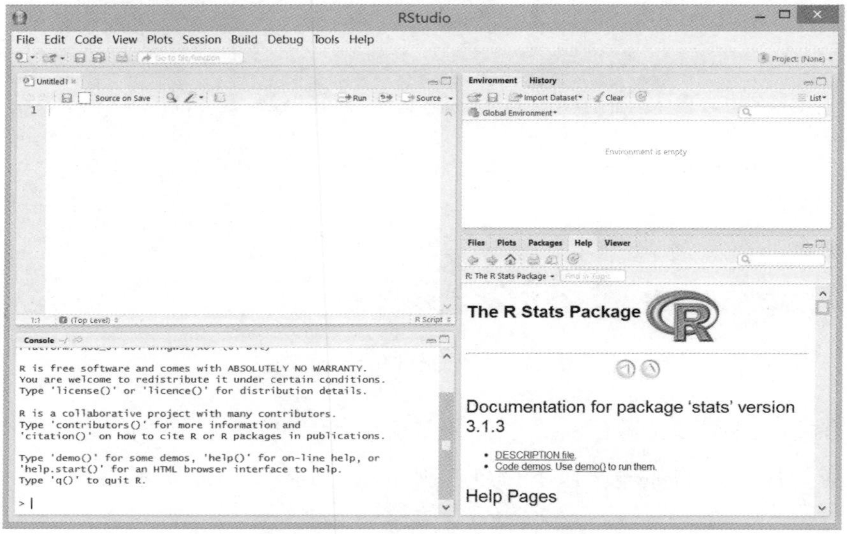

图 1.5　RStudio 的界面展示

1.1.2　R 语言程辑包的安装和使用

已经下载的 R 语言软件附有自带的程辑包，但仅包含最基本的程辑包和函数，在后续使用中会发现远远不够，所以需要读者自行下载一些必要的程辑包。

默认情况下，R 语言不会在启动时自动加载所有安装了的程辑包，因为这样会大幅降低软件的启动速度，因此在使用每一个程辑包之前需要先加载该程辑包，否则在调用包里面的函数时 R 语言会报错。

在加载之前，需要确认该程辑包已经安装到电脑上，否则同样会报错。R 语言中可以通过函数 library()来加载所需的程辑包。如：加载 Matrix 包（其中包含一系列关于矩阵的函数）。

```
> library(Matrix)
```

如果加载了没有安装过的程辑包，如在没有安装 kernlab 包（其中包括一系列关于支持向量机的函数）的情况下加载它，R 语言就会报错：

```
> library(kernlab)
Error in library(kernlab) : there is no package called 'kernlab'
```

此时需要先下载并安装 kernlab 程辑包，再加载它，下面将介绍具体步骤。

R 语言程辑包的安装分三种方式：

（1）菜单方式：在已联网的情况下，按照步骤“packages→install package(s)→选择合适的 CRAN 镜像服务器→选定程辑包”进行下载安装；

（2）命令方式：在已联网的情况下，在命令提示符“>”后键入以下命令，就可以下载并安装程辑包 kernlab：

```
> install.packages("kernlab")
trying URL 'https://mirrors.tuna.tsinghua.edu.cn/CRAN/bin/windows/contrib
/3.2/kernlab_0.9-25.zip'
Content type 'application/zip' length 2135613 bytes (2.0 MB)
downloaded 2.0 MB

package 'kernlab' successfully unpacked and MD5 sums checked

The downloaded binary packages are in
        C:\Users\Administrator\AppData\Local\Temp\RtmpCEHoLU\downloaded
_packages
```

需要注意的是：此处需要安装的是 kernlab 程辑包，上述输出结果显示了安装过程的基本信息，包括下载路径、宏包大小和存储路径，但有时候会需要安装一些其他相关的程辑包，安装过程会显示还需要先下载哪些包，但是 R 语言会自动下载这些包，不用再次键入命令。同样，在安装完成后会提示所下载的程辑包的存储路径；

（3）本地安装：在无上网条件的情况下，可以提前从 CRAN 社区下载需要的程辑包及与之相关的程辑包，再按照第一种安装方式通过“packages”菜单中的“install package(s) from local zip files”选定本机上的程辑包（zip 格式）进行安装。

正如前面提到的，在使用 R 语言程辑包之前需要先加载，刚安装的 R 语言软件包含最基本的程辑包，如 base 包，这类程辑包在 R 语言启动时就已经完成自动加载，不用人为加载；其他的新安装的程辑包在使用时必须先加载，下面提供两种加载方式：

（1）菜单方式：按照步骤“packages→load packages...”再从已有的程辑包中选定需要的进行加载；

（2）命令方式：在命令提示符后输入 library(),括号内就是需要加载的程辑包名称，需要注意的是，R 语言对字母的大小写敏感，因此在安装和加载程辑包时需要注意名称不能有误，否则 R 语言不能识别，会报错。

此外，还可以对已有的程辑包进行更新，通过步骤“packages→update packages...”

来完成更新，或者直接键入 old.packages()来更新已安装的 R 语言程辑包。

1.2 R 语言的数据结构

前文已经介绍了使用 R 语言软件最基本的操作，下面将继续介绍 R 语言的基本数据结构。

1.2.1 R 语言对象和类型

R 语言是通过一些对象来运行的，这些对象可以用其名称和内容来刻画，也可以用对象的数据类型来刻画。所有的对象都有两个内在的属性：类型和长度。在 R 中，数据类型有两种不同的划分方法。

1．按照存储划分：

（1）数值型：又分为整型、单精度实型和双精度实型，用于存储身高、体重和年龄等形式的数据。整形是整数的组织形式，根据整数位数的长短确定不同的存储空间，一般需要 2~4 字节的空间；单精度实型通常需要 4 字节的空间存储；双精度实型通常需要 8 字节的空间存储，在 R 语言中数值型数据都默认为双精度实型数据，其一般的表现形式为：1.234e-2，即 1.234×10^{2}。

（2）字符型：用于存储如姓名、所在单位等字符形式的数据，是夹在单引号‘’或双引号“”之间的字符串，字符型常量一般形如“LiLei”、“Beijing”等。

（3）逻辑型：用于存储二分类的数据，如是否为男性（女性）、是否成年等，取值只能是 FALSE（或 F）、TRUE（或 T）。

（4）复数型：一般具有 a+bi 的形式。

2．按照结构划分

可分为向量、矩阵、数组、列表和数据框，具体内容将在本章后几节分别进行详细介绍。当然，R 语言中还存在其他的类型，如函数或者表达式，但这些类型不能用于表示数据。其中函数是用来进行某些特定操作的 R 语言对象，通常需要进行参数设定，通过执行一系列的操作来产生结果，R 语言中已经包含了大量的函数以供调用，此外我们还可以创建新的函数，即用户自定义函数。

接下来将介绍怎样创建、访问和管理 R 语言数据对象：

（1）创建数据对象的基本书写格式为：

```
对象名<-R常量、表达式或函数
```

其中<-符号称为赋值符号，其功能是将符号右侧的计算结果赋值给左侧的对象名，在 R 语言中，还可以用“=”来进行赋值，即对象名=R 常量、表达式或函数。

（2）访问数据对象的基本书写格式为：

```
对象名或print（对象名）。
```

指定对象的对象值将会按照顺序输出。

（3）管理 R 语言的数据对象，即浏览当前的数据对象，并删除不需要的数据对象，浏览数据对象的基本书写格式为：

```
ls（）;
```

（4）删除指定对象的基本书写格式为：

```
rm（对象名或者对象名列表）、remove（对象名或者对象名列表）。
```

1.2.2　向量

向量是 R 语言中最基本的数据对象，用于存储一组基本类型相同的数据，向量可以是数值型、字符型、逻辑型和复数型，在 R 语言中可以用 c()函数和相应的参数设定来创建一个向量，

c()函数的基本书写格式为：

```
c（常量或向量名列表）
```

其中，常量和向量名分别用逗号隔开，常量或向量名的数量就是向量的长度，可以用 length()函数来获取向量的长度：

```
> x=c(1,2,3,4)     #创建一个向量，并将其赋值给x
> x
[1] 1 2 3 4
> length(x)
[1] 4
```

如果需要查看向量中的元素类型，可以用 typeof()函数；R 语言中的变量类型称为模式，我们知道向量存储的是一组基本类型相同的数据，即向量中所有元素都必须属于相同的模式。否则，R 语言将执行强制类型转换，可以用 mode()函数来查看向量中元素所属的模式。

```
> typeof(x)
[1] "double"
> mode(x)
[1] "numeric"
```

从上述输出可知，向量 x 的元素类型是“double”，元素所属的模式为“numeric”；值得注意的是，对于数值型的向量，R 语言一般默认其元素类型为双精度实型（double）。下面我们创建一个向量，使其元素不属于同一个模式。

```
> y=c(2,3,4.5,'z')
> typeof(y)
[1] "character"
> mode(y)
[1] "character"
```

从上述输出可知，向量 *y* 的元素类型是"character"型，因为 R 语言执行了强制类型转化，将所有元素转化成字符型，同样，元素所属的模式也是"character"型。

如果想要检查对象 *y* 是否为向量，可以用 is.vector()函数：

```
> is.vector(y)
[1] TRUE
```

除了上述介绍的创建向量的最基本函数 c()，R 语言中还有一些其他的常用函数。如 seq 函数、rep 函数、scan 函数以及利用随机分布函数来创建向量。

（1）seq 函数：也称为序列函数，是用来创建含有序列元素的向量，其基本书写格式为：

```
seq（from, to, by, ength.out,  along.with, ...）
```

参数介绍：

- from：起始值，默认值为 1；
- to：终止值，默认值为 1；
- by：步长，即各元素之间的差值；
- length：向量长度，即元素的个数。

```
> seq(0,3,by=0.5)
[1] 0.0 0.5 1.0 1.5 2.0 2.5 3.0
>seq(0,3,length=4)
[1] 0 1 2 3
```

（2）rep 函数：也称为重复函数，是用来创建含有重复元素的向量，其基本书写格式为：

```
rep(x, each = 1, times = 1, length.out = NA)
```

参数介绍：

- *x*：向量或者类似向量的对象；
- each：*x* 中每个元素重复的次数，默认值为 1；
- times：each 后的处理，each 后生成的序列再重复 times 次，默认值为 1；
- length.out：times 处理后的向量最终输出的长度。

在举例之前，需要先了解一个运算符——冒号运算符。冒号运算符是能够产生序列的运算符，如 1:4，产生的序列就是 1，2，3，4；5:2 产生的序列就是 5，4，3，2；在 rep 函数中，*x* 的赋值一般是由冒号运算符产生的序列。

```
> rep(1:4,each=3)
 [1] 1 1 1 2 2 2 3 3 3 4 4 4
> rep(1:4,each=3,times=2)
 [1] 1 1 1 2 2 2 3 3 3 4 4 4 1 1 1 2 2 2 3 3 3 4 4 4
> rep(1:4,each=3,times=2,length=20)
 [1] 1 1 1 2 2 2 3 3 3 4 4 4 1 1 1 2 2 2 3 3
> rep(1:4,each=3,times=2,length=26)
 [1] 1 1 1 2 2 2 3 3 3 4 4 4 1 1 1 2 2 2 3 3 3 4 4 4 1 1
```

由上述输出可知，当 length 的值小于 times 处理后向量的长度时，R 语言会按照顺序输出向量中的元素，输出长度为 length；当 length 的值大于 times 处理后向量的长度时，R 语言会补齐长度后输出。值得注意的是，*x* 的赋值与 times 的赋值要等长，否则 R 语言将会报错。

```
> rep(1:4,times=c(1,2,3))
Error in rep(1:4, times = c(1, 2, 3)) : invalid 'times' argument
> rep(1:4,times=c(1,2,3,4))
[1] 1 2 2 3 3 3 4 4 4 4
```

可能有读者会感到疑惑，在前面的例子中并没有特别关注 times 的赋值与 *x* 的赋值是否等长，但是并没有报错，这是因为前面的例子中设定 times 为常数，R 语言默认在 each 后得到的序列再作为一个对象重复 times 次；但当我们设置 times 为向量时，times 向量中的每一个值对应 *x* 中元素的重复次数，如上例 *x* 中元素有 4 个，则 times 向量中元素也必须要有 4 个，否则就会报错。

（3）利用随机分布函数创建向量

这里介绍两种最常见的生成随机数的函数：rnorm 函数（产生正态分布随机数）和 runif 函数（产生二项分布随机数）。关于两个函数的具体用法在这里不做详细介绍，读者可以自行查阅，在已联网的情况下，可以直接在 R 语言的命令提示符后输入问号，再输入函数名称即可，R 语言会自动链接到相应的网页。

```
> ?runif    #查询runif函数的相关介绍
starting httpd help server ... done
```

下面我们利用上述两个函数来创建向量：

```
> a=rnorm(10,mean=10,sd=1)
>b=runif(20,min=1,max=20)
> a
 [1]  9.583244  9.420814 11.081076  8.474260 11.082666  9.422743  8.732582
 [8]  8.148639 10.716700  9.585558
```

```
> b
 [1]  9.880263 19.641848  3.475166 10.796255  1.554243 18.333144 15.740187
 [8]  2.114052  9.849665 13.100200 18.216232  7.214380 16.001052 13.501460
[15] 13.996965 18.529433  9.079949  2.120631 18.578448  9.726483
> is.vector(a)
[1] TRUE
> is.vector(a);is.vector(b)
[1] TRUE
[1] TRUE
```

由上述输出可知，向量 a 中元素为 10 个均值为 10，标准差为 1 的正态分布随机数，向量 b 中元素为 20 个（1，20）内的二项分布随机数；值得注意的是，在最后一个命令提示符键入两条命令，在 R 语言中同时键入多条命令需要用分号间隔开。

（4）scan 函数：也叫键盘数据读入函数。

其基本书写格式为：

```
对象名> scan ( )
```

如：从键盘输入 2，3，4 到向量 x 中：

```
> x=scan()
1: 2
2: 3
3: 4
4:
Read 3 items
> x
[1] 2 3 4
> is.vector(x)
[1] TRUE
```

下面将介绍向量索引。R 语言中有非常灵活的向量下标运算，选择一个向量的子集或者元素均可以通过在向量名称后面添加方括号，并在括号中填写索引元素即可，一般来说，索引元素可以是常量和向量。

索引元素为常量的情况：

```
> x=c(2,4,6,8,10)
> x[1]       #索引向量中第一个元素的位置
[1] 2
> x[-1]      #去掉向量中第一个元素
[1]  4  6  8 10
> x[1:3]     #索引向量中前三个元素
[1] 2 4 6
```

索引元素为向量的情况：

```
>y=c(1,3,5,7,9)
```

```
> y[c(1,3,5)]
[1] 1 5 9
> y[-c(1,3)]
[1] 3 7 9
```

代码分析：

上述代码表示：先创建一个元素为 1，3，5，7，9 的向量，再索引向量中第 1，3，5 个位置的元素，最后去掉向量中第 1，3 位置的元素，并将结果输出。

我们已经知道怎样索引向量中的元素，下面将介绍怎样给向量中的元素赋值，或者是修改向量中的元素值。

```
> y
[1] 1 3 5 7 9
> y[1]=2
> y
[1] 2 3 5 7 9
```

由上述输出可知，将向量 y 中第一个位置的元素改为 2，然后输出该向量，可以看到第二次输出的向量元素与第一次不同。

```
> x=rep(NA,length=5)
> x
[1] NA NA NA NA NA
> x[1:4]=c(10,20,30,50)
> x
[1] 10 20 30 50 NA
```

代码分析：

由上述输出可知，创建一个长度为 5 的向量 x，向量中每个元素均为 NA，然后将前四个元素赋值为 10，20，30，50，再将赋值后的向量 x 输出。

下面我们介绍向量的基本运算，其基本运算符和运算函数如表 1.1 所示。

表 1.1　向量的基本运算符和运算函数

运算符/函数	含　义	运算符/函数	含　义
+，-，*，/	加减乘除	Sum()	求和
<，>	小（大）于	Min()	求最小值
<=，>=	小于（大于）等于	Max()	求最大值
%/%	整除	Mean()	求平均值
%%	求余数	Sort(x)	对 x 中元素升序排序后返回向量
Abs()	求绝对值	order(x)	对 x 中元素升序排序后返回下标
Sqrt()	求平方根	x[order(x)]	对 x 中元素升序排序后返回向量

```
> x
```

```
[1] 10 20 30 50 NA
> x%%3                          #对向量x中元素求3的余数
[1]  1  2  0  2 NA
> x%/%3                         #将向量x重元素整除3
[1]  3  6 10 16 NA
> ( z=c(-1,-.5,3,-2,1))         #创建向量z并将其元素输出
[1] -1.0 -0.5  3.0 -2.0  1.0
> abs(z)                        #对z中元素求绝对值
[1] 1.0 0.5 3.0 2.0 1.0
> sort(z)                       #对z中元素升序排序，并输出排序后的向量元素
[1] -2.0 -1.0 -0.5  1.0  3.0
> order(z)                      #对z中元素升序排序，并输出排序后的元素下标
[1] 4 1 2 5 3
> z[order(z)]                   #对z中元素升序排序，并输出排序后的向量元素
[1] -2.0 -1.0 -0.5  1.0  3.0
```

代码分析：

由上述输出可知，sort(*x*)和 x[order(*x*)]的作用完全一样，但是 order(*x*)的作用只是输出排序后的向量元素的下标，这个下标是相对于原始的向量 *x* 而言的，在本例中，创建的原始向量 *z* 中最小的元素是-2.0，其下标为 4，故在使用 order 函数升序排序后输出的第一个下标为 4，依次类推，最后 order 函数输出的结果就为 4，1，2，5，3。

值得注意的是，在编写上述代码时在命令外添加了括号，即(*z*=c(-1,-.5,3,-2,1)) ，该命令表示创建向量 *z* 并将其输出，最外层的括号表示将括号内的结果输出，作用等同于创建向量 *z* 后在下一行键入向量名称 z 并使其输出。

1.2.3 数组和矩阵

在上一节我们介绍了向量的基本知识，接下来将学习矩阵和数组的基本知识。

数组是一个带有多个下标且形态相同的元素集合，一般来说数组是一个 k（k≥1）维的数据表，而矩阵是数组的一个特例（k=2），即矩阵是二维的数组，前面介绍的向量可以看作是一个一维的数组。向量的属性由其类型和长度决定，而数组和矩阵由于维度更高，所以其属性需要由类型、长度和维度共同刻画。

1．矩阵

（1）怎样创建矩阵。

在 R 语言中，一般使用 matrix 函数来创建，其基本书写格式为：

```
matrix(data = NA, nrow = 1, ncol = 1, byrow = FALSE,dimnames = NULL)
```

参数介绍：

- data：用于填充矩阵的数据，一般为向量形式；
- nrow：矩阵的行数，默认值为 1；

- ncol：矩阵的列数，默认值为 1；
- byrow：是否按行填充矩阵，默认值为 FALSE，即 R 语言默认按列填充矩阵；
- dimnames：维度的名称，即矩阵的每行、每列的名称，默认值为 NULL。

```
> x<-matrix(1:4,ncol=2)
> x
     [,1] [,2]
[1,]    1    3
[2,]    2    4
```

由上述输出可知，我们创建了一个 2*2 的矩阵 x，其中的元素是由 1:4 按列填充。如果我们需要创建对角阵，则使用 diag 函数更为方便：

```
> diag(3)
     [,1] [,2] [,3]
[1,]    1    0    0
[2,]    0    1    0
[3,]    0    0    1
> diag(c(1,2,3))
     [,1] [,2] [,3]
[1,]    1    0    0
[2,]    0    2    0
[3,]    0    0    3
```

由上述输出可知，先创建一个 3*3 的单位阵（对角线元素均为 1 的对角阵），再创建一个对角线元素为 1，2，3 的 3*3 对角阵。

如果需要判断一个对象是否为矩阵，则使用函数 is.matrix，如果需要把一个对象（向量等）转换成矩阵，可以使用 as.matrix 函数。

```
> x<-c(1:4)
> is.vector(x)
[1] TRUE
> y<-as.matrix(x)
> is.matrix(y)
[1] TRUE
```

代码分析：

上述代码表示：先创建一个向量 *x*，再将对象 x 转换成矩阵并赋值给 *y*，最后判断对象 y 是否为矩阵，得到的结果是 TRUE。

（2）查询矩阵的维数

下面查询矩阵的维数（行数和列数），并按照下标索引矩阵中的元素。查询维数使用 dim 函数，具体用法为：

```
dim(矩阵名称)。
```

```
> x=matrix(1:20,ncol=4)
> x
     [,1] [,2] [,3] [,4]
[1,]    1    6   11   16
[2,]    2    7   12   17
[3,]    3    8   13   18
[4,]    4    9   14   19
[5,]    5   10   15   20
> dim(x)
[1] 5 4
```

由上述输出可知，我们创建了一个矩阵x，设定其列数为4，矩阵元素为1:20，R默认按列填充，最终得到5*4的矩阵，求其维数，为5行4列。还可以用ncol函数和nrow函数来分别查询矩阵的列数与行数。

（3）怎样索引矩阵中的元素。

由于矩阵是二维的数组，即每一个元素对应一个行数和列数，因此在使用下标检索时需要在方括号内添加两个元素，具体用法如下：

```
> x[2,3]
[1] 12
> x[4,]
[1]  4  9 14 19
```

上述输出结果表示：先索引矩阵x中第2行3列的元素，得到的结果为12；再索引矩阵x中第4行的元素，得到的结果为4，9，14，19。

（4）介绍矩阵的主要运算符和运算函数

首先介绍加减乘除四则运算在矩阵中的应用：对两个或者多个矩阵使用四则运算，必须要满足所有的矩阵维数相同，否则R语言会报错。此时的运算规则是相同位置的元素进行运算，具体如下例所示：

```
> x<-matrix(1:4,2)
> y<-matrix(1:4,2)
> x+y
     [,1] [,2]
[1,]    2    6
[2,]    4    8
> x*y
     [,1] [,2]
[1,]    1    9
[2,]    4   16
```

如果需要进行代数意义下的矩阵乘法运算，则应该使用%*%来计算。此外还有一些常用的运算函数，具体如表1.2所示。

表 1.2　矩阵的运算函数

运算函数	含　义	运算函数	含　义
t()	矩阵转置	qr()	qr 分解
eigen()	求特征值和特征向量	det()	求行列式
solve()	求逆矩阵	cbind()	按列合并
svd()	奇异值分解	rbind()	按行合并

```
> A=matrix(1:20,4,5)          #创建矩阵
> A
     [,1] [,2] [,3] [,4] [,5]
[1,]    1    5    9   13   17
[2,]    2    6   10   14   18
[3,]    3    7   11   15   19
[4,]    4    8   12   16   20
> t(A)                          #对矩阵求转置
     [,1] [,2] [,3] [,4]
[1,]    1    2    3    4
[2,]    5    6    7    8
[3,]    9   10   11   12
[4,]   13   14   15   16
[5,]   17   18   19   20
> B=matrix(21:40,4,5)
> cbind(A,B)                    #将矩阵A和矩阵B按列合并
     [,1] [,2] [,3] [,4] [,5] [,6] [,7] [,8] [,9] [,10]
[1,]    1    5    9   13   17   21   25   29   33    37
[2,]    2    6   10   14   18   22   26   30   34    38
[3,]    3    7   11   15   19   23   27   31   35    39
[4,]    4    8   12   16   20   24   28   32   36    40
> rbind(A,B)                    #将矩阵A和矩阵B按行合并
     [,1] [,2] [,3] [,4] [,5]
[1,]    1    5    9   13   17
[2,]    2    6   10   14   18
[3,]    3    7   11   15   19
[4,]    4    8   12   16   20
[5,]   21   25   29   33   37
[6,]   22   26   30   34   38
[7,]   23   27   31   35   39
[8,]   24   28   32   36   40
```

值得注意的是，在使用 cbind 函数和 rbind 函数对两个或多个矩阵进行合并时，要满足按行合并的矩阵列数必须相同，按列合并的矩阵行数必须相同，否则 R 语言会报错。

2．数组

（1）数组的创建

R 语言中一般使用 array 函数创建数组，其基本书写格式为：

```
array(data = NA, dim = length(data), dimnames = NULL)
```

可以看到，array 函数的参数与 matrix 函数的参数比较类似，其含义也基本相同，唯一不同的地方是 array 函数的 dim 参数，级数组的维数，默认为 data 参数的长度，即如果除了 data 参数外不设定其他参数，则 R 语言默认创建了一个一维数组。

```
> array(1:4)
> [1] 1 2 3 4
```

（2）向量或矩阵转换为数组

同样地，可以用函数 as.array()来将向量或矩阵转换为数组，用函数 is.array()来判断某一对象是否是数组，用函数 dim()来查看数组的维数，也可以用该函数对某一对象添加维数，使其转换成一个数组。

```
> x<-array(1:20,dim=c(2,2,5))
> x
, , 1

     [,1] [,2]
[1,]    1    3
[2,]    2    4

, , 2

     [,1] [,2]
[1,]    5    7
[2,]    6    8

, , 3

     [,1] [,2]
[1,]    9   11
[2,]   10   12

, , 4

     [,1] [,2]
[1,]   13   15
[2,]   14   16

, , 5

     [,1] [,2]
[1,]   17   19
[2,]   18   20
> x[1,2,3]
```

```
[1] 11
```

上述代码表示：先创建一个 2*2*3 的三维数组 x，该三维数组由 3 个 2*2 的矩阵构成，用 1:20 去分别填充三个矩阵，在每个矩阵中按列填充，最终得到三维数组；由于该数组有三个维度，在索引的时候需要在方括号里面填写三个对象，如 x[1,2,3]表示索引第三个矩阵中第 1 行 2 列的元素，结果为 11。

```
> y=c(1:12)
> dim(y)=c(2,2,3)
> y
, , 1

     [,1] [,2]
[1,]    1    3
[2,]    2    4

, , 2

     [,1] [,2]
[1,]    5    7
[2,]    6    8

, , 3

     [,1] [,2]
[1,]    9   11
[2,]   10   12
```

上述代码表示：先创建一个向量 *y*，再对该向量的维度赋值，将向量转换为一个 2*2*3 的三维数组，该数组的元素填充方式和上例相同。

同样地，还可以创建更高维的数组，在此我们不一一列举，有兴趣的读者可以自行创建。

1.2.4 列表

根据前面的介绍，向量、矩阵和数组的元素必须是同一类型的数据，而 R 语言中的列表不受这样的限制，列表是对象的集合，其对象可以是向量、矩阵、数组和列表，每一个对象称为列表的成分。列表中的成分不一定是同一种数据类型，甚至连模式和长度也可以不同。在本节将学习列表的相关知识。

首先介绍怎样创建一个列表，列表可以用函数 list()来创建，其基本书写格式为：

```
list(成分1=对象1,成分2=对象2,...)
```

具体用法如下：

```
> a<-list(id=201,name="zhanghua",scores=c(75,82,90,67))
> a
$id
[1] 201

$name
[1] "zhanghua"

$scores
[1] 75 82 90 67
```

上述代码表示：

创建一个列表a，列表中第一个成分是名称为id的数值，第二个成分是名称为name的字符串，第三个成分是名称为 scores 的向量。可以通过索引来得到列表中的元素，索引方式如下：

```
> a$id
[1] 201
> a$name
[1] "zhanghua"
```

不难发现，列表的索引方式和前面介绍的不同，是以“列表名$成分名”的方式索引。如果按照之前的方法索引列表中元素，将会得到不同的结果，具体如下：

```
> a[1]
$id
[1] 201
> a[2]
$name
[1] "zhanghua"
```

此时得到的索引结果分别是由列表的第一、二个成分构成的子列表，如果我们修改一下命令，又将会得到不同的结果。

```
> a[[1]]
[1] 201
> a[[2]]
[1] "zhanghua"
```

不难发现，本次索引得到的结果和按照第一种方法索引得到的结果相同，原因在于，在列表名后添加一个方括号，得到的是子列表，如果在方括号中再添加一个方括号，将会索引到子列表中的元素。

此外，还可以修改和添加列表中的元素：

```
> (a$scores<-c(75,82,90,67,85))
$id
[1] 201

$name
[1] "zhanghua"

$scores
[1] 75 82 90 67 85

> (a$weight=60)
$id
[1] 201

$name
[1] "zhanghua"

$scores
[1] 75 82 90 67 85

$weight
[1] 60
```

上述代码表示：

先对列表 a 中元素 scores 的数值进行修改，并输出修改后的结果；再对列表 a 添加一个赋值为 60 的元素 weight，将扩展后的新列表输出。

可以通过函数 length()来检查列表成分的个数，还可以用函数 c()将多个列表合并起来如下：

```
>length(a)
[1] 4
> b=list(sex="male",age=19)
> c(a,b)
$id
[1] 201

$name
[1] "zhanghua"

$scores
[1] 75 82  9 67 85

$weight
[1] 60
```

```
$sex
[1] "male"

$age
[1] 19
```

上述代码表示：创建了一个新的列表 b，然后用函数 c()将列表 a、b 合并起来，并将得到的结果输出。

最后介绍将列表中元素转换为向量元素的函数 unlist()，转换后的元素个数不变，该操作的意义在于将列表中不同类型的数据转化为同一类型，而且得到的每一个向量元素都有来自于列表对应成分的名称。

```
> unlist(c(a,b))
        id       name    scores1    scores2    scores3    scores4    scores5
     "201" "zhanghua"       "75"       "82"        "9"       "67"       "85"
    weight        sex        age
      "60"     "male"       "19"
> is.vector(unlist(c(a,b)))
[1] TRUE
```

1.2.5 数据框

数据框（Data frame）是 R 语言中的一种数据结构，它通常为矩阵形式的数据。与矩阵不同的是，数据框中各列可以是不同类型的数据。数据框可以看作是矩阵的推广，也可以看作是一种特殊的列表对象，数据挖掘中的很多函数都会用到数据框。本节将详细介绍数据框的基本信息。

首先学习怎样创建一个数据框，创建数据框一般用函数 data.frame()，其基本书写格式为：

```
data.frame(域名1=向量1,域名2=向量2,...,row.names=NULL,..)
```

其中，数据框中的数据应该事先存储在每个向量中，然后赋值给域名，所有的域名按列合并为一个数据框，一列又可以看作是一个变量，列名就是变量名，每一列中的元素就是该变量的观测值。下面我们尝试创建一个数据框：

```
>names<-c("Mike","John","Jane","Alice","Richard")
> sex<-c("M","M","F","F","M")
> height<-c(55.2,56.5,54.3,55.7,56.2)
> age<-c(12,13,12,12,13)
> weight<-c(84,93,82,87,90)
> data.frame(names,sex,age,height,weight)
    names sex age height weight
```

```
1 Mike    M   12   55.2     84
2 John    M   13   56.5     93
3 Jane    F    12   54.3     82
4 Alice    F    12   55.7     87
5 Richard  M   13   56.2     90
```

在上面的例子中，先设定向量，再将每个向量的名称代入函数 data.frame()中创建数据框，向量的名称就是数据框的列名，可以通过函数 name()显示列名：

```
> data1<-data.frame(names,sex,age,height,weight)
> names(data1)
[1] "names"  "sex"  "age"  "height"  "weight"
```

不难发现，上述代码中并没有给数据框的每一行命名，可以利用函数 row.names()来对数据框添加行名：

```
> row.names(data1)<-c(101,102,103,104,105)
> data1
    names  sex  age  height  weight
101  Mike    M   12    55.2     84
102  John    M   13    56.5     93
103  Jane    F    12   54.3     82
104  Alice    F    12   55.7     87
105  Richard  M   13   56.2     90
```

如果需要判断某一对象是否为数据框，可以利用函数 is.data.frame()，如果要将其他类型的数据转换成数据框的形式，可以利用函数 as.data.frame()：

```
> (x<-array(1:6,c(2,3)))
     [,1]  [,2]  [,3]
[1,]    1    3    5
[2,]    2    4    6
> as.data.frame(x)
  V1 V2 V3
1  1  3  5
2  2  4  6
```

上述代码表示：创建一个列表 x，然后将其转换成数据框的形式并输出，由于列表中没有列名，故 R 语言自动添加每一列的名称。

下面介绍数据框中元素的索引，索引方式与矩阵的索引方式相同，具体如下：

```
> data1[1:2,c(1,3)]      #访问数据框中位于第1、2行，第1、3列的四个元素
   names age
101  Mike  12
102  John  13
>data1[,1]               #访问数据框的第一列元素
```

```
[1] Mike    John    Jane    Alice   Richard
Levels: Alice Jane John Mike Richard
```

此外，还可以利用函数 head()来查看数据框的前 6 行记录。

```
> data(iris)
> is.data.frame(iris)
[1] TRUE
> head(iris)
  Sepal.Length Sepal.Width Petal.Length Petal.Width Species
1          5.1         3.5          1.4         0.2  setosa
2          4.9         3.0          1.4         0.2  setosa
3          4.7         3.2          1.3         0.2  setosa
4          4.6         3.1          1.5         0.2  setosa
5          5.0         3.6          1.4         0.2  setosa
6          5.4         3.9          1.7         0.4  setosa
```

在上例中，我们使用了 R 语言的内置数据集 iris，该数据集是以数据框的形式存储，用函数 head()查看其前六行记录。值得注意的是，在 R 语言中有非常多的数据集可供使用，这些操作命令将会在后面的章节中大量使用。

和矩阵类似，利用函数 cbind()来合并数据框，合并方式是按列合并：

```
> score=c(76,83,69,90,85)
> cbind(data1,score)
      names sex age hegiht weight score
101    Mike   M  12   55.2     84    76
102    John   M  13   56.5     93    83
103    Jane   F  12   54.3     82    69
104   Alice   F  12   55.7     87    90
105 Richard   M  13   56.2     90    85
```

在数据挖掘的实战中，我们经常会遇到这样的问题：只需要提取数据框的一部分来进行分析。在使用数据中的变量时，可以用“数据框名$变量名”的格式将某一变量提取出来，但如果需要提取的变量较多，这种方法就比较麻烦。下面将学习两个函数来解决这类问题，即函数 attach()和 detach()。

函数 attach()又叫连接函数，可以把数据框中的变量连接到内存中，使得我们可以直接调用变量而不需要添加数据框名。

```
> attach(iris)
> plot(Sepal.Length,Sepal.Width,col="red")
```

上述代码表示：

利用 attach 函数直接将 iris 数据集中的变量“连接”到内存中，然后挑选出前两个变量（数据框的前两列）的数据画散点图，绘图结果如图 1.6 所示。

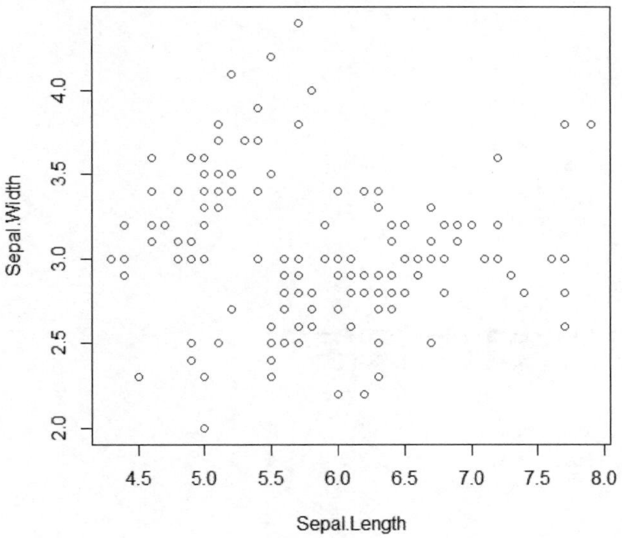

图 1.6　iris 数据集前两列数据的散点图

函数 attach()的反向操作是 detach()，在对数据框使用完毕后需要利用 detach()来取消数据框中的列与内存的连接关系。如果取消连接关系后再尝试上面的代码，R 语言将会报错：

```
> detach()
> plot(Sepal.Length,Sepal.Width,col="red")
Error in plot(Sepal.Length, Sepal.Width, col = "red") :
  object 'Sepal.Length' not found
```

第 2 章

数据的读取与保存

数据挖掘实战中，最基础也是最根本的就是数据，在进行数据分析之前，要先获取原始数据。在上一章中，我们详细介绍了 R 语言中数据类型的基本知识，也接触到了一些数据的读取和存储方法。本章将会更加详细地介绍 R 语言中不同类型和格式的数据怎样读取和存储。

2.1 数据的读取

在上一章中，我们尝试了在 R 语言中输入数据，可以通过创建不同的对象来完成。但是更多的时候 R 语言需要和其他软件工具，如 SPSS、Excel 和 SAS 中读取数据，在信息大爆炸的今天，在网页上抓取数据到 R 语言中进行分析早已成为数据挖掘领域的流行趋势。由此可见，数据的来源和格式种类繁多，R 语言读取数据的方法也不尽相同，接下来对其进行逐一讨论。

2.1.1 读取内置数据集和文本文件

前文的介绍中我们提到过，R 语言中有很多自带的数据集可供使用，其中包括 100 多个内置数据集，在一些程辑包中附带了更多的数据集，这些数据集构成了修炼数据挖掘内功的重要因素。

首先，我们来介绍 R 语言中内置的数据集，这些数据集存放在 R 语言自带的程辑包 datasets 中，通过函数 data()就可以读取这些数据集，输出结果如图 2.1 所示。

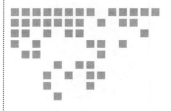

```
> data()      #查看R中内置的数据集
```

```
R data sets
Data sets in package 'datasets':

AirPassengers              Monthly Airline Passenger Numbers 1949-1960
BJsales                    Sales Data with Leading Indicator
BJsales.lead (BJsales)
                           Sales Data with Leading Indicator
BOD                        Biochemical Oxygen Demand
CO2                        Carbon Dioxide Uptake in Grass Plants
ChickWeight                Weight versus age of chicks on different
                           diets
DNase                      Elisa assay of DNase
EuStockMarkets             Daily Closing Prices of Major European Stock
                           Indices, 1991-1998
Formaldehyde               Determination of Formaldehyde
HairEyeColor               Hair and Eye Color of Statistics Students
Harman23.cor               Harman Example 2.3
Harman74.cor               Harman Example 7.4
Indometh                   Pharmacokinetics of Indomethacin
InsectSprays               Effectiveness of Insect Sprays
JohnsonJohnson             Quarterly Earnings per Johnson & Johnson
                           Share
```

图 2.1　R 中内置数据集展示

如果需要读取某一个特定的数据集，同样使用函数 data()完成：

```
> data(iris)
> iris[1:5,]
     Sepal.Length Sepal.Width Petal.Length Petal.Width Species
1          5.1         3.5          1.4         0.2  setosa
2          4.9         3.0          1.4         0.2  setosa
3          4.7         3.2          1.3         0.2  setosa
4          4.6         3.1          1.5         0.2  setosa
5          5.0         3.6          1.4         0.2  setosa
```

还可以读取程辑包中自带的数据集，首先用函数 library()将该程辑包载入，再用函数 data()来读取包中的数据；如果不确定该程辑包中有哪些数据集，可以用 data（package=“程辑包名”）来查看。

```
> library(DMwR)
> data(package="DMwR")
> data(algae)
> algae[1:5,1:10]
  season  size  speed mxPH mnO2      Cl    NO3     NH4    oPO4     PO4
1 winter small medium 8.00  9.8 60.800  6.238 578.000 105.000 170.000
2 spring small medium 8.35  8.0 57.750  1.288 370.000 428.750 558.750
3 autumn small medium 8.10 11.4 40.020  5.330 346.667 125.667 187.057
4 spring small medium 8.07  4.8 77.364  2.302  98.182  61.182 138.700
5 autumn small medium 8.06  9.0 55.350 10.416 233.700  58.222  97.580
```

在上述代码中，先加载 DMwR 程辑包，然后查看该程辑包中含有的数据集，结果如图 2.2 所示。然后选择其中的 algae 数据集（海藻数据集）进行读取，然后输出该数据集中前 10 个变量的 1:5 行观测值。

```
R data sets
Data sets in package 'DMwR':

GSPC                    A set of daily quotes for SP500
algae                   Training data for predicting algae blooms
algae.sols (algaeSols)
                        The solutions for the test data set for
                        predicting algae blooms
sales                   A data set with sale transaction reports
test.algae (testAlgae)
                        Testing data for predicting algae blooms
```

图 2.2　DMwR 包中的数据集展示

下面将介绍 R 语言中怎样读取文本文件。

大部分存储数据的文本文件格式都是相似的。文件中每一行都表示一个观测记录；在有的文件中，不同的变量用特殊符号隔开，这种特殊符号就称为分隔符。在 R 语言中，有很多函数可以读取带分隔符的文本文件，这里我们选择有代表性的函数 read.table()，其函数的基本书写格式为：

```
    read.table(file, header , sep = "",
quote= ,dec=,row.names,colnames,as.is,na.strings,
    colClasses,nrows,skip,check.names,fill,strip.white,blank.lines.skip,co
mment.char  ...)
```

其参数介绍详见图 2.3。

file	文件名（包在""内，或使用一个字符型变量），可能需要全路径（注意即使是在Windows下，符号\ 也不允许包含在内，必须用 / 替换），或者一个URL链接（http://...）（用URL对文件远程访问）
header	一个逻辑值(FALSE or TRUE)，用来反映这个文件的第一行是否包含变量名
sep	文件中的字段分离符，例如对用制表符分隔的文件使用sep="\t"
quote	指定用于包围字符型数据的字符
dec	用来表示小数点的字符
row.names	保存着行名的向量,或文件中一个变量的序号或名字,缺省时行号取为1, 2, 3, ...
col.names	指定列名的字符型向量(缺省值是：V1, V2, V3, ...)
as.is	控制是否将字符型变量转化为因子型变量(如果值为FALSE)，或者仍将其保留为字符型（TRUE）。as.is可以是逻辑型，数值型或者字符型向量，用来判断变量是否被保留为字符
na.strings	代表缺失数据的值(转化为NA)
colClasses	指定各列的数据类型的一个字符型向量
nrows	可以读取的最大行数(忽略负值)
skip	在读取数据前跳过的行数
check.names	如果为TRUE，则检查变量名是否在R中有效
fill	如果为TRUE且非所有的行中变量数目相同，则用空白填补
strip.white	在sep已指定的情况下，如果为TRUE，则删除字符型变量前后多余的空格
blank.lines.skip	如果为TRUE，忽略空白行
comment.char	一个字符用来在数据文件中写注释，以这个字符开头的行将被忽略（要禁用这个参数，可使用comment.char = ""）

图 2.3　read.table 的参数介绍

其中，最为重要的选项是 sep 和 header，因为必须告知 R 语言要打开的文件，以及字段分隔符是什么。因为函数 read.table()是用来创建数据框的，所以它是读取文本文件数据的主要方法。下面进行操作演练。

首先，在“F:\\data”路径下建立文本文件 credit，其中部分内容为：

```
NO Income Credit  age
1  45   2   34
2  30   2   57
3  45   2   74
4  55   3   50
5  60   2   37
6  13   1   37
7  25   1   21
8  16   1   22
```

利用函数 setwd()设置工作路径后，用函数 read.table()读取该数据：

```
> setwd("F:\\data")
> data.1<-read.table(file="credit.txt",header=TRUE,sep="")
> data.1
   NO Income Credit age
1   1     45      2  34
2   2     30      2  57
3   3     45      2  74
4   4     55      3  50
5   5     60      2  37
6   6     13      1  37
7   7     25      1  21
8   8     16      1  22
9   9     83      3  46
10 10     84      2  30
11 11     85      3  53
12 12     95      3  65
13 13     81      3  53
14 14     63      3  40
15 15     82      3  53
```

如果没有事先设定工作路径，也可以直接用函数 read.table()读取，读入完整的工作路径即可，具体命令如下：

```
> data.2<-read.table("F:\\data\\credit.txt",header=TRUE,
sep="\t",na.strings="NA")
> data.2
   NO.Income.Credit..age
1         1  45   2   34
2         2  30   2   57
```

```
3        3  45   2   74
4        4  55   3   50
5        5  60   2   37
6        6  13   1   37
7        7  25   1   21
8        8  16   1   22
9        9  83   3   46
10       10 84   2   30
11       11 85   3   53
12       12 95   3   65
13       13 81   3   53
14       14 63   3   40
15       15 82   3   53
```

由于函数 read.table()对读取数据的要求较高，并且在大数据环境下，该函数不能够有效地运行。为解决这种问题，我们介绍一个更加灵活的指令：函数 scan()，该函数的灵活之处在于，它可以指定变量的类型。其函数的基本书写格式为：

```
scan(file = "", what = double(), nmax = -1, n = -1, sep = "",
quote = if(identical(sep, "\n")) "" else "'\"", dec = ".",
skip = 0, nlines = 0, na.strings = "NA",
flush = FALSE, fill = FALSE, strip.white = FALSE,
quiet = FALSE, blank.lines.skip = TRUE, multi.line = TRUE,
comment.char = "", allowEscapes = FALSE,
fileEncoding = "", encoding = "unknown", text, skipNul = FALSE)
```

其中，大部分参数的含义和设置与函数 read.table()相同，但是函数 scan()没有 header 参数。下面我们将对需要重点说明的参数加以介绍。

参数介绍：

- what：指定需要读取的数据类型，可供设定的类型有：logical, integer, numeric, complex；
- character, raw and list：默认值为 numeric（数值型）；
- nmax：指定读入数据的最大量，若参数 what 设定为 list，则 nmax 表示可读取的行数，默认值是读取到文件的末尾；
- n：指定读入数据的最大量，无效值将会被忽略，默认为无限制。

可以看到，正是由于参数 what 可以灵活设置，故函数 scan()能够创建不同的类型，当给 what 赋不同的值时，表示将下一单元译为相应的数据类型，函数 scan()将会重复执行上述模式，直到将所有数据读取完毕。

下面运用该函数来读取其他类型的数据，首先在“F:\\data”路径下建立文本文件 student，数据结构如下：

```
M  17  65  166
M  16  70  171
```

```
F  16  68  156
M  17  66  178
```

然后读取该数据：

```
> data.3<-scan("F:\\data\\student.txt",what=list(sex="",age=0,weight=0,
height=0))
Read 4 records
> data.3
$sex
[1] "M" "M" "F" "M"

$age
[1] 17 16 16 17

$weight
[1] 65 70 68 66

$height
[1] 166 171 156 178
```

由于我们之前已经设定了工作路径，故也可以简化命令：

```
> data.3=scan("student.txt",what=list(sex="",age=0,weight=0,height=0))
Read 4 records
```

此外，我们还将学习另一个读取文本文件数据的指令：函数 read.fwf()，该函数用于读取文件中一些固定宽度格式的数据，其基本书写格式为：

```
read.fwf(file, widths, header = FALSE, sep = "\t",skip = 0, row.names,
col.names, n = -1, buffersize = 2000, fileEncoding = "", ...)
```

该函数的参数含义和设置与函数 read.table()基本相同，不同之处在于，该函数中参数 widths 用于说明读取字段的窗宽。下面我们将进行实战演练。

利用前面的 credit 数据的前 9 行，做一些处理后的显示如下：

```
145234
230257
345274
455350
560237
613137
725121
816122
983346
```

输入命令：

```
>data.4<-read.fwf("F:\\data\\credit2.txt",widths=c(1,2,1,2),col.names=
c("NO","Income","Credit",
"age")
> data.4
  NO Income Credit age
1  1     45      2  34
2  2     30      2  57
3  3     45      2  74
4  4     55      3  50
5  5     60      2  37
6  6     13      1  37
7  7     25      1  21
8  8     16      1  22
9  9     83      3  46
```

需要注意的是，在读取文本文件数据时，需要在文件最后一行记录后敲回车，这样做是为 R 语言提供一个信息：读取文件到此为止。否则 R 语言将会报错。显示“最后一行数据不完整”。

2.1.2　读取 Excel 数据和 CSV 格式的数据

在实际生活中，通常会遇到 Excel 数据，因为 Exce 作为基本办公软件，几乎囊括了所有领域的数据，怎样将其导入 R 语言中也成为一项重要的任务。下面我们来详细介绍导入 Excel 数据的方法。

Excel 中的数据一般都是以.xls 或者.xlsx 的形式存储，针对这种形式的数据，我们有两种方法将其导入 R 语言中。

1．利用剪贴板

利用剪贴板是最为简单的一种方式，该方式需要借助 R 语言中函数 read.delim() 的帮助。在 Excel 中打开将要导入数据文件，选中需要的数据部分，复制到剪贴板（cLipboard）上，然后在 R 语言中输入命令即可。具体操作如下所示。

首先，在 Excel 中输入之前提到过的 credit 数据，保存为.xlsx 的格式，其数据展示如图 2.4 所示。

然后输入命令：

```
> data.5=read.delim("clipboard")
> data.5
  NO Income Credit age
1  1     45      2  34
2  2     30      2  57
3  3     45      2  74
4  4     55      3  50
5  5     60      2  37
```

```
6   6     13      1  37
7   7     25      1  21
8   8     16      1  22
9   9     83      3  46
10  10     84      2  30
11  11     85      3  53
12  12     95      3  65
13  13     81      3  53
14  14     63      3  40
15  15     82      3  53
```

A	B	C	D
NO	Income	Credit	age
1	45	2	34
2	30	2	57
3	45	2	74
4	55	3	50
5	60	2	37
6	13	1	37
7	25	1	21
8	16	1	22
9	83	3	46
10	84	2	30
11	85	3	53
12	95	3	65
13	81	3	53
14	63	3	40
15	82	3	53

图 2.4　.xlsx 格式的 credit 数据展示

不难发现，该方法确实简单易行，但是仅适合数据量不大的情况，在数据挖掘实战中，很多时候要与大数据打交道，这种情况下复制数据的方法没有直接将数据导入 R 中来得直接。

2．使用程辑包 RODBC

要直接将 Excel 中的数据导入 R 语言中，可以利用程辑包 RODBC 中的函数 odbcConnect Excel()和函数 sqlFetch()来完成。具体做法如下：

首先我们需要下载并加载程辑包 RODBC：

```
>packages(RODBC)
> library(RODBC)
> excel<-odbcConnectExcel("F:\\data\\credit.xlsx")
> data.6<-sqlFetch(excel,"Sheet1")
> data.6
  NO Income Credit age
1  1     45      2  34
2  2     30      2  57
3  3     45      2  74
4  4     55      3  50
5  5     60      2  37
```

```
6  6     13     1  37
7  7     25     1  21
8  8     16     1  22
9  9     83     3  46
10 10     84     2  30
11 11     85     3  53
12 12     95     3  65
13 13     81     3  53
14 14     63     3  40
15 15     82     3  53
```

以上就是将 Excel 数据导入 R 语言中的两种方法，由于上述方法针对的是.xls 和.xlsx 格式的数据，还可以将这些格式的数据转换成 csv 格式的数据，然后采用另一种常见的方法导入 R 语言中。

读取 csv 格式的数据，需要利用函数 read.csv()来完成，其函数的基本书写格式为：

```
read.csv(file, header = TRUE, sep = ",",quote="\"", dec=".",fill =
TRUE,comment.char="")
```

其中：参数 header 和 sep 的默认值与函数 read.table()不同，该函数默认的分隔符是逗号，header 也是默认为有标题，参数 file 默认填充，即如果遇到行不相等的情况，空白域会自动添加既定值。如果使用默认的设置，则命令更为简单。下面进行实战演练。

首先将 Excel 中的 redit 数据另存为.csv 格式，然后输入以下命令：

```
> data.7=read.csv("F:\\data\\credit.csv")
> data.7
  NO Income Credit age
1  1     45     2  34
2  2     30     2  57
3  3     45     2  74
4  4     55     3  50
5  5     60     2  37
6  6     13     1  37
7  7     25     1  21
8  8     16     1  22
9  9     83     3  46
10 10     84     2  30
11 11     85     3  53
12 12     95     3  65
13 13     81     3  53
14 14     63     3  40
15 15     82     3  53
```

可以发现，用本方法读取数据也同样方便。

2.1.3　读取 R 语言格式数据和网页数据

在 R 语言中的数据，或者是更为一般的对象，如向量、列表、函数等，都可以通过函数 save()保存起来，其文件名以.Rdata 为后缀，然后通过函数 load()加载到 R 语言的工作空间中，具体操作如下：

```
>data(iris)
> attach(iris)
> data2=data.frame(iris[c(1:10),c(1:4)])
> save(data2,file="F:\\data\\data2.Rdata")
> load("F:\\data\\data2.Rdata")
> head(data2)
 Sepal.Length Sepal.Width Petal.Length Petal.Width
1         5.1         3.5          1.4         0.2
2         4.9         3.0          1.4         0.2
3         4.7         3.2          1.3         0.2
4         4.6         3.1          1.5         0.2
5         5.0         3.6          1.4         0.2
6         5.4         3.9          1.7         0.4
```

上述代码表示：

先加载 R 语言中的内置数据集 iris 到工作空间，将该数据集的 1:10 行、1:4 列的数据赋值给 data2，然后将数据框 data2 以.Rdata 的格式保存到本地，保存路径为："F:\\data\\"，保存名称为 data2，最后加载该 R 格式的数据，并查看该数据的前六行记录。

下面学习在 R 语言中读取网页数据的方法。在网络信息爆炸的今天，从网上抓取数据已经不是一件新鲜的事情，我们经常需要到网页上抓取如股票交易记录这样的实时数据，因此学习读取网页数据势在必行。

在 R 语言中读取网页数据需要用到程辑包 XML 和 RCurl，首次使用需要下载并加载到工作空间中：

```
>install.packages(XML)
>install.packages(RCurl)
> library(XML)
> library(RCurl)
```

如果是读取网页上的 HTML 表格数据时，我们需要用到该程辑包中的函数 readHTMLTable()，其函数的基本书写格式为：

```
readHTMLTable(doc, header = NA,colClasses = NULL, skip.rows = integer(), 
trim = TRUE,
    elFun = xmlValue, as.data.frame = TRUE, which = integer(),...)
```

参数介绍：

- doc：HTML 文件或者是 URL（网页网址）；
- header：可以为逻辑值或者字符向量，作为逻辑值时表示抓取的列表是否包含列标签，作为字符向量时表示为抓取的列表赋列名；
- colClasses：可以为列表或者向量，指定表中各列数据的类型；
- skip.row：整型向量，指定需要忽略的行；
- trim：逻辑值，指定是否移除开头和结尾的空白单元格；
- which：整型向量，指定需要返回网页中的几个列表。

下面我们将进行实战演练，我们将抓取 30 期的双色球开奖信息，具体操作如下：

```
> url = getURL('http://datachart.500.com/ssq/history/history.shtml')
> table<-readHTMLTable(htmlParse(url),header=F)$tablelist
> data<-as.data.frame(table)
> data<-data[,-9]
> names(data)<-c("期号","红球1","红球2","红球3","红球4","红球5","红球6","蓝球","奖池奖金","一等奖注数","一等奖奖金","二等奖注数","二等奖奖金","总投注数","开奖日期")
> head(data)
   期号    红球1 红球2 红球3 红球4 红球5 红球6  蓝球  奖池奖金        一等奖注数
1 17016    05    08    16    22    27    29    02  957,434,232         12
2 17015    01    08    09    14    17    32    01  976,589,244          4
3 17014    06    08    18    20    23    31    13  944,740,410          5
4 17013    08    11    28    29    31    33    06  924,629,020         10
5 17012    10    11    14    15    16    24    07  919,697,751          9
6 17011    10    11    12    23    26    29    16  914,786,466         11
   一等奖奖金    二等奖注数  二等奖奖金     总投注数       开奖日期
1  6,237,727       222       83,630     349,767,606  2017-02-12
2  9,713,530       101      233,343     314,977,594  2017-02-09
3  8,280,828       144      142,397     307,538,720  2017-02-07
4  6,997,500        99      252,209     377,878,424  2017-02-05
5  7,016,617        80      283,586     329,120,186  2017-01-26
6  6,835,064       229      110,184     318,019,266  2017-01-24
```

上述代码表示：

先下载一个 URL（网页网址），然后利用函数 readHTMLTable 读取该网页上的数据，由于该函数返回的结果为一个列表，故我们选取其中的一个子列表，即 tablelis。这样就得到了粗糙的原始数据，然后将数据类型转换成数据框的形式，由于数据的第九列为空，故将其去掉，将数据框每一列重新命名后输出前六行记录。

2.1.4 读取其他格式的数据

由于 R 语言经常与其他软件互动，如 SPSS，SAS，Stata，MATLAB，Systat，dBase

等，因此我们还需要学习怎样将这些软件中的数据导入 R 语言中，对于这些软件的专用格式，是要使用扩展包的，比如常见程辑包 foreign，该程辑包中包含了不同的函数来读取各类统计软件上的数据，下面我们将一一介绍。

1．函数 read.xport()

该函数的功能是读取 SAS 传输格式的数据，但是 R 语言只能读取 SAS 中 Transport format（XPORT）文件，故需要先将 SAS 数据文件（一般为.ssd 和.sas7bdat 格式）转换为 Transport format 文件，然后使用函数 read.xport()。其函数的基本书写格式为：

```
read.xport(file)
```

其中，参数 file 必须是.xpt 格式的文件。

此外，还可以利用程辑包 sas7bdat 中的函数 read.sas7bdat()直接读取后缀为.sas7bdat 格式的数据，该函数的基本书写格式为：

```
read.sas7bdat(file, debug=FALSE)
```

2．函数 read.spss()

该函数是用于读取 SPSS 传输格式的数据文件，其基本书写格式为：

```
read.spss(file, use.value.labels = TRUE, to.data.frame = FALSE,
max.value.labels = Inf, trim.factor.names = FALSE,
trim_values = TRUE, reencode = NA, use.missings = to.data.frame)
```

其中，参数 file 必须是.sav 格式的文件。我们还可以利用程辑包 Hmisc 中的函数 spss.get()来读取 SPSS 数据文件，该函数有许多可以自行设定的参数，以满足用户的不同体验。其函数的基本书写格式为：

```
spss.get(file, lowernames=FALSE, datevars = NULL,
use.value.labels = TRUE, to.data.frame = TRUE,
max.value.labels = Inf, force.single=TRUE,
allow=NULL, charfactor=FALSE, reencode = NA)
```

其中，参数 file 必须是.sav 格式的数据文件。

3．函数 read.epiinfo()

该函数是用于读取 epi5 和 epi6 的数据库，其函数的基本书写格式为：

```
read.epiinfo(file, read.deleted = FALSE, guess.broken.dates = FALSE,
thisyear = NULL, lower.case.names = FALSE)
```

其中，参数 file 必须是.rec 格式的数据文件。

4．函数 read.dta()

该函数是用于读取 Stata5、6、7 的数据库，其函数的基本书写格式为：

```
Version:1.0 read.dta(file, convert.dates = TRUE, convert.factors = TRUE,missing.type = FALSE,
    convert.underscore = FALSE, warn.missing.labels = TRUE)
```

其中，参数 file 必须是.dta 格式的数据文件。

2.2 数据保存

我们已经知道了怎样用 R 语言读取不同类型的数据，也知道了在互联网大数据时代，R 语言与其他软件的结合非常多，因此有时需要将 R 语言中的数据导出到其他软件上使用，下面我们将介绍针对不同软件使用的方法。

2.2.1 写出数据

在 R 语言中，将工作空间的数据输出存储的函数是 write()。其函数的基本书写格式为：

```
write(x, file = "data",ncolumns = if(is.character(x)) 1 else 5, append = FALSE, sep = " ")
```

参数介绍：

- x：需要写出的数据，可以是矩阵或向量；
- file：指定输出的数据文件名称，默认名称为 data；
- ncolumns：写出数据的列数，如果 x 为字符型，就输出 1 列，否则输出 5 列；
- append：逻辑值，赋值为 TRUE 时表示在文件末尾添加内容，而不用覆盖名称相同的文件，赋值为 FALSE 时表示创建一个新文件；
- sep：分隔符，用于分隔各列。

下面我们进行实战演练：

```
> x <- matrix(1:10, ncol = 5)
> write(t(x),"F:\\data\\x.data")
```

上述代码表示：建立一个矩阵 x，然后将其写出到指定文件“F:\\data\\”中，将其命名为 x.data。

由于函数 write()仅能写出矩阵或者向量的特定列，作用有限。如果我们需要写出列表数据或者数据库数据时，可以使用函数 write.table()和函数 write.csv()。

1. 函数 write.table()

该函数用于将一个对象写出到某个文件中，对象可以是写出的数据框，也可以是其他类型的对象，如向量、数组、矩阵和列表等，然后保存为简单的文本文件。其函数的基本书写格式为：

```
write.table(x, file = "", append = FALSE, quote = TRUE, sep = " ",
eol = "\n", na = "NA", dec = ".", row.names = TRUE,
col.names = TRUE, qmethod = c("escape", "double"),
fileEncoding = "")
```

该函数的部分参数含义和设置与函数 write()一致，其他参数的解释如下：

- quote：逻辑值或者数值型向量，指定变量名等字符或者因子是否用双引号标注，默认值为 TRUE；
- eol：指定每一行的末尾输出的字符，默认值为 "\n"；
- na：指定缺失值的符号，默认为“NA”；
- qmethod：字符串，用于说明在引用字符串时如何解决双引号字符。

下面我们以写出数据框为例进行实战演练：

```
>data1<-data.frame(names=c("Mike","John","Jane","Alice","Richard"),sex
=c("M","M","F","F","M"),age<-c(12,13,12,12,13),height=c(55.2,56.5,54.3,55.7
,56.2),weight=c(84,93,82,87,90))
> data1
   names sex age height weight
1   Mike   M  12   55.2     84
2   John   M  13   56.5     93
3   Jane   F  12   54.3     82
4  Alice   F  12   55.7     87
5 Richard   M  13   56.2     90
> write.table(data1,"F:\\data\\data11.txt")
```

上述代码表示：创建一个数据框 data1，将该数据框写到指定路径“f:\\data\\”下，并命名为 data11.txt.我们还可以将上述数据保存到当前的工作目录下，具体代码为：

```
> write.table(data1,"data11.txt")
```

此时，R 语言会在当前的工作目录下新建一个名为 data11.txt 的文件。

不难发现，这里的函数 write.table()与之前介绍的函数 read.table()的作用正好相反。

2．函数 write.csv()

该函数用于将对象保存为逗号分隔的文本文件，其函数的基本书写格式与 write.table()基本相同。下面我们将上面的数据框 data1 写出为 csv 格式。

```
> write.csv(data1,"F:\\data\\data11.csv")
```

2.2.2　使用函数 cat()

在 R 语言中，还有一些其他的函数用于保存数据，下面我们介绍一个基本函数：cat()。

该函数用于将 R 语言中的对象重新保存到某一指定的文件中，而非输出到 R 语言中的控制台中。其函数的基本书写格式为：

```
cat(... , file = "", sep = " ", fill = FALSE, labels = NULL,append = FALSE)
```

其参数含义和赋值与函数 write()基本一致，且该函数可以用来将多个参数连接起来后再输出。值得注意的是：使用该函数时需要自己加上换行符“\n”。

下面我们将进行实战演练：

```
> cat(1:5,file="F:\\data\\dcat.txt",sep=',',"\n")
> read.table("F:\\data\\dcat.txt")
   V1
1 1,2,3,4,5,
```

上述代码表示：将数据 1:5 保存到指定路径“F:\\data\\”下，将其命名为 dcat.txt，分隔符为逗号，并利用函数 read.table()将保存的文本文件读取出来。

当数据保存完成后，可以使用函数 sink()来关闭该文件，在括号中填写需要关闭的文件名即可：

```
> sink("dcat.txt")
```

2.2.3 保存为 R 语言格式文件

我们在前面“2.1.3 读取 R 语言格式数据和网页数据”中了解到，存储.Rdata 格式的数据需要用到函数 save()，下面我们将详细介绍该函数。

作为保存对象最简单的方法，函数 save()一般和函数 load()配合使用，表示保存和读取 R 格式文件，其函数的基本书写格式为：

```
save(..., list = character(),file = stop("'file' must be specified"),ascii
                                                                  = FALSE,
 version = NULL, envir = parent.frame(),compress = isTRUE(!ascii),
         compression_level,eval.promises = TRUE, precheck = TRUE)
```

当然，如果需要保存当前工作空间中的所有对象，请使用函数 save.image()，该函数的作用等同于在关闭 R 语言软件时系统提醒的是否保存当前工作空间时，用户点击“yes”。

下面我们进行实战演练：

```
> data(iris)
> sample.iris=iris[1:20,]
> save(sample.iris,file="F:\\data\\sample_iris.Rdata")
> load("F:\\data\\sample_iris.Rdata")
```

2.2.4　保存为其他类型文件

我们已经知道，程辑包 foreign 中有许多函数用于读取不同类型的数据。除此之外，该程辑包中还有相应用于存储不同类型数据的函数，下面我们介绍最常见的一个函数：write.foreign()。

该函数主要是用于将 R 语言中的数据导出到 SPSS，SAS 和 Stata，其函数的基本书写格式为：

```
    write.foreign(df, datafile, codefile,package = c("SPSS", "Stata",
"SAS"), ...)
```

其中：

- df 指定需要导出的数据框；
- datafille 指定输出数据的文件名；
- codefile 指定用于代码输出的文件名；
- package 指定需要用到的程辑包。

需要注意的是：该函数适用于将数据框形式的数据导出；该函数中参数 codefile 没有默认值，故需要自行设定，否则 R 语言会报错。

下面我们进行实战演练：

```
> library(foreign)
> data(iris)
> is.data.frame(iris)
[1] TRUE
> write.foreign(iris,datafile="F\\data\\iris.sav",codefile="F:\\data\\
code.txt",package="SPSS")
```

上述代码表示：将 R 语言中内置数据集 iris 导出为 SPSS 能够识别的文件，并将输出的文件和代码都存放在指定能路径“F:\\data\\”下。

此外，在程辑包 foreign 中还有函数 write.dta()，可以用于导出 Stata 能够识别的二进制格式的数据文件，还有一些其他不常用的函数，如函数 write.dbf()等，在这里我们不一一介绍，有兴趣的读者可以通过“?函数名”的命令来查阅。

第 3 章 数据预处理

随着各项技术的不断完善，数据获取的方法和渠道也在不断增加，在上一章中我们介绍了怎样导入和导出数据，甚至可以从网页上爬取数据，获取的这些数据构成了数据分析和挖掘的原始数据。但是在很多情况下，我们获取的数据并不是那么完美，它总有这样或者那样的缺陷，甚至出现乱码，这样的数据是不能直接用于分析的，需要对其进行预处理。下面我们将介绍数据预处理的相关知识。

3.1 缺失值处理

R 语言作为一个开放的平台，其数据的来源多样，数据的“长相”也千差万别，数据缺失则是它们普遍存在的问题。在数据挖掘过程中，有的函数或指令不能识别缺失值，这样就会导致 R 语言报错，进而影响工作的进度。所以在本节中我们会先介绍缺失值的处理方法。

3.1.1 缺失值判断

数据确定的因素有很多，如问卷调查数据，在数据采集、数据录入等各个环节都有可能导致缺失值的出现，但是简单粗暴的删除法或插补法并不能够有效地解决问题，甚至有可能导致信息丢失。缺失值的处理方法依赖于缺失值的多少，所以第一步需要判断数据集中是否存在缺失值。

在 R 语言中，缺失值通常以“NA”表示，判断数据是否存在缺失值通常使用函数

is.na()，该函数是判断缺失值的最基本函数，可以用于判断不同的数据对象。如向量、列表和数据框等，其函数的基本书写格式为：

```
is.na(x)
```

其中，参数 x 指定一个 R 语言对象，可以是向量、列表、数据框等，该函数返回逻辑值，为 TRUE 则表示存在缺失值，为 FALSE 则表示不存在缺失值。

下面我们进行实战演练。

我们选用程辑包 DMwR 中的 algae（海藻数据集）来演练，该数据集来自 ERUDIT 研究网络，并被应用于 the 1999 Computational Intelligence and Learning competition（COIL）。我们还可以从其他渠道获取该数据，为方便起见，在本例中我们直接加载程辑包 DMwR 如下：

```
>install.packages(DMwR)
> library(DMwR)
Loading required package: lattice
Loading required package: grid
> data(algae)
> sum(is.na(algae))
[1] 33
```

上述代码中，我们先加载程辑包和数据集，然后利用函数 is.na()判断数据集中是否存在缺失值，利用函数 sum()将缺失值个数求和。可以看到，该数据集中一共有 33 个缺失值。

我们还可以利用函数 complete.cases()来判断数据集的缺失值，与函数 is.na()不同的是，该函数判断数据集的每一行中是否存在缺失值，如果不存在，则返回 TRUE，存在则返回 FALSE。需要注意的是，该函数返回的逻辑值与 IS.na()返回的逻辑值含义正好相反。

下面我们利用函数 complete.cases()判断数据集中含有缺失值的行数：

```
>sum(!complete.cases(algae))
[1] 16
> algae[!complete.cases(algae),]
   season  size  speed mxPH mnO2   Cl   NO3 NH4   oPO4    PO4  Chla   a1
a2  a3   a4  a5  a6  a7
  28  autumn  small   high 6.80 11.1 9.000 0.630  20   4.000     NA  2.70 30.3
1.9 0.0  0.0 2.1 1.4 2.1
  38  spring  small  high 8.00   NA 1.450 0.810  10   2.500   3.000  0.30
75.8  0.0 0.0  0.0 0.0 0.0 0.0
  48  winter  small  low   NA 12.6 9.000 0.230  10   5.000   6.000  1.10
35.5  0.0 0.0  0.0 0.0 0.0 0.0
  55  winter  small  high 6.60 10.8   NA 3.245  10   1.000   6.500   NA 24.3
```

```
0.0 0.0  0.0 0.0 0.0 0.0
    56  spring  small medium 5.60 11.8    NA 2.220   5   1.000   1.000    NA 82.7
0.0 0.0  0.0 0.0 0.0 0.0
    57  autumn  small medium 5.70 10.8    NA 2.550  10   1.000   4.000    NA 16.8
4.6 3.9 11.5 0.0 0.0 0.0
    58  spring  small   high 6.60  9.5    NA 1.320  20   1.000   6.000    NA
46.8  0.0 0.0 28.8 0.0 0.0 0.0
    59  summer  small   high 6.60 10.8    NA 2.640  10   2.000  11.000    NA
46.9  0.0 0.0 13.4 0.0 0.0 0.0
    60  autumn  small medium 6.60 11.3    NA 4.170  10   1.000   6.000    NA 47.1
0.0 0.0  0.0 0.0 1.2 0.0
    61  spring  small medium 6.50 10.4    NA 5.970  10   2.000  14.000    NA
66.9  0.0 0.0  0.0 0.0 0.0 0.0
    62  summer  small medium 6.40   NA    NA    NA  NA      NA  14.000    NA 19.4
0.0 0.0  2.0 0.0 3.9 1.7
    63  autumn  small   high 7.83 11.7 4.083 1.328  18   3.333   6.667    NA
14.4  0.0 0.0  0.0 0.0 0.0 0.0
    116  winter medium  high  9.70 10.8 0.222 0.406  10  22.444  10.111   NA
41.0  1.5 0.0  0.0 0.0 0.0 0.0
    161  spring  large   low  9.00  5.8    NA 0.900 142 102.000 186.000 68.05
1.7 20.6 1.5  2.2 0.0 0.0 0.0
    184  winter  large   high  8.00 10.9 9.055 0.825  40  21.083  56.091
NA 16.8 19.6 4.0  0.0 0.0 0.0 0.0
    199  winter  large medium  8.00  7.6    NA    NA  NA      NA      NA    NA
0.0 12.5 3.7  1.0 0.0 0.0 4.9
```

```
> algae[!complete.cases(algae),]
     season  size   speed mxPH mnO2    Cl   NO3  NH4   oPO4     PO4  Chla
28  autumn  small   high   6.80 11.1 9.000 0.630  20  4.000      NA  2.70
38  spring  small   high   8.00  NA   1.450 0.810  10  2.500   3.000  0.30
48  winter  small   low     NA   12.6 9.000 0.230  10  5.000   6.000  1.10
55  winter  small   high   6.60 10.8   NA   3.245  10  1.000   6.500   NA
56  spring  small   medium 5.60 11.8   NA   2.220   5  1.000   1.000   NA
57  autumn  small   medium 5.70 10.8   NA   2.550  10  1.000   4.000   NA
58  spring  small   high   6.60  9.5   NA   1.320  20  1.000   6.000   NA
59  summer  small   high   6.60 10.8   NA   2.640  10  2.000  11.000   NA
60  autumn  small   medium 6.60 11.3   NA   4.170  10  1.000   6.000   NA
61  spring  small   medium 6.50 10.4   NA   5.970  10  2.000  14.000   NA
62  summer  small   medium 6.40  NA    NA    NA    NA    NA  14.000   NA
63  autumn  small   high   7.83 11.7 4.083 1.328  18  3.333   6.667   NA
116 winter  medium high   9.70 10.8 0.222 0.406  10 22.444  10.111   NA
161 spring  large  low    9.00  5.8   NA  0.900 142 102.000 186.000 68.05
184 winter  large  high   8.00 10.9 9.055 0.825  40  21.083  56.091  NA
199 winter  large  medium 8.00  7.6   NA    NA    NA    NA      NA    NA
      a1   a2  a3   a4  a5  a6  a7
28  30.3  1.9 0.0  0.0 2.1 1.4 2.1
38  75.8  0.0 0.0  0.0 0.0 0.0 0.0
48  35.5  0.0 0.0  0.0 0.0 0.0 0.0
```

```
55  24.3  0.0 0.0  0.0 0.0 0.0 0.0
56  82.7  0.0 0.0  0.0 0.0 0.0 0.0
57  16.8  4.6 3.9 11.5 0.0 0.0 0.0
58  46.8  0.0 0.0 28.8 0.0 0.0 0.0
59  46.9  0.0 0.0 13.4 0.0 0.0 0.0
60  47.1  0.0 0.0  0.0 0.0 1.2 0.0
61  66.9  0.0 0.0  0.0 0.0 0.0 0.0
62  19.4  0.0 0.0  2.0 0.0 3.9 1.7
63  14.4  0.0 0.0  0.0 0.0 0.0 0.0
116 41.0  1.5 0.0  0.0 0.0 0.0 0.0
161  1.7 20.6 1.5  2.2 0.0 0.0 0.0
184 16.8 19.6 4.0  0.0 0.0 0.0 0.0
199  0.0 12.5 3.7  1.0 0.0 0.0 4.9
```

上述代码中，用函数 sum()对函数 complete.cases()输出结果中为 FALSE 的记录求和，一个 FALSE 记录代表数据集中相应的行存在缺失值。可以看到，数据集中一共有 16 行记录存在缺失值，并将这些含有缺失值的行输出。

我们还可以利用函数 summary()来判断数据集中分类变量是否含有缺失值，具体操作如下：

```
> summary(algae)
   season      size       speed        mxPH           mnO2
 autumn:40  large :45  high  :84   Min.   :5.600  Min.   : 1.500
 spring:53  medium:84  low   :33   1st Qu.:7.700  1st Qu.: 7.725
 summer:45  small :71  medium:83   Median :8.060  Median : 9.800
 winter:62                         Mean   :8.012  Mean   : 9.118
                                   3rd Qu.:8.400  3rd Qu.:10.800
           Max.   :9.700   Max.   :13.400
                                   NA's   :1      NA's   :2

      Cl              NO3              NH4              oPO4
 Min.   :  0.222  Min.   : 0.050  Min.   :    5.00  Min.   :  1.00
 1st Qu.: 10.981  1st Qu. : 1.296  1st Qu.:   38.33  1st Qu. : 15.70
 Median : 32.730  Median  : 2.675  Median :  103.17  Median  : 40.15
 Mean   : 43.636  Mean    : 3.282  Mean   :  501.30  Mean    : 73.59
 3rd Qu.: 57.824  3rd Qu. : 4.446  3rd Qu.:  226.95  3rd Qu. : 99.33
 Max.   :391.500  Max.    :45.650  Max.   :24064.00  Max.    :564.60
 NA's   : 10      NA's    :2       NA's   :2         NA's    :2

      PO4           Chla              a1              a2
 Min.   :  1.00  Min.    :  0.200  Min.    : 0.00  Min.    : 0.000
 1st Qu.: 41.38  1st Qu.  :  2.000  1st Qu. : 1.50  1st Qu. : 0.000
 Median :103.29  Median   :  5.475  Median  : 6.95  Median  : 3.000
 Mean   :137.88  Mean     : 13.971  Mean    :16.92  Mean    : 7.458
 3rd Qu.:213.75  3rd Qu.  : 18.308  3rd Qu. :24.80  3rd Qu. :11.375
 Max.   :771.60  Max.     :110.456  Max.    :89.80  Max.    :72.600
 NA's   :2       NA's     :12
```

```
       a3                a4                  a5                  a6
 Min.   : 0.000   Min.   : 0.000    Min.   : 0.000    Min.   : 0.000
 1st Qu.: 0.000   1st Qu.: 0.000    1st Qu.: 0.000    1st Qu.: 0.000
 Median : 1.550   Median : 0.000    Median : 1.900    Median : 0.000
 Mean   : 4.309   Mean   : 1.992    Mean   : 5.064    Mean   : 5.964
 3rd Qu.: 4.925   3rd Qu.: 2.400    3rd Qu.: 7.500    3rd Qu.: 6.925
 Max.   :42.800   Max.   :44.600    Max.   :44.400    Max.   :77.600

       a7
 Min.   : 0.000
 1st Qu.: 0.000
 Median : 1.000
 Mean   : 2.495
 3rd Qu.: 2.400
 Max.   :31.600
```

由上述输出可知：algae 数据集中一共有 18 个分类变量，分别是：season、size、speed、mxPH、mn02、C1、NO3、NH4、oP04、P04、Chla、a1~a7。函数 summary()用于对数据集进行描述性统计，其中包含基础的统计量：最小值、四分位数、均值、最大值等。若分类变量中存在缺失值，则该函数会将缺失值个数统计出来，具体表现为：NA′s：缺失个数。如数据集的变量 mxPH 中含有一个缺失值，变量 Chla 中含有 12 个缺失值。

3.1.2 缺失模型判断

在处理缺失值之前，需要先对缺失模式进行判断，缺失模型主要有以下三种：完全随机缺失（MCAR）、随机缺失（MAR）和完全非随机缺失（MNAR）。

（1）完全随机缺失属于较为理想的缺失状态，指数据的缺失不依赖于任何变量，统计意义上来说该缺失情况是独立的，但是过多的数据缺失也是一个不容忽视的问题。

（2）随机缺失指数据的缺失依赖于其他变量，而不由含有缺失值的变量本身决定。

（3）完全非随机缺失则属于较为严重的问题，指数据的缺失依赖于变量本身，我们往往需要去检查数据的搜集过程，并解释数据丢失的原因。如在问卷调查中，如果较多的调查对象没有回答某一个问题，需要弄明白为什么他们不回答？是涉及隐私或者问题设置不清楚？然后根据数据的缺失情况采取不同的方法进行处理。

我们一般使用 mice 包来判断缺失数据的模式，该程辑包提供了一个非常好用的函数：md.pattren()，其函数的基本书写格式为：

```
md.pattren(x)
```

其中，x 表示含有缺失值的对象，一般为数据框或矩阵。

下面我们利用该函数对 aalgae 数据集进行判断：

```
>library(mice)
> md.pattern(algae)
   Season size speed a1 a2 a3 a4 a5 a6  a7 mxPH mnO2 NO3 NH4 oPO4 PO4 Cl
184     1    1     1  1  1  1  1  1  1  1    1    1   1   1    1   1  1
  1     1    1     1  1  1  1  1  1  1  0    1    1   1   1    1   1  1
  1     1    1     1  1  1  1  1  1  1  1    0    1   1   1    1   1  1
  1     1    1     1  1  1  1  1  1  1  1    1    1   1   1    1   1  0
  1     1    1     1  1  1  1  1  1  1  1    1    1   1   1    1   0  1
  3     1    1     1  1  1  1  1  1  1  1    1    1   1   1    1   1  1
  7     1    1     1  1  1  1  1  1  1  1    1    1   1   1    1   1  0
  1     1    1     1  1  1  1  1  1  1  1    0    0   0   0    0   1  0
  1     1    1     1  1  1  1  1  1  1  1    1    0   0   0    0   0  0
        0    0     0  0  0  0  0  0  0  1    2    2   2   2    2   2 10
   Chla
184   1  0
  1   1  1
  1   1  1
  1   1  1
  1   1  1
  3   0  1
  7   0  2
  1   0  6
  1   0  6
     12 33
```

上述输出结果表示：在 200 条观测记录中，一共有 184 条记录是完整的，不含任何缺失值，有一条记录缺失变量 mxPH，一条记录缺失变量 mnO2，其他类似。输出结果的最后一行中每个数字表示对应的变量的缺失值个数，如变量 chla 对应的最后一行，数字 12 表示该变量一共缺失 12 个数据，即 12 条记录，最后的数据 33 表示所有变量缺失数据的总个数。

函数 md.pattren()主要从数值的角度判断缺失模型，我们还可以通过其他途径来描述缺失值，如利用程辑包 VIM 中的函数 aggr()来进行可视化描述，其函数的基本书写格式为：

```
aggr(x, delimiter = NULL, plot = TRUE, ...)
```

参数介绍：

- x：一个向量、矩阵或者数据框；
- delimiter：一个特征向量，用于区分插补变量，如果赋值则表示变量的值已被插补，如果不赋值，则用于判断缺失模型，默认为 NULL；
- plot：逻辑值，指定是否绘制图形，默认值为 TRUE。

下面我们将利用 algae 数据集进行实战操作：

```
>library(VIM)
>aggr(algae, numbers=TRUE,,ylab=c("Histogram of missing data", "Pattern"))
```

在上述代码中，我们设置了参数 number、ylab，这在上面的参数介绍中并没有提及，因为这两个参数属于函数 plot()中，当 aggr()中 plot 参数设置为 TRUE（此处为默认）时，相当于在该函数内嵌套了一个绘图函数 plot()。因此可以使用函数 plot 的相关参数。此处我们设置 number=TRUE，指定图形显示相关数据，ylab 指定图形的纵坐标名称，由于输出结果为两个图形的拼凑结果，故设置了两个纵坐标名称。

输出结果如图 3.1 所示。在左图中，我们可以很直观地看到 algae 数据集中每一个变量的缺失数据比例，该直方图的横坐标显示了部分变量名称，按照数据中变量名称的顺序，将两个变量间的变量名称省略。左边的条形图显示 algae 数据中各变量的缺失比例，Cl 和 Chla 的比例最高；右边的图显示了综合的缺失情况，浅色方框表示完整数据，深色方框表示缺失数据，可以看到，algae 数据集中有 92%的数据是完整的，将该图形与函数 md.pattren()的输出结果对照来看，可以发现变量 chla 的缺失值比例最大，约为 6%，也正好印证了左边的图形。

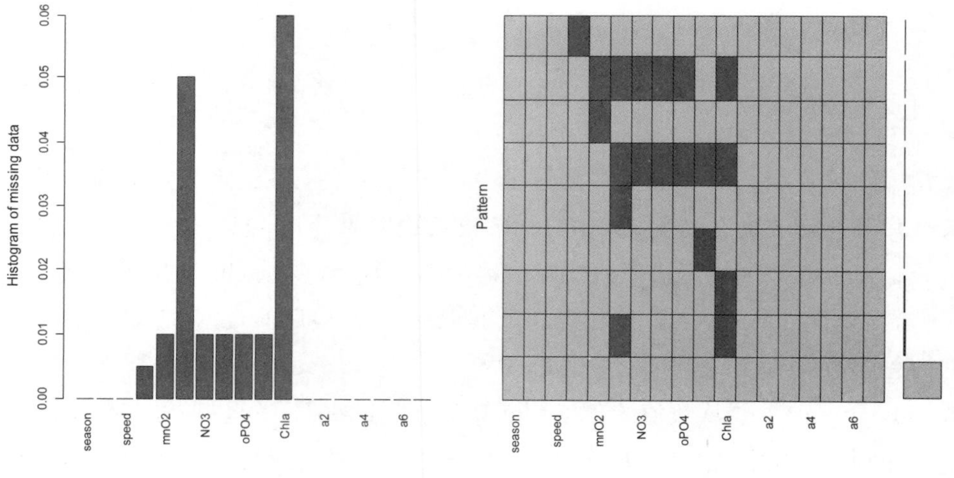

图 3.1 algae 数据集缺失模型的可视化

还有一个常用的可视化方法：利用函数 marginplot()绘制箱线图，该函数可以生成一幅散点图，变量的缺失值信息被显示在图形的边界。其函数的基本书写格式为：

```
marginplot(x, delimiter = NULL, col = c("skyblue", "red", "red4", "orange",
"orange4"), alpha = NULL, pch = c(1, 16), cex = par("cex"),
numbers = TRUE, cex.numbers = par("cex"), zeros = FALSE, xlim = NULL,
ylim = NULL, main = NULL, sub = NULL, xlab = NULL, ylab = NULL,
ann = par("ann"), axes = TRUE, frame.plot = axes, ...)
```

其中，对象 x 必须是列数为 2 的矩阵或数据框，参数 delimiter 的含义与函数 aggr 类似，其他绘图参数含义与函数 plot 类似。我们利用 algae 数据集中的变量 mxPH 和 mnO2 来表示：

```
>marginplot(algae[,4:5])
```

绘图结果如图 3.2 所示。显然我们只能得到两变量间的缺失模型可视化。图形底部的深色箱线图表示变量 mxPH 在 mnO2 缺失下的数据分布，浅色表示 mnO2 完整下的数据分布；左边的图含义相同，但由于变量 mnO2 只含有一个缺失值，故左边只有浅色箱线图。我们可以根据不同颜色的箱线图的比较得出一些结论，如果同一个变量的两个箱线图比较一致，则初步可以判定缺失数据类型为完全随机缺失（MCAR）。

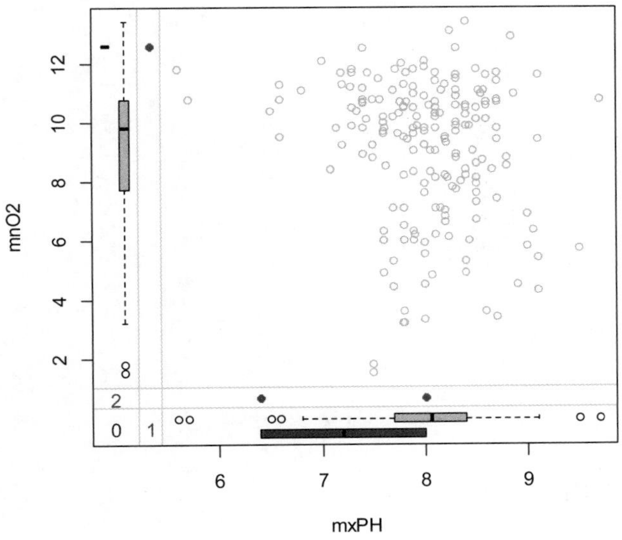

图 3.2　algae 数据集中两变量的缺失模型可视化

此外，程辑包 VIM 中还含有其他图形函数可以帮助我们理解缺失数据在数据集中的模式。如散点图、直方图、散点图矩阵、轴须图，平行坐标图和气泡图等。下面我们介绍散点图矩阵：

VIM 包中画散点图矩阵的函数是 matrixplot()，该函数可以生成每一个数据的图形，其函数的基本书写格式为：

```
matrixplot(x, delimiter = NULL, interactive = TRUE, ...)
```

用法与 marginplot()基本一致，不同之处在于操作对象 x 可以是任意维的数据。具体操作如下：

```
> matrixplot(algae)
```

输出结果如图 3.3 所示。其中颜色越深代表数值越大，R 语言输出的原始图像中深色表示缺失值部分，此处用虚线框标注。

如果数据集中存储的对象为数值型，还可以利用相关性探索缺失值，主要是利用一些指示变量与原始变量之间的相关性，观察哪些变量一般一起缺失，以便分析缺失变量与其他变量之间的关系。在这里我们不再一一介绍，感兴趣的读者请自行查阅。

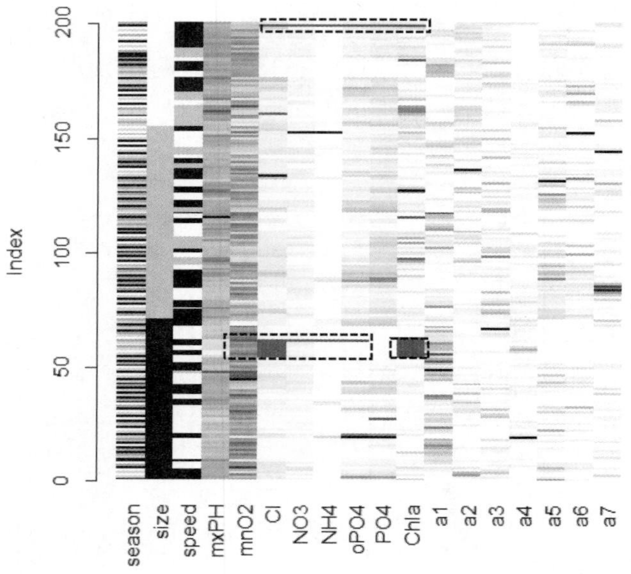

图 3.3　algae 数据的可视化展示

3.1.3　常用处理方法

下面我们将介绍如何处理缺失值，常用的处理方法为：删除法、替换法和插补法。不同的方法对应不同类型的缺失值。

1．删除法

如果缺失值的比例很小，且不影响整体的数据结构，即缺失值类型是完全随机缺失时，可以考虑将缺失值删除，该方法操作非常简单，使用函数 na.omit()就可以将含有缺失值的行删除。其函数的基本书写格式为：

```
na.omit(object, ...)
```

其中 object 即为需要处理的数据对象。下面我们对 algae 数据集进行处理：

```
> algae=na.omit(algae)
> sum(is.na(algae))
```

```
[1] 0
```

在前面的介绍中我们知道，algae 数据集一共含有 33 个缺失值，将含有缺失值的行删除后再统计该数据中的缺失值，得到的结果为 0。

我们还可以利用函数 complete.cases()来删除含有缺失值的行：

```
> data(algae)
> algae<-algae[complete.cases(algae),]
> sum(!complete.cases(algae))
[1] 0
```

在前面的介绍中我们知道，algae 数据集中一共有 16 行观测记录含有缺失值，将其删除后重新统计，得到的结果为0。需要注意的是，在上述代码中第一条命令表示重新读入 algae 数据集，因为前面我们已经处理过缺失值并将新数据集命名为 algae，故在此处需要重新读入成绩包中的数据集，我们每次对数据集进行处理后都可以重新读入来对其进行还原。

虽然删除法非常简单，但是有很大的局限性，如需要缺失数据为完全随机缺失类型，由于该法是直接删除含有缺失值的观测记录，以减少样本量为代价换取数据的完整性，可能会因此遗失数据信息，在样本量较小的情况下，这种方法就不太实用，下面我们介绍其他更为灵活的方法。

2．替换法

直接删除含有缺失值的行记录的代价和风险较大，故我们可以考虑将缺失值部分替换掉，如用均值去替换，即均值替换法。该方法根据变量的不同类型选择不同的替换，对数值型变量采用均值替换，对非数值型变量采用众数替换。

下面我们将对 algae 数据集采用均值替换处理缺失值：

```
> data(algae)
> algae[is.na(algae)]<-mean(complete.cases(algae))
> sum(!complete.cases(algae))
[1] 0
```

但是均值替换法还是存在一些问题，因为该方法适用于处理完全随机缺失数据，且会改变整体数据的统计性质，如方差变小、存在偏差等，因此在实战操作中并不常用。

3．插补法

实战中常用的方法是插补法，如均值插补、随机插补、多重插补等，均值插补和随机插补的思想类似，利用非缺失数据的均值或者随机数来填补缺失值，下面我们详细介绍多重插补。

多重插补的主要思想是：利用蒙特卡洛模拟法（MCMC）将原始数据集插补成几

个完整数据集，在每个新数据集中利用线性回归（lm）或广义线性回归（glm）等方法进行插补建模，再将这些完整的模型整合到一起，评价插补模型的优劣并返回完整数据集。

该方法主要利用程辑包 mice 中的函数 mice()进行，其函数的基本书写格式为：

```
mice(data, m = 5, method = vector("character", length = ncol(data)),
seed = NA, defaultMethod = c("pmm","logreg","polyreg","polr"), ...)
```

参数介绍：

- data：一个包含完整数据和缺失数据的矩阵或数据框，其中各缺失数据用符号 NA 表示；
- m：指定的多重插补数，默认值为 5；
- method：一个字符串，或者长度与数据集列数相同的字符串向量，用于指定数据集中的每一列采用的插补方法，单一字符串指定所有列用相同方法插补，字符串向量指定不同列采用不同方法插补，默认插补法取决于需要插补的目标列，并由 defaultmethod 指定参数；
- seed：一个整数，用于函数 set.seed()的参数，指定产生固定的随机数的个数，默认值为 NA；
- defaultMethod：一个向量，用于指定每个数据集采用的插补建模方法，可供选择的方法有多种，“pmm”表示用预测的均值匹配，“logreg”表示用逻辑回归拟合，“polyreg”表示多项式拟合，“polr”表示采用比例优势模型拟合等。

需要注意的是：选择不同的插补建模方法对数据有不同的要求，回归法适用于数值型数据集，“pmm”对数据格式没有特殊要求。在实战过程中我们还会用到函数 pool()、函数 compute()等，具体用法我们不一一介绍，感兴趣的读者可以自行查阅。下面我们将用到一些回归知识，有疑惑的读者可以结合后面专门介绍回归的章节来理解。

```
> imp<-mice(algae[,4:11],seed=1234)
 iter imp variable
  1   1  mxPH  mnO2  Cl  NO3  NH4  oPO4  PO4  Chla
  1   2  mxPH  mnO2  Cl  NO3  NH4  oPO4  PO4  Chla
  1   3  mxPH  mnO2  Cl  NO3  NH4  oPO4  PO4  Chla
  1   4  mxPH  mnO2  Cl  NO3  NH4  oPO4  PO4  Chla
  1   5  mxPH  mnO2  Cl  NO3  NH4  oPO4  PO4  Chla
  2   1  mxPH  mnO2  Cl  NO3  NH4  oPO4  PO4  Chla
  2   2  mxPH  mnO2  Cl  NO3  NH4  oPO4  PO4  Chla
  2   3  mxPH  mnO2  Cl  NO3  NH4  oPO4  PO4  Chla
  2   4  mxPH  mnO2  Cl  NO3  NH4  oPO4  PO4  Chla
  2   5  mxPH  mnO2  Cl  NO3  NH4  oPO4  PO4  Chla
  3   1  mxPH  mnO2  Cl  NO3  NH4  oPO4  PO4  Chla
  3   2  mxPH  mnO2  Cl  NO3  NH4  oPO4  PO4  Chla
  3   3  mxPH  mnO2  Cl  NO3  NH4  oPO4  PO4  Chla
```

```
  3   4  mxPH  mnO2  Cl  NO3  NH4  oPO4  PO4  Chla
  3   5  mxPH  mnO2  Cl  NO3  NH4  oPO4  PO4  Chla
  4   1  mxPH  mnO2  Cl  NO3  NH4  oPO4  PO4  Chla
  4   2  mxPH  mnO2  Cl  NO3  NH4  oPO4  PO4  Chla
  4   3  mxPH  mnO2  Cl  NO3  NH4  oPO4  PO4  Chla
  4   4  mxPH  mnO2  Cl  NO3  NH4  oPO4  PO4  Chla
  4   5  mxPH  mnO2  Cl  NO3  NH4  oPO4  PO4  Chla
  5   1  mxPH  mnO2  Cl  NO3  NH4  oPO4  PO4  Chla
  5   2  mxPH  mnO2  Cl  NO3  NH4  oPO4  PO4  Chla
  5   3  mxPH  mnO2  Cl  NO3  NH4  oPO4  PO4  Chla
  5   4  mxPH  mnO2  Cl  NO3  NH4  oPO4  PO4  Chla
  5   5  mxPH  mnO2  Cl  NO3  NH4  oPO4  PO4  Chla
> fit<-with(imp,lm(mxPH~.,data=algae[,4:11]))
> pool=pool(fit)
> options(digits=3)    #设定输出结果保留3位小数
> summary(pool)
             est       se       t     df  Pr(>|t|)    lo 95     hi 95   nmis  fmi
lambda
(Intercept) 8.02e+00 1.59e-01  50.4697 174  0.00e+00  7.70e+00  8.33e+00
                                                                 NA  0.0113   0
mnO2    -1.07e-03  1.51e-02  -0.0709 174  9.44e-01  -3.09e-02  2.87e-02  2
                                                                    0.0113   0
Cl        1.59e-03  7.49e-04  2.1209 174   3.53e-02  1.10e-04  3.07e-03  10
                                                                    0.0113   0
NO3     -2.84e-02  1.25e-02  -2.2686 174  2.45e-02  -5.31e-02  -3.69e-03  2
                                                                    0.0113   0
NH4     -1.06e-05  2.31e-05  -0.4566 174  6.48e-01  -5.62e-05  3.51e-05  2
                                                                    0.0113   0
oPO4    1.87e-03  8.47e-04   2.2078 174  2.86e-02  1.98e-04   3.54e-03  2
                                                                    0.0113   0
PO4     -1.41e-03  6.54e-04  -2.1550 174  3.25e-02  -2.70e-03  -1.19e-04  2
                                                                    0.0113   0
Chla     1.17e-02  1.62e-03   7.2337 174  1.44e-11  8.52e-03   1.49e-02  12
                                                                    0.0113   0
```

上述代码表示：

首先创建一个 imp 对象，该对象是包含 4 个插补对象的列表，使用的数据为 algae 数据集中含有缺失值的第 4 到 11 列数据，默认插补查补数据集为 5 个；然后创建 fit 对象，用于设定统计分析方法，这里指定线性回归，则 fit 是一个包含 4 个统计分析结果的列表对象；再创建 pool 对象，该对象将前面的四个统计分析结果汇总；最后用 summary 函数显示 pool 的统计信息，指定输出结果保留 3 位小数。

我们还可以查看插补的数据，如查看变量 Cl 在五个插补数据集中的插补结果的具体操作如下：

```
> imp$imp$Cl
```

```
       1     2      3      4     5
55   9.00  1.55   1.17   7.84  4.33
56   3.14  4.33   3.27   5.00  3.14
57   3.14  2.93   4.33  34.50  3.14
58   3.14  4.58  10.50   1.55  9.00
59   4.33  6.17  34.50   2.75  4.33
60   9.00  7.61  10.97   8.00  29.20
61   9.00  87.00  5.89  37.60  9.00
62   9.00  3.14   4.33   4.54  3.14
161 30.12  57.75  30.52  61.05 32.54
199  2.00  39.00 136.00 127.83  3.50
```

我们还可以通过下面的命令查看每个变量所用的插补方法，并使用函数 complete()返回 5 个插补数据集中指定的任意一个数据集，这里返回查补数据集中的第一个：

```
> imp$meth
 mxPH  mnO2    Cl   NO3   NH4  oPO4   PO4  Chla
"pmm" "pmm" "pmm" "pmm" "pmm" "pmm" "pmm" "pmm"
> algae_complete=complete(imp,action=1)
> sum(is.na(algae_complete))
[1] 0
```

插补完成后，对插补数据和原始数据进行对比，利用 mice 包中的函数 stripplot()对变量分布图进行可视化，其中包含插补数据。

```
> par(mfrow=c(3,3))
> stripplot(imp,pch=c(1,8),col=c("grey","1"))
> par(mfrow=c(1,1))
```

上述代码表示：先调用函数 par()为设置 R 图形的系统参数，这里将图形输出窗口设置为 3*3 的格式，画完图之后要将该窗口重新设置为 1*1 的格式。输出结果如图 3.4 所示。其中浅灰色原点部分表示原始数据，深色雪花状部分表示插补数据，一共生成了 8 个小图框，分别对应 8 个变量，每一个小图框中有 6 个图形，分别表示原始数据集（不含红点）和 5 个插补数据集，在这里可以对应查看每个插补数据集的最终数据分布。

从上述介绍中我们可以发现，缺失值的处理是一项不太容易的工程，幸运的是，我们在数据挖掘的过程中可以选择对缺失数据不敏感的方法，如决策树等，这样就会省略缺失值处理的步骤；如果使用对于数据敏感的方法，各位读者还是需要参照上述介绍一步一步进行处理。

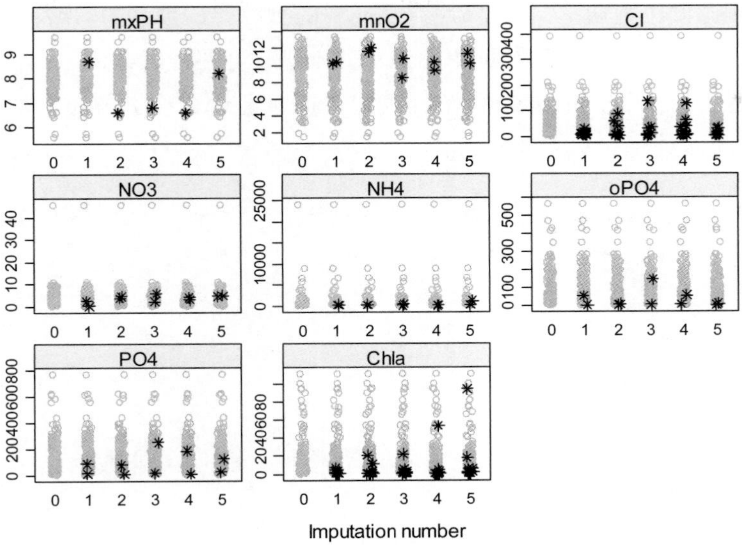

图 3.4　插补后的变量数据可视化

3.2　数据整理

在介绍了缺失值处理的方法之后，我们可以得到完整的数据集，但在进行数据分析之前，还需要对数据进行整理，下面我们将介绍数据整理的相关知识。

3.2.1　数据合并

在第 1 章中我们已经介绍了数据合并的一般方法，即利用函数 cbind()和 rbind()来进行合并，但这只是对数据进行简单的连接，且要求用于合并的数据集有相同的维数，否则 R 语言将会报错。在处理一些相对复杂的情况时，这两个函数显得不够实用，需要借助其他函数来实现，下面我们介绍更加“智能化”的函数 merge()，该函数适用于合并含有共同的行或者列的两个数据集。其函数的基本书写格式为：

```
merge(x, y, by = intersect(names(x), names(y)),by.x = by, by.y = by, all = FALSE, all.x = all,
    all.y = all,sort = TRUE, suffixes = c(".x",".y"),incomparables = NULL, ...)
```

参数介绍：

- x,y：用于合并的两个数据框或其他数据对象；
- by,by.x,by.y：指定依据哪些行合并数据框，默认值为 x、y 中列名相同的列；
- all,all.x,all.y：逻辑值，指定 x 和 y 的行是否全在输出文件中，默认值为 FALSE；
- Sort：逻辑值，指定参数 by 中的列是否需要排序，默认值为 TRUE；

- Suffixes：字符型向量，指定除参数 by 中的列外相同列名的后缀；
- Incomparables：指定参数 by 中哪些单元不进行合并，默认值为 NULL。

需要注意的是，函数 merge()只能对两个数据对象进行合并，而不能同时合并多个数据对象。下面我们通过实例演练进行详细介绍：

```
> <-matrix(1:10,nrow=5,dimnames=list(c("A","B","c","D","E"),c("x1","x2")))
> b<-matrix(11:19,nrow=3,dimnames=list(c("A","B","E"),c("x1","x2","x3")))
> a
  x1 x2
A  1  6
B  2  7
c  3  8
D  4  9
E  5 10
> b
  x1 x2 x3
A 11 14 17
B 12 15 18
E 13 16 19
> merge(a,b,all=T)
  x1 x2 x3
1  1  6 NA
2  2  7 NA
3  3  8 NA
4  4  9 NA
5  5 10 NA
6 11 14 17
7 12 15 18
8 13 16 19
```

上述代码表示：

首先创建两个矩阵，然后对这两个矩阵进行合并。由于这两个矩阵的行数和列数都不相同，且指定所有数据都要合并，故 R 语言采用列数较多的矩阵 b 的列名，然后将两个矩阵“粘”在一起，用“NA”填补空格位置。

```
> c<-matrix(1:8,nrow=4,dimnames=list(c("A","B","D","E"),c("x1","x3")))
> c
  x1 x3
A  1  5
B  2  6
D  3  7
E  4  8
> merge(a,c,all=T)
  x1 x2 x3
1  1  6  5
2  2  7  6
```

```
3  3  8  7
4  4  9  8
5  5 10  NA
> merge(a,c)
  x1 x2 x3
1  1  6  5
2  2  7  6
3  3  8  7
4  4  9  8
```

上述代码中：

我们创建一个新的矩阵 c，将其与矩阵 a 合并，当指定所有数据合并时，输出一个 5*3 的矩阵，其中元素为矩阵 a、c 按列合并，空格位置用“NA”填补；如果不指定所有数据合并，则去掉含有缺失值的行后输出，结果为 4*3 的矩阵。

如果两矩阵中出现相同的行元素，则函数 merge 还可以输出相同的行：

```
> d<-matrix(c(1,2,4,50,6,7,9,100),nrow=4,
dimnames=list(c("A","B","D","E"),c("x1","x2")))
> d
  x1  x2
A  1   6
B  2   7
D  4   9
E 50  100
> merge(a,d,by=colnames(a))
  x1 x2
1  1  6
2  2  7
3  4  9
> merge(a,d,by=colnames(d),all=T)
  x1  x2
1  1   6
2  2   7
3  3   8
4  4   9
5  5  10
6  50 100
```

上述代码表示：

先创建一个矩阵 d，然后合并矩阵 a、d，由于两矩阵中有相同的行，如果不指定所有数据合并，则将相同的行合并输出，结果为 3*2 的矩阵；如果指定所有数据合并，则将两矩阵中所有行“粘”在一起，去掉相同行后输出，即两矩阵的行求并集后输出，结果为 6*2 的矩阵。

3.2.2 选取子集

在前面的介绍中，我们已经知道了最基本的数据索引方式，也可以利用这些方法对数据集中的变量和观测记录进行选入或排除，除此之外，在本节中我们还将详细介绍数据选取子集的函数 subset()。

1．利用数据索引方式选取子集

我们利用 iris 数据集进行操作演练如下。

```
> data(iris)
>head(iris)
  Sepal.Length Sepal.Width Petal.Length Petal.Width Species
1          5.1         3.5          1.4         0.2  setosa
2          4.9         3.0          1.4         0.2  setosa
3          4.7         3.2          1.3         0.2  setosa
4          4.6         3.1          1.5         0.2  setosa
5          5.0         3.6          1.4         0.2  setosa
6          5.4         3.9          1.7         0.4  setosa
>
> head(iris[,c(2:4)])
  Sepal.Width Petal.Length Petal.Width
1         3.5          1.4         0.2
2         3.0          1.4         0.2
3         3.2          1.3         0.2
4         3.1          1.5         0.2
5         3.6          1.4         0.2
6         3.9          1.7         0.4
> head(iris[,-c(2:4)])
  Sepal.Length Species
1          5.1  setosa
2          4.9  setosa
3          4.7  setosa
4          4.6  setosa
5          5.0  setosa
6          5.4  setosa
```

在上述代码中，我们先选入 iris 数据集中第 2 到 4 列变量，然后再剔除该数据集中第 2 到 4 列变量。不难发现，选入和剔除命令的唯一区别在于一个减号，可以形象的理解为去掉这些列。

同样地，我们还可以对行观测记录进行如下处理：

```
> head(iris[2:20,])
  Sepal.Length Sepal.Width Petal.Length Petal.Width Species
2          4.9         3.0          1.4         0.2  setosa
3          4.7         3.2          1.3         0.2  setosa
```

```
4         4.6         3.1         1.5         0.2  setosa
5         5.0         3.6         1.4         0.2  setosa
6         5.4         3.9         1.7         0.4  setosa
7         4.6         3.4         1.4         0.3  setosa
> head(iris[-c(2:20),])
  Sepal.Length Sepal.Width Petal.Length Petal.Width Species
1          5.1         3.5          1.4         0.2  setosa
21         5.4         3.4          1.7         0.2  setosa
22         5.1         3.7          1.5         0.4  setosa
23         4.6         3.6          1.0         0.2  setosa
24         5.1         3.3          1.7         0.5  setosa
25         4.8         3.4          1.9         0.2  setosa
```

上述代码中，我们先选取 iris 数据集中第 2 到 20 行观测值，并查看选取的子集中前 6 行记录，得到的结果为原数据集中第 2 到 7 行数据；然后剔除该数据集中第 2 到 20 行观测值，查看前 6 行记录，得到的结果为原数据集中第 1 行、第 21 到 25 行数据。

除此之外，还有一些其他有效的方法剔除数据集中的变量，如将将变量中的元素全部设置为 NULL，如下：

```
> iris$Sepal.Length<-NULL
> head(iris)
  Sepal.Width Petal.Length Petal.Width Species
1         3.5          1.4         0.2  setosa
2         3.0          1.4         0.2  setosa
3         3.2          1.3         0.2  setosa
4         3.1          1.5         0.2  setosa
5         3.6          1.4         0.2  setosa
6         3.9          1.7         0.4  setosa
```

需要注意的是，R 语言默认数据集中的 NULL 为未定义，故在上述操作中我们将 iris 数据集中变量 Sepal.Length 剔除。

上述选取子集的方法虽然简单，但是很有用，特别是在数据维数较大，我们分块对数据进行分析建模时效果显著。

2. 利用 subset()函数选取子集

下面我们介绍另一个常用的选取子集的函数：subset()。该函数主要用于从数据集中选取符合设定条件的数据或者相关的列，其函数的基本书写格式为：

```
subset(x, subset, select, ...)
```

其中，x 指定用于操作的 R 对象，可以是矩阵或数据框；subset 是逻辑值，指定需要选取的元素或行；select 指定需要选取的列。具体操作如下：

```
> 1<-subset(iris,Sepal.Length>=mean(iris$Sepal.Length),select=-Sepal.Width)
> head(d1)
```

```
  Sepal.Length Petal.Length Petal.Width    Species
51          7.0          4.7         1.4 versicolor
52          6.4          4.5         1.5 versicolor
53          6.9          4.9         1.5 versicolor
55          6.5          4.6         1.5 versicolor
57          6.3          4.7         1.6 versicolor
59          6.6          4.6         1.3 versicolor
> summary(d1)
  Sepal.Length    Petal.Length    Petal.Width          Species
 Min.   :5.90   Min.    :4.000   Min.   :1.000   setosa    : 0
 1st Qu.:6.20   1st Qu. :4.700   1st Qu.:1.500   versicolor:26
 Median :6.45   Median  :5.100   Median :1.800   virginica :44
 Mean  :6.58    Mean    :5.239   Mean   :1.811
 3rd Qu.:6.80   3rd Qu. :5.700   3rd Qu.:2.100
 Max.  :7.90    Max.    :6.900   Max.   :2.500
```

上述代码表示：在除掉变量 Sepal.Width 后的数据集中选取子集，该子集的变量 Sepal.Length 的值必须大于其均值，然后对选取出的子集做描述性统计，可以看到子集中变量 Species=setosa 的观测记录为 0 条。

我们还可以用随机抽样的方法选取子集，主要利用函数 sample()实现，其函数的基本书写格式为：

```
sample(x, size, replace = FALSE, prob = NULL)
```

其中，x 是指定需要进行抽样的数据对象；size 是一个非负整数，指定抽样的大小；replace 指定是否重复抽样，默认值为 FALSE；prob 是一个向量，指定元素被抽取的概率权重，默认值为 NULL，即等概率抽取。

下面我们进行操作演练：

```
> sample(1:10)
 [1] 10  5  7  9  6  4  3  2  1  8
> sample(1:10,size=12,replace=T)
 [1] 2 2 8 1 1 8 4 8 4 8 1 6
```

上述代码表示：先在 1 到 10 中无重复的随机抽取 10 个数，结果相当于将这 10 个数随机排序后输出，然后在 1 到 10 中可重复的随机抽取 12 个数。需要注意的是，由于数据是随机抽取的，每次运行代码结果都会不相同，如果需要固定随机抽样的数值，要用到函数 set.seed()设置随机种子，具体操作如下：

```
> set.seed(1234)
> nrow(iris)
[1] 150
> d2<-iris[sample(1:150,size=50),]
>head(d2)
```

```
    Sepal.Length Sepal.Width Petal.Length Petal.Width    Species
122          5.6         2.8          4.9         2.0  virginica
123          7.7         2.8          6.7         2.0  virginica
124          6.3         2.7          4.9         1.8  virginica
108          7.3         2.9          6.3         1.8  virginica
144          6.8         3.2          5.9         2.3  virginica
93           5.8         2.6          4.0         1.2 versicolor
```

上述代码表示：先设置随机种子，个数为 1234，然后在 iris 数据集的 150 行观测记录中随机抽取 50 条，并赋值给 d2。由于设置了随机种子，故 d2 中存储的值不会发生变化，这样的处理很有必要，因为在数据挖掘的过程中往往需要用随机抽样的结果进行分析，保证抽样数据不发生变化就显得极为重要。

3.2.3　数据转换

在前面的介绍中我们已经知道了基本数据对象间的转化，如数组、矩阵和数据框间的转化。在实战过程中我们也会遇到将数据对象向量化的情况，下面我们将详细讨论各种情况的数据转换。

使用函数 as.vector()可将矩阵或多维数组转化为长向量。下面我们进行操作演练：

```
>( x<-matrix(1:10,nrow=5))
     [,1] [,2]
[1,]    1    6
[2,]    2    7
[3,]    3    8
[4,]    4    9
[5,]    5   10
> as.vector(x)
 [1]  1  2  3  4  5  6  7  8  9 10
> (y <- array(1:18, dim=c(3,3,2)))
, , 1

     [,1] [,2] [,3]
[1,]    1    4    7
[2,]    2    5    8
[3,]    3    6    9

, , 2

     [,1] [,2] [,3]
[1,]   10   13   16
[2,]   11   14   17
[3,]   12   15   18

> as.vector(y)
```

```
[1]  1  2  3  4  5  6  7  8  9 10 11 12 13 14 15 16 17 18
```

使用函数 unlist()可以将列表和数据框向量化，具体操作如下：

```
> (z=data.frame(x=c(1:3),y=c(2:4)))
  x y
1 1 2
2 2 3
3 3 4
> unlist(z)
x1 x2 x3 y1 y2 y3
 1  2  3  2  3  4
```

其他类型的数据一般都可以通过数组、矩阵、数据框或者列表转化为向量。由于数据挖掘实战中使用的数据对象一般是数据框，故接下来重点介绍转化数据框格式的相关知识，主要介绍几个函数：transform()和 within()，stack()和 unstack()。

1．函数 ransform()和 within()

使用函数 transform()可以为原数据框增加新列变量、改变原列变量的值和删除列变量，其函数的基本书写格式为：

```
transform(`_data`, ...)
```

其中“_data”表示需要进行操作的 R 语言数据对象，如数据框等，下面我们利用 iris 数据集进行操作演练：

```
> data(iris)
> head(iris)
  Sepal.Length   Sepal.Width  Petal.Length  Petal.Width  Species
1          5.1          3.5          1.4          0.2  setosa
2          4.9          3.0          1.4          0.2  setosa
3          4.7          3.2          1.3          0.2  setosa
4          4.6          3.1          1.5          0.2  setosa
5          5.0          3.6          1.4          0.2  setosa
6          5.4          3.9          1.7          0.4  setosa
> iris2<-transform(iris,log.slength=log(Sepal.Length))
> head(iris2)
  Sepal.Length   Sepal.Width  Petal.Length  Petal.Width  Species
log.slength
1          5.1          3.5          1.4          0.2  setosa        1.63
2          4.9          3.0          1.4          0.2  setosa        1.59
3          4.7          3.2          1.3          0.2  setosa        1.55
4          4.6          3.1          1.5          0.2  setosa        1.53
5          5.0          3.6          1.4          0.2  setosa        1.61
6          5.4          3.9          1.7          0.4  setosa        1.69
```

上述代码表示：在 iris 数据集中增加一列名为 log.slength 的数据，该列数据由 iris 数据集中第一列元素 Sepal.Length 取对数得到。需要注意的是，上述操作并没有改变原始数据集，而是将原始数据集“复制”之后进行修改。下面我们将删除 iris2 数据集中的第二列元素：

```
> iris3<-transform(iris2,Sepal.Width=NULL)
> head(iris3)
  Sepal.Length  Petal.Length  Petal.Width Species  log.slength
1          5.1           1.4          0.2  setosa         1.63
2          4.9           1.4          0.2  setosa         1.59
3          4.7           1.3          0.2  setosa         1.55
4          4.6           1.5          0.2  setosa         1.53
5          5.0           1.4          0.2  setosa         1.61
6          5.4           1.7          0.4  setosa         1.69
```

不难发现：利用函数 transform()删除数据集中的列，只需对相应的列变量赋值为 NULL 即可。

我们还可以利用函数 within()完成上述操作，具体命令如下：

```
> iris4<-within(iris,{log.slength=log(Sepal.Length)})
> head(iris4)
  Sepal.Length Sepal.Width Petal.Length Petal.Width Species log.slength
1          5.1         3.5          1.4         0.2  setosa        1.63
2          4.9         3.0          1.4         0.2  setosa        1.59
3          4.7         3.2          1.3         0.2  setosa        1.55
4          4.6         3.1          1.5         0.2  setosa        1.53
5          5.0         3.6          1.4         0.2  setosa        1.61
6          5.4         3.9          1.7         0.4  setosa        1.69
> iris5<-within(iris4,{rm(Sepal.Width)})
> head(iris5)
  Sepal.Length Petal.Length Petal.Width Species log.slength
1          5.1          1.4         0.2  setosa        1.63
2          4.9          1.4         0.2  setosa        1.59
3          4.7          1.3         0.2  setosa        1.55
4          4.6          1.5         0.2  setosa        1.53
5          5.0          1.4         0.2  setosa        1.61
6          5.4          1.7         0.4  setosa        1.69
```

需要注意的是：函数 within()中需要将具体指令用花括号括起来，如果指令有多条，每一条之间使用分号隔开；删除数据集中的列变量需要用到函数 rm()。此外，该函数还可以对其他类型的数据对象进行操作，在此我们不一一介绍。

2．函数 stack()和 unstack()

使用函数 stack()和 unstack()可以对数据框和列表的长、宽格式进行转换，函数 stack()用于将数据框或列表转换成两列，分别是数据和对应的列名称；而函数 unstack()

的作用正好相反，是将长格式的数据强制转换为数据框或列表，如果各列的元素个数相等，则转换为数据框，否则转换为列表。

函数 stack()的基本书写格式为：

```
stack(x, ...)
```

其中 x 表示需要操作的对象，为一个数据框或者列表。我们利用前面创建的数据框 z 进行操作演练：

```
> z
  x y
1 1 2
2 2 3
3 3 4
> (zz=stack(z))
  values ind
1      1   x
2      2   x
3      3   x
4      2   y
5      3   y
6      4   y
> unstack(zz)
  x y
1 1 2
2 2 3
3 3 4
```

上述输出结果中：先将数据框 z 转换为长格式，其中第一列为数据值，第二列为每一个数据对应的列名称；然后使用函数 unstack()进行还原，结果与数据框 z 完全相同。

此外，R 语言中还有函数 resharp()可以实现上述操作，但是由于其操作相对复杂，我们并不建议使用该函数，有需要的读者可以尝试使用程辑包 resharp 中的函数 melt()、acast()和 dcast()，该程辑包由 R 语言使用者公认的“大牛”Hadley Wickham 编写，在后面我们还会介绍这位“大牛”编写的其他非常实用的程辑包。

函数 melt()的基本书写格式为：

```
melt(data, id.vars, measure.vars,variable.name = "variable", ...,
na.rm = FALSE,value.name = "value", factorsAsStrings = TRUE)
```

参数介绍：

- data：指定用于拆分的数据，可以是数组、列表或数据框；
- id.vars：数据拆分后被当作 id 的变量，可以是整数（原始变量的指标），或者是字符（列变量的名称），如果为空，R 语言默认使用所有非连续性变量；

- measure.vars：指定观测值的列变量，用法与 id.vars 一致，如果为空，R 语言默认使用 id.vars 的赋值；
- variable.name：指定拆分后的变量名称，默认值为 variable；
- na.rm：指定在拆分过程中是否需要剔除缺失值 NA，默认值为 FALSE；
- value.name：指定拆分后数据列的列名称，默认值为 value；
- factorsAsStrings：指定拆分时是否将因子转换为字符，如果赋值为 FALSE 且因子水平与参数 measure.vars 不一致时，R 语言将强制执行转换，默认值为 TRUE。

首次使用 resharp2 包需要先下载并加载：

```
> install.packages("resharp2")
> library(reshape2)
```

下面我们利用 iris 数据集进行操作演练：

```
> data(iris)
> dim(iris)
[1] 150   5
> a<-melt(iris)
Using Species as id variables
> head(a)
  Species     variable value
1  setosa Sepal.Length   5.1
2  setosa Sepal.Length   4.9
3  setosa Sepal.Length   4.7
4  setosa Sepal.Length   4.6
5  setosa Sepal.Length   5.0
6  setosa Sepal.Length   5.4
> tail(a)
      Species    variable value
595 virginica Petal.Width   2.5
596 virginica Petal.Width   2.3
597 virginica Petal.Width   1.9
598 virginica Petal.Width   2.0
599 virginica Petal.Width   2.3
600 virginica Petal.Width   1.8
> dim(a)
[1] 600   3
> str(a)
'data.frame':   600 obs. of  3 variables:
 $ Species : Factor w/ 3 levels "setosa","versicolor",..: 1 1 1 1 1 1 1 1 1 1 ...
 $ variable: Factor w/ 4 levels "Sepal.Length",..: 1 1 1 1 1 1 1 1 1 1 ...
 $ value   : num  5.1 4.9 4.7 4.6 5 5.4 4.6 5 4.4 4.9 ...
```

上述代码表示：对 iris 数据集使用函数 melt 进行拆分，在这里我们没有对其他参数赋值，R 语言默认使用 iris 数据集中的变量 Species 作为参数 id.vars 的值，故其他 4

个列变量 Sepal.Length、Sepal.Width、Petal.Length 和 Petal.Width 就变成了参数 measure.vars 的值，即新数据集的列变量 variable 中的元素；由于新数据集中列变量 varable 的 4 个类在原始变量中分别有 150 条记录，故新数据集有 600 条记录，原始数据集因此被拉长了；最终的 value 值就是原始变量中四个列变量对应的值，此时 iris 数据集的格式发生转变。需要注意的是，我们使用函数 head()和函数 tail()查看 a 的前六行和最后六行记录。

和之前一样，函数 melt()只是将原始数据集复制后进行处理，并没有改变原始数据集的格式。

将数据集拆分后，我们还可以将其还原，函数 acast()和函数 dcast()的功能就在于此，区别在于：函数 acast()用于操作向量、矩阵和数组，而 dcast()用于操作数据框，但数据框最多为 2 维。

函数 acast()的基本书写格式为：

```
dcast(data, formula, fun.aggregate = NULL,margins=NULL ...,)
```

其中：

- data 指定拆分了的数据框；
- formula 指定用于构建新数据集的公式，一般形式为：

```
x_variable + x_2 ~ y_variable + y_2 ...,
```

表示用变量 y_variable + y_2...对变量 x_variable + x_2 进行分组；

- fun.aggregate 表示当函数不能识别每一个数据点所对应的变量名时，使用该参数指定的集合函数；
- margins 表示一个向量，指定需要运用参数 fun.aggregate 的变量名称。

下面我们进行操作演练：

```
> b<-dcast(a,Species~variable, fun.aggregate = mean)
> b
  Species  Sepal.Length  Sepal.Width  Petal.Length  Petal.Width
1 setosa        5.006        3.428        1.462        0.246
2 versicolor    5.936        2.770        4.260        1.326
3 virginica     6.588        2.974        5.552        2.026
```

上述代码表示：将拆分后的数据框 a 还原成宽格式，其中“Species~variable”即为用于构建新数据框的公式，需要注意的是，公式中变量名称的位置不同代表的含义也不同，如果将两变量名称交换，结果如下：

```
> c<-dcast(a,variable~Species, fun.aggregate = mean)
> c
  Variable     setosa   versicolor  virginica
1 Sepal.Length  5.006     5.936     6.588
```

```
2 Sepal.Width   3.428     2.770     2.974
3 Petal.Length  1.462     4.260     5.552
4 Petal.Width   0.246     1.326     2.026
```

不难发现，不同公式指定了不同的分组依据，得到的新数据框列变量名称也不相同。需要注意的是，如果没有对参数 fun.aggregate 进行设置，函数不能识别每一个数据点对应的变量名，R 语言就会给出以下提示：

```
> d<-dcast(a,variable~Species)
Aggregation function missing: defaulting to length
```

第4章
数据的探索性分析

在获取数据并对其进行预处理之后，需要对数据进行探索性分析，以全面地了解数据的基本情况，包括数据结构、性态和分布等。为后续的挖掘建模工作提供理论支撑。本章将详细介绍针对不同数据的图形和统计量的探索性分析。

4.1 基本绘图函数

在进行数据的探索性分析中，一个重要的探索工具是图形探索，即将数据进行可视化展示。因此，本章首先介绍基本的绘图函数以及函数的相关参数设置，为后续的函数调用打下坚实的基础。

在R语言中，使用最为广泛、用法最为基础的绘图函数是plot()，该函数主要用于绘制点图、线图等，具有非常多的参数设定，且其他绘图函数的参数设定也与该函数基本一致，了解该函数的使用方法对学习其绘图函数有极大的帮助。下面将对函数plot()进行详细介绍。

函数的基本书写格式为：

```
plot(x, y,type,main,,sub,xlab,ylab ...)
```

需要注意的是，该函数的参数对象有很多，上述书写格式中只截取了极小部分，使用过程中会根据需要调用其他参数对象，下面将对常用的参数对象进行介绍：

1. 设置数据对象

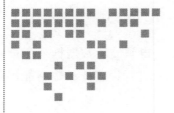

在函数plot()中，数据对象可有一个或者两个，分别用参数 x 或 y 指定，若两个参

数均赋值，则 R 语言默认将 *x* 中的值对应 x 轴，*y* 中的值对应 y 轴绘图，也可以写成“x~y”的形式；若只指定一个数据对象，则输出图形的 x 轴表示数据的标签（或数据的行数），y 轴对应每一行的变量取值。下面进行操作演练：

```
> par(mfrow=c(1,2))
> plot(iris$Sepal.Length)
> plot(sin, -pi, 2*pi)
```

上述代码表示：设置 1 行 2 列的画布，左图绘制 iris 数据集中变量 Sepal.Length 的散点图，右图绘制正弦函数的图像，绘制范围是-pi 到 2pi，结果如图 4.1 所示。

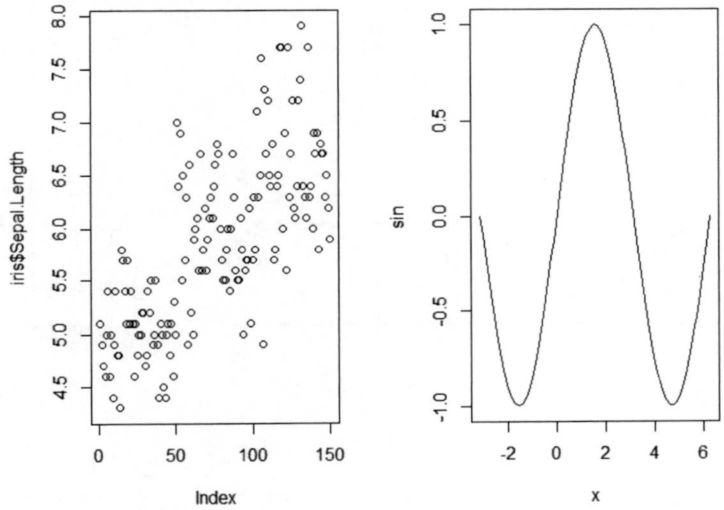

图 4.1 函数 plot()的绘图展示（1）

2. 设置绘图的形式

函数 plot()中提供了多种绘图形式，并用参数 type 指定，若需绘制散点，则命令形式为“type=p”，即“p”表示绘制散点图；“l”表示绘制折线图，“b”表示绘制散点与折线的叠加图，“c”表示绘制去除散点后的折线图，“o”与“b”类似，区别在于“o”指定的绘图结果将所有的散点连接起来；“h”的效果类似于直方图，但输出的为所有不同 *y* 值的铅垂线图；“s”指定输出梯形图，“n”指定不输出绘图结果，一般用于设定画布。

下面进行操作演练：

```
> par(mfrow=c(3,3))
>set.seed(1234)
> x<-rnorm(10)
> plot(x,type="p")
> plot(x,type="l")
> plot(x,type="b")
```

```
> plot(x,type="c")
> plot(x,type="h")
> plot(x,type="s")
> plot(x,type="o")
> plot(x,type="S")
> plot(x,type="n")
```

上述代码表示：设置 3 行 3 列的画布，利用函数 rnorm()生成 10 个随机数，并存储在 x 中，然后分别绘制 x 的 9 种图形，结果如图 4.2 所示。

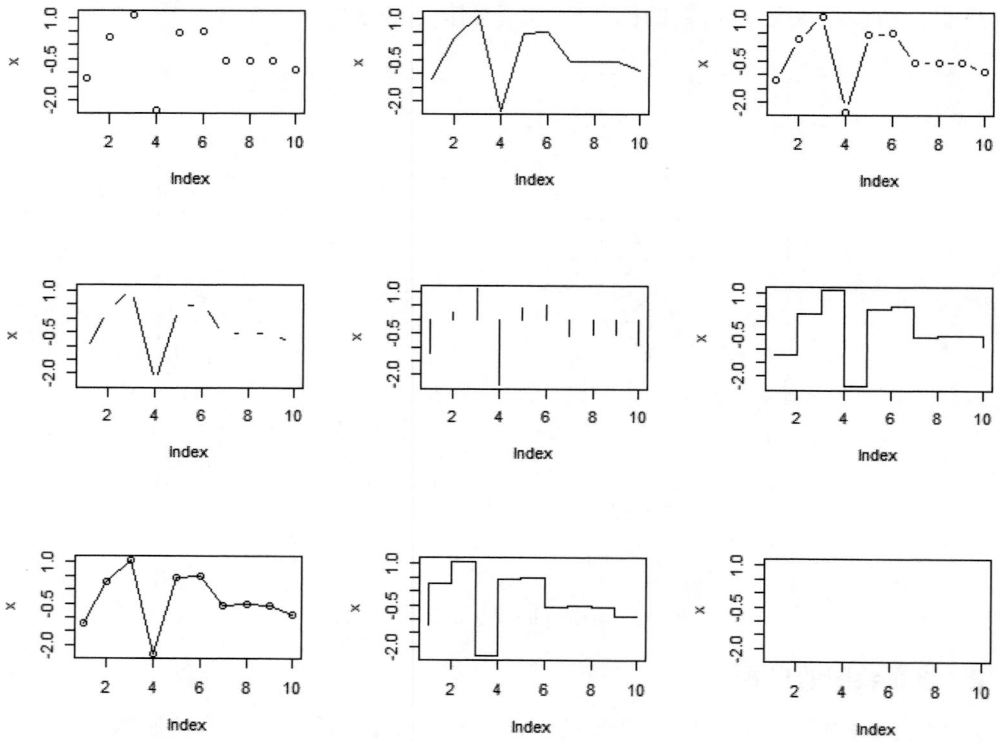

图 4.2　函数 plot()的绘图展示（2）

3. 设置图形标题

在绘图过程中，可以使用函数 title()添加标题，也可以直接在绘图函数中设置相应的参数，如在函数 plot()中有不同的参数指定相应的标题，参数 main 指定图形的主标题，参数 sub 指定图形的副标题，参数 xlab 和 ylab 分别指定图形的横纵坐标的标题。

若需使用函数 title 设置标题，基本的书写格式为:

```
title(main = NULL, sub = NULL, xlab = NULL, ylab = NULL,line = NA, outer
= FALSE, ...)
```

其中：

- line 用于指定标题远离原来位置的行数；
- outer 指定标题是否能超出图形边界，默认值为 FALSE；
- 其他参数含义与前面介绍的一致。

下面进行操作演练：

```
> par(mfrow=c(1,1))
> plot(sin, -pi, 2*pi,main="sin(x)",sub="sin(x)的绘图")
> plot(sin, -pi, 2*pi)
>title(main="sin(x)",sub="sin(x)的绘图")
```

上述代码表示：设置 1 行 2 列的画布，左图利用函数 plot()绘制正弦函数在-pi 到 2pi 上的图像，并添加主标题和副标题，右图是利用函数 title()添加标题，得到与左图完全一致的效果，结果如图 4.3 所示。

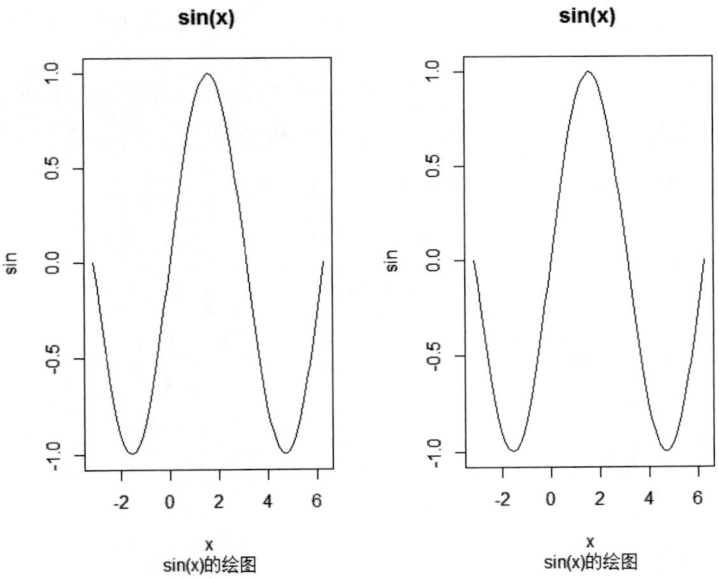

图 4.3 函数 plot()的绘图展示（3）

4. 设置文本大小和字体

绘图时也可利用外部函数或内部参数对图形的文本大小和字体形式进行设置，函数 plot()的内部参数中，cex 和 font 分别指定对字号和字体的设置。

需要注意的是，设置字号和字体需要利用更为精确的参数形式来对标题、坐标轴等不同的元素进行设置，其中参数 cex.main、cex.sub、cex.axis、cex.lab 分别指定主标题、副标题、坐标轴和坐标轴标签字号的大小，默认值为 1，若设置为 n 则表示输出字体为默认情况的 n 倍，n 可以是小于 1 的小数；参数 font.main、font.sub、font.axis 和 font.lab 分别用于指定主标题、副标题、坐标轴刻度和坐标轴标签的字体形式，参数的取值均为整数，取值范围为 1 到 5，分别表示常规、粗体、斜体、粗斜体和符号字体（以 Adobe 符号编码表示）。

若需使用外部函数达到上述要求，则利用函数 text()进行设置，函数的基本书写格式为：

```
text(x, y = NULL, labels = seq_along(x), cex = 1, font = NULL, ...)
```

其中，

- x、y 分别表示横纵坐标，用于对文本标签定位；
- 参数 labels 指定需要绘制的文本标签；
- 其他参数与上述介绍一致。

下面进行操作演练：

```
> plot(-1:1, -1:1, type = "n")
> K<-12
> K<-12;text(exp(1i * 2 * pi * (1:K) / K),cex=1:5,font=1:K)
```

上述代码表示：先利用函数 plot()绘制一个空白画布，然后使用函数 text()在画布中添加 1 到 12 个数字，数字呈椭圆排列，放大倍数分别为 1 到 5 倍，字体分别为纯文本、粗体、斜体、粗斜体和符号体，结果如图 4.4 所示。

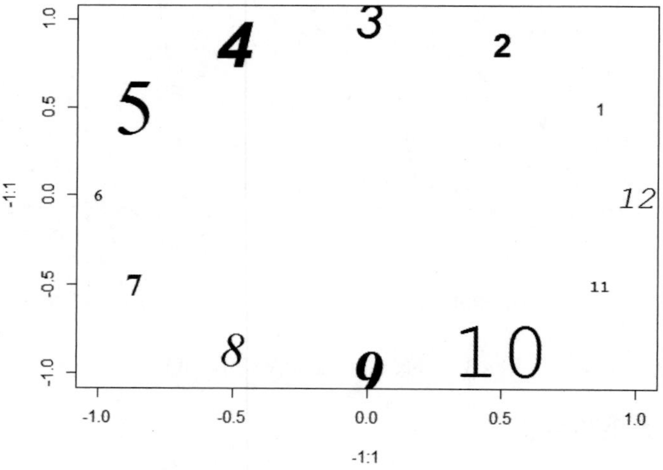

图 4.4　函数 plot()的绘图展示（4）

5．设置坐标轴

在绘图过程中，若要对坐标轴进行自定义设置，则需借助外部函数 axis()，其函数的基本书写格式为：

```
axis(side, at = NULL, labels = TRUE, tick = TRUE, line = NA,pos = NA,
outer = FALSE, font = NA,  lty = "solid", lwd = 1, lwd.ticks = lwd,
```

```
col = NULL, col.ticks = NULL,hadj = NA, padj = NA, ...)
```

其中：

- 参数 side 指定绘制坐标轴的位置，若需在图形下面绘制，设置形式为“side=1”，“2”到“4”分别表示在图形左边、上边和右边绘制坐标轴；
- 参数 at 指定坐标轴的范围；
- 参数 labels 指定坐标轴的标签。

下面进行操作演练：

```
> plot(iris$Sepal.Length,axes=F)
> axis(1)
> axis(side=2,at=3:9,labels=letters[1:7])
```

上述代码表示：利用函数 plot()绘制散点图，并指定坐标轴为空，然后利用函数 axis()设置横纵坐标，先设置横坐标，即图形底部的坐标轴，显示结果与默认情况一致，再设置纵坐标，坐标轴的范围为 3 到 9，标签分别为小写字母的前 7 个，即 a 到 g，根据数据特征，显示结果如图 4.5 所示。

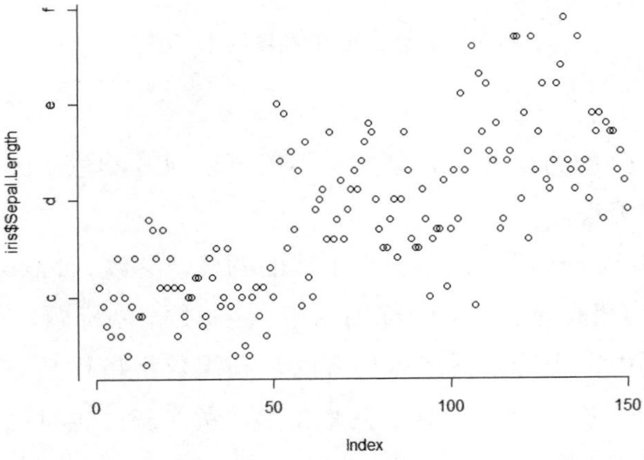

图 4.5　函数 plot()的绘图展示（5）

6．设置点、线的类型

在函数 plot()中，指定点的类型的参数是 pch，可供选择的类型共有 25 种，分别用数字 1 到 25 表示；指定线条类型的参数是 lty，可供选择的类型共有 6 种，分别是实线、短虚线、点线、点线加短虚线、长虚线、长虚线与短虚线的叠加，用数字 1 到 6 表示。点和线的展示效果如图 4.6 所示。

```
> par(mfrow=c(1,2))
> plot(0,0,xlim=c(6,6),ylim=c(6,6),xlab="",ylab="")
> for(i in 1:5){
```

```
    for(j in 1:5){
      points(i+3,j+3,pch=(i-1)*5+j,bg=(i-1)*5+j,cex=3)
      text(i+3,j+2.6,(i-1)*5+j)  }}
>plot(4,4,type="n",xlab="",ylab="")
> for(i in 1:6){
  segments(x0=2.5,y0=2+i*0.5,x1=5,y1=2+i*0.5,lty=i,lwd=3)
  text(5.5,2+i*0.5,i)  }
```

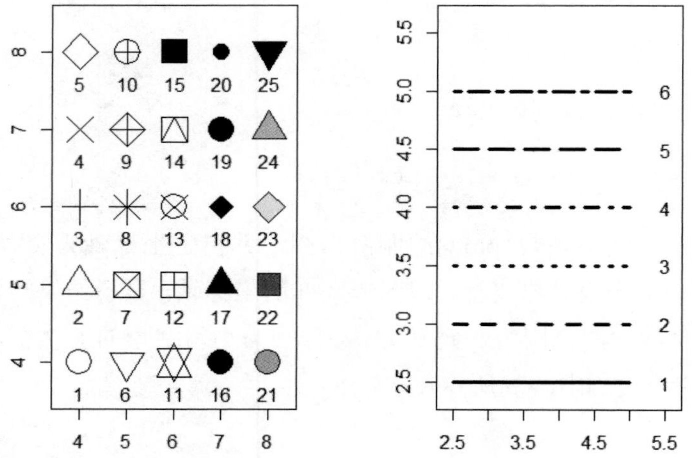

图 4.6　函数 plot()的绘图展示（6）

7．设置颜色

在绘制图形时，颜色的设置尤为重要，不仅可以通过颜色来区分类型或大小，还可以让图形变得更加美观。

函数 plot()中，参数 col 用于指定图形主体的颜色，参数 col.axis、col.lab、col.sub、fg 和 bg 分别用于指定坐标轴刻度、坐标轴标签、主标题、副标题、前景和后景的颜色。

在对颜色的设置中，也可以采用多种方法，利用数字指代是非常简单的方法，数字 1 到 8 分别表示黑、红、绿、深蓝、亮蓝、紫、黄、灰；也可利用颜色的名称进行指定，如命令“col=red”指定绘图颜色为红色，R 语言中所有颜色的对应名称可以利用命令“colors()”返回。

此外，R 语言中还有一些内置颜色可供选择，如函数 rainbow()、heat.colors()，具体操作如下：

```
> par(mfrow=c(1,2))
> pie(rep(1, 12), col = rainbow(12))
> pie(rep(1, 12), col = heat.colors(12))
```

上述代码表示：分别利用函数 rainbow()和 heat.colors()中的颜色来绘制饼图，结果如图 4.7 所示。

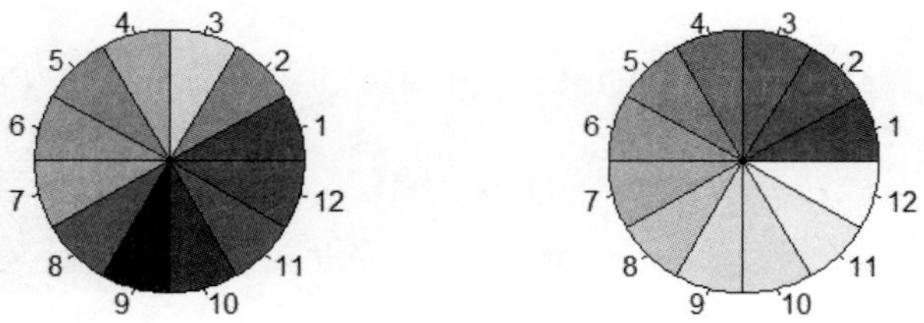

图 4.7　函数 plot()的绘图展示（7）

8．设置图例

通常情况下，绘制较为复杂的图形都需要添加图例作为说明，函数 legend()就是用于在当前图形的指定位置绘制图例，其基本书写格式为：

```
legend(x, y = NULL, legend,, col = par("col"),...)
```

其中，参数 *x* 和 *y* 用于指定图例的坐标位置，也可用参数 location 来设置，可供选择的位置有 9 个，分别为"bottonright""botton""bottonleft""left""topleft""top""topright""right"和"center"；参数 legend 指定需要添加的图例标签，参数 col 指定图例的颜色。具体操作命令如下：

```
> par(mfrow=c(1,1))
>plot(iris$Sepal.Length,iris$Sepal.Width,pch= as.numeric(iris$Species),
col=2:4)
> legend("topright",title="species",legend=c("setosa","versicolor",
"virginica"),pch=1:3,col=2:4)
```

上述代码表示：将 iris 数据集中的变量 Sepal.Length 和 Sepal.Width 中数据绘制散点图，将三种鸢尾花的类型用不同的点和颜色区分开，然后在图形的右上方添加图例，结果如图 4.8 所示。

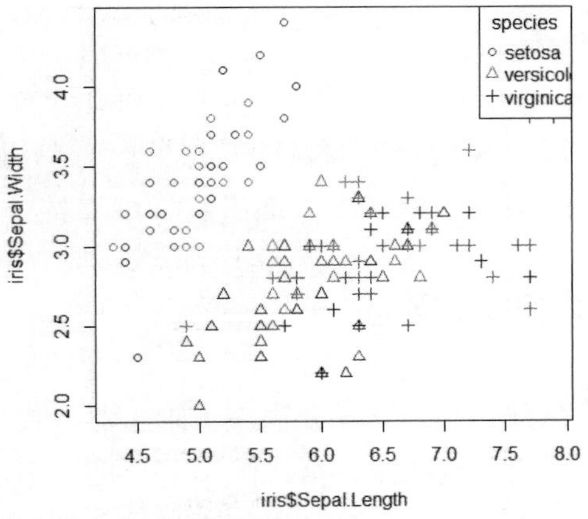

图 4.8　函数 plot()的绘图展示（8）

9．设置网格线

在绘图完成后，有时还需添加网格线以帮助观察数据位置，使用的函数是 grid()，基本的书写格式为：

```
grid(nx = NULL, ny = nx, col = "lightgray", lty = "dotted",lwd = par("lwd"),
equilogs = TRUE)
```

其中，参数 *nx* 和 *ny* 分别表示横纵坐标上网格的条数。具体的操作命令如下：

```
> plot(rnorm(10),col=2)
> grid(nx=20,ny=20)
```

上述代码表示：将生成的 10 个随机数绘制成散点，并添加 20 行 20 列的网格线，结果如图 4.9 所示。

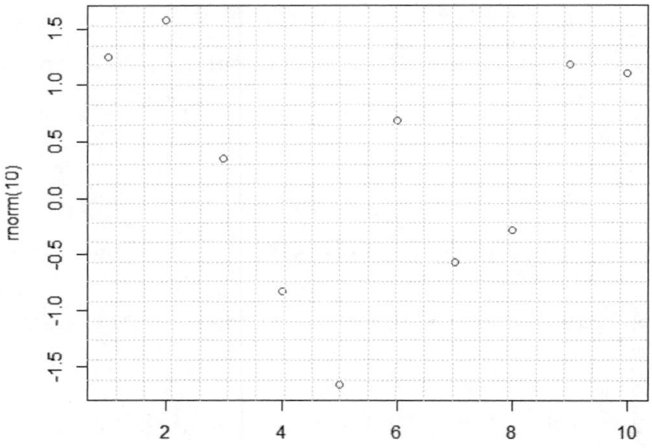

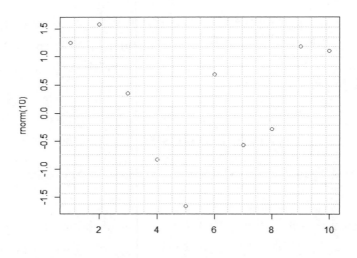

图 4.9　函数 plot()的绘图展示（9）

4.2　探索单个变量

首先考虑最简单的情况：探索单个变量的数据情况。单组数据的探索性分析一般包括绘图和描述性统计，下面将从这两个方面进行详细介绍。

4.2.1　单组数据的图形描述

单个变量的数据可能是数值型，或者分类型（如性别：男、女）。对于数值型数据，可采用的图形描述有：直方图、散点图、箱线图和茎叶图，用于观察数据的分布形状；对于分类型数据，一般采用的图形描述是柱形图和饼图，以观察每一类中的数据比重。上述图形在 R 语言中的对应函数如表 4.1 所示。

表 4.1　图形描述的函数介绍

函数名称	作　　用
plot()	散点图
hist()	直方图
Boxplot()	箱线图
Stem()	茎叶图
Barplot()	柱形图（条形图）
Pie()	饼图

下面利用实例数据进行操作演练，采用 iris 数据集中相关变量做数值型数据的图形描述。

```
>require(grDevices)#取出颜色
>plot(iris$Sepal.Length,col=rainbow(10))
```

上述代码表示先调用程辑包 grDevices 以取出绘图颜色，然后绘制了 iris 数据集中变量 Sepal.Length 的散点图。结果如图 4.10 所示。y 轴表示变量 Sepal.Length 的数值，x 轴表示对应的数据量。

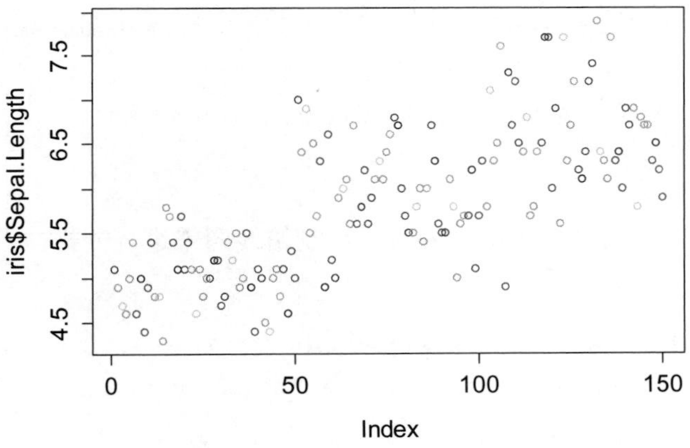

图 4.10　iris 数据集中变量 Sepal.Length 的散点图展示

1. 直方圆

下面对该变量绘制直方图。直方图分为频数分布直方图和频率分布直方图，具体操作命令如下：

```
> op=par(mfrow=c(1,2))
> hist(iris$Sepal.Length,col=rainbow(20))
> hist(iris$Sepal.Length,col=rainbow(20),freq=T,main="")
> hist(iris$Sepal.Length,col=rainbow(20),freq=F,main="")
> lines(density(iris$Sepal.Length))
```

上述命令中，设置参数 freq=T 表示绘制频数分布直方图，若设置为 F 则表示绘制频率分布直方图。绘图结果如图 4.11 所示。需要注意的是，在绘制频率分布直方图时通常会添加一条线，即概率密度曲线，便于观察数据的分布、偏度和峰度等情况。在 iris 数据集中，变量 Sepal.Length 的数据较为集中，大部分数据集中在中位数或均值附近，没有呈现明显的偏态分布。

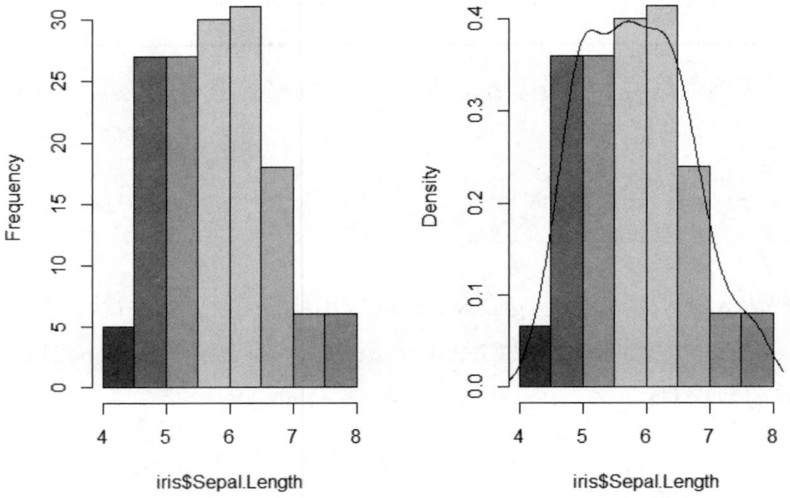

图 4.11 变量 Sepal.Length 的直方图展示

2. 箱线图

为进一步了解数据的分布情况，还可以绘制箱线图来进行分析，具体操作命令如下：

```
> par(mfrow=c(1,2))
> boxplot(iris$Sepal.Length,col="red")
> boxplot(iris$Sepal.Length,col="red",horizontal = T)
```

结果如图 4.12 所示。左图展示了 R 语言中默认箱线图形状，即竖直显示，也可以设置参数 horizontal=T 进行水平展示，展示结果如右图所示。其中箱体部分为红色（深色长方形框），箱子的上边界表示四分之三分位数，中间的加粗黑线表示中位数，箱子的下边界表示四分之一分位数，最上方和最下方的横线分别表示上须和下须，是变量取得正常值的最大和最小边界，若在上须之上或下须之下还有散点，则散点代表异常值。在 iris 数据集中，变量 Sepal.Length 的观测值中不存在异常值，且各分位数之间的差距不大，与直方图得到的结果较为一致的是，数据不存在明显的偏态情况。

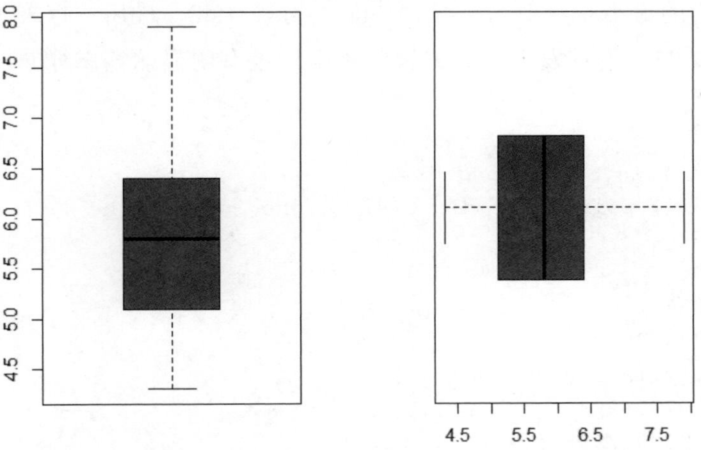

图 4.12　变量 Sepal.Length 的箱线图展示

3. 茎叶图

下面进行茎叶图的展示，茎叶图与直方图较为类似，不同之处在于茎叶图是横向展开的，同时展示数据的分布形态和具体的数据信息，具体命令如下：

```
> stem(iris$Sepal.Length)
  The decimal point is 1 digit(s) to the left of the |

  42 | 0
  44 | 0000
  46 | 000000
  48 | 00000000000
  50 | 0000000000000000000
  52 | 00000
  54 | 0000000000000
  56 | 000000000000000
  58 | 0000000000
  60 | 000000000000
  62 | 0000000000000
  64 | 000000000000
  66 | 0000000000
  68 | 0000000
  70 | 00
  72 | 0000
  74 | 0
  76 | 00000
  78 | 0
```

由于变量 Sepal.Length 中的观测值较小，取值范围为[4.3,7.9]，故原始数据的茎叶图展示结果不是非常明朗，下面对数据进行对数变换后画茎叶图：输出结果的第一行表示对数变换后的最小观测值为 1.46、1.48、1.48、1.48，最后一行表示对数变换后的最大观测值为 2.07。不难发现，数据较为集中，没有明显的偏态分布，但可能存在两个峰值。

```
> stem(log(iris$Sepal.Length))
  The decimal point is 1 digit(s) to the left of the |

  14 | 6888
  15 | 03333
  15 | 5577777999999
  16 | 1111111111333333333
  16 | 55557999999
  17 | 0000000222222444444444
  17 | 6666666777999999
  18 | 1111112222444444444
  18 | 66666667777799
  19 | 000000002223333
  19 | 567779
  20 | 034444
  20 | 7
```

4. 条形图

接下来对分类变量的观测值进行展示，主要绘制条形图和扇形图。条形图与直方图的展示效果比较类似，不同之处在于直方图的各矩形通常为连续排列，适用于连续数据；条形图是分开排列，适用于分组数据或离散数据。一般认为数值型变量的观测值为连续数据，分类变量的观测值为离散数据。

由于 iris 中的分类变量 Species 中三个水平 setosa、versicolor 和 virginica 的数据量均为50，不适用于绘制条形图，为得到展示效果较好的分组数据，下面对变量 Sepal. Length 的数据进行处理，具体操作命令如下：

```
> table(iris$Species)
   setosa versicolor  virginica
       50         50         50
>S.L<-c(nrow(subset(iris,Sepal.Length<=5)),
 nrow(subset(iris,Sepal.Length>5&Sepal.Length<=6)),
nrow(subset(iris,Sepal.Length>6&Sepal.Length<=7)),
nrow(subset(iris,Sepal.Length>7)))
> S.L
[1] 32 57 49 12
> barplot(S.L,col=rainbow(6))
> detach(iris)
```

上述代码表示：将变量 Sepal.Length 的数据分为四组，分组依据分别是小于等于 5、大于 5 小于等于 6、大于 6 小于等于 7、大于 7，并计算每组的数据量，分别为 32、57、

49 和 12，然后绘制条形图，结果如图 4.13 所示。

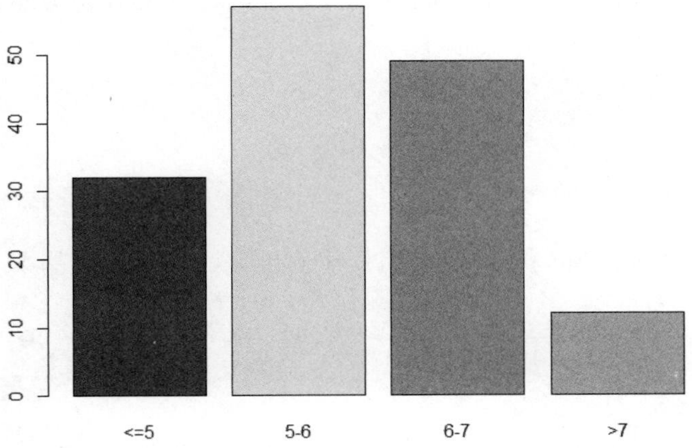

图 4.13　分组数据的条形图展示

5．饼图

下面根据上述分组数据绘制饼图，结果如图 4.14 所示，左图表示二维饼图，右图表示三维饼图，在 R 语言中绘制三维饼图应调用程辑包 plotrix 中的函数 plot3D()，参数 explode 指定饼图各部分的间隔，参数 labelcex 指定标签 labels 的大小。

```
> s<-matrix(S.L,nrow=1)
> names(s)=c("<=5","5-6","6-7",">7")
> par(mfrow=c(1,2)
> pie(s,col=rainbow(4),labels=names(s)
>pie3D(s,col=rainbow(4),labels=names(s),explode=0.05,labelcex = 0.9)
```

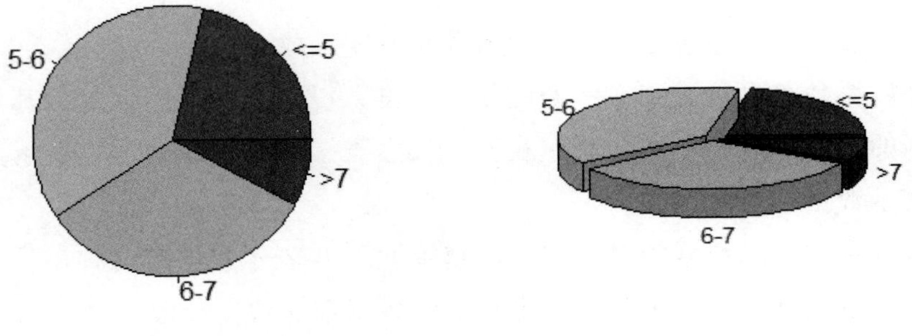

图 4.14　分组数据的饼图展示

4.2.2　单组数据的描述性分析

上一小节介绍了单组数据的图形展示，下面将介绍单组数据的描述性分析，主要借助于均值、分位数、峰度和偏度等基本统计量进行分析。

R语言中有许多好用的函数用于基本的描述性统计，如已经使用过的函数summary()，该函数依次返回观测数据的最小值、四分之一分位数、中位数、均值、四分之三分位数和最大值6个统计量，具体结果如下：

```
> summary(iris$Sepal.Length)
Min. 1st Qu.  Median    Mean 3rd Qu.    Max.
   4.30    5.10    5.80    5.84    6.40    7.90
```

还可以利用函数quantile()得到数据的其他分位数，其函数的基本书写格式为：

```
quantile(x, probs = seq(0, 1, 0.25), na.rm = FALSE,names = TRUE, type =
7, ...)
```

其中：

- 参数x指定用于分析的数据对象；
- probs指定返回对应概率值的分位数，默认值是0%、25%、50%、75%和100%分位数；
- names是逻辑值，指定是否返回分位数的对应概率，默认值是TRUE；
- type的取值为1到9之间的整数，指定9类算法（在Detail中有详细介绍）中的哪一类计算分位数，默认按照第7类进行计算。

```
> quantile(iris$Sepal.Length)
 0%  25%  50%  75% 100%
 4.3  5.1  5.8  6.4  7.9
> quantile(iris$Sepal.Length,prob=seq(0,1,0.1))
 0%  10%  20%  30%  40%  50%  60%  70%  80%  90% 100%
4.30 4.80 5.00 5.27 5.60 5.80 6.10 6.30 6.52 6.90 7.90
```

数据的描述性分析还包括计算峰度系数和偏度系数。

（1）峰度系数刻画了数据在中心的聚集程度，以四阶中心距计算，其值越接近于0表示数据的分布峰度与正态分布越相似，反之表示越不相似；为正表示数据较为分散，为负表示数据较为集中。

（2）偏度系数刻画数据的对称程度，越接近于0表示数据越对称，反之表示越不对称，为正表示数据在右边更分散，为负表明数据在左边更分散。

根据数理统计的知识，峰度系数（kurtosis）和偏度系数（skewness）的计算公式一般定义为：

$$kurtosis = \frac{1}{n-1}\sum_{j=1}^{n}(x_j - x_{mean})^4 / sd^4 - 3$$

$$skewness = \frac{1}{n-1}\sum_{j=1}^{n}(x_j - x_{mean})^3 / sd^3$$

可以根据上述公式直接计算，也可以调用 R 语言中的相关函数计算，R 语言中的程辑包 moments、timeData 和 fBasics 均提供了相应的计算函数：函数 kurtosis()计算峰度系数，函数 skewness()计算偏度系数。此处采用程辑包 moments 中的函数进行计算，具体操作如下：

```
> library(moments)
> kurtosis(iris$Sepal.Length)#峰度系数
[1] -0.606
attr(,"method")
[1] "excess"
> skewness(iris$Sepal.Length)#偏度系数
[1] 0.309
attr(,"method")
[1] "moment"
```

由输出结果可知，变量 Sepal.Length 的样本观测数据较为集中且稍向右偏离。此外，还可以利用函数 max()、min()、range()和 var()等函数来得到数据的最大值、最小值、取值范围和方差，由于使用方法简单，在此不作具体展示。

4.3　探索多个变量

前一节介绍了单个变量对应的单组数据的图形展示和描述性分析法，展现了数据探索性分析的“冰山一角”，然而实际操作中更多地会碰到处理多个变量的情况，此时需要更为多样化的探索方法，本节将进行详细介绍。

4.3.1　两组数据的图形描述

两个变量对应的两组观测样本的探索性分析法和单组数据的情况差异不大，即前面介绍的各类图形描述法都适用，但使用较为普遍的是绘制散点图，因为散点图能清晰地描述两组数据的关系，且方法简单易行。在本节的实例操作中同样使用 iris 数据集，选取花瓣的长度（Petal.Length）和宽度（Petal.Width）数据绘制散点图，命令如下：

```
> data("iris")
> plot(Petal.Length~Petal.Width,data=iris,col="blue")
> rug(side=1,jitter(iris$Petal.Width,4))
> rug(side=2,jitter(iris$Petal.Length,7))
```

上述代码表示，将 iris 数据集中的变量 Petal.Length 作为 y 轴，将变量 Petal.Width 作为 x 轴绘制散点图，参数 col 指定颜色为蓝色；函数 rug()用于设定散点对应的横纵坐标值，结果如图 4.15 所示，可以明显地看出散点分为两大部分，且两个变量之间存在线性相关关系。

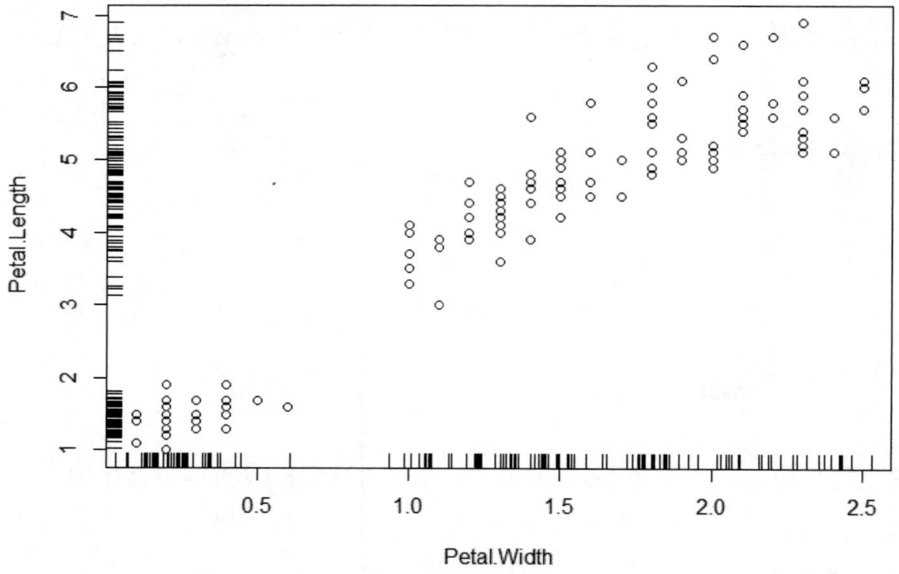

图 4.15 变量 Petal.Width 与 Petal.Length 的二维散点图

我们还可以在散点图的横纵轴旁添加单变量的箱线图，具体命令如下：

```
>op=par()
>layout(matrix(c(2,1,0,3),2,2,byrow=T),c(1,6),c(4,1))
>par(mar=c(1,1,5,2))
>plot(Petal.Length~Petal.Width,data=iris,col="blue")
>rug(side=1,jitter(iris$Petal.Width,4))
>rug(side=2,jitter(iris$Petal.Length,7))
>par(mar=c(1,2,5,1))
>boxplot(iris$Petal.Length,axes=F,col="red")                    #纵坐标的箱线图
>title(ylab="Petal.Length",line=0)                              #纵坐标名称
>par(mar=c(5,1,1,2))
>boxplot(iris$Petal.Width,axes=F,col="green",horizontal=T)      #横坐标的箱线图
>title(xlab="Petal.Width",line=1)                               #横坐标名称
```

上述代码较为复杂，主要是利用了函数 par()设置图形的相关参数，函数 layout()用于设置复杂绘图模式，最终生成如图 4.16 所示的散点图矩阵，该图形便于了解两个变量各自的分布情况，同时也得到了两个变量之间的关系。

有时候数据量非常大，绘制的散点分布密集，不能直观地得到有用的信息，此时需要借助于等高曲线、三维透视等图形来进行数据的可视化展示。由于 iris 数据集的样本量较小，下面利用模拟数据进行演示。

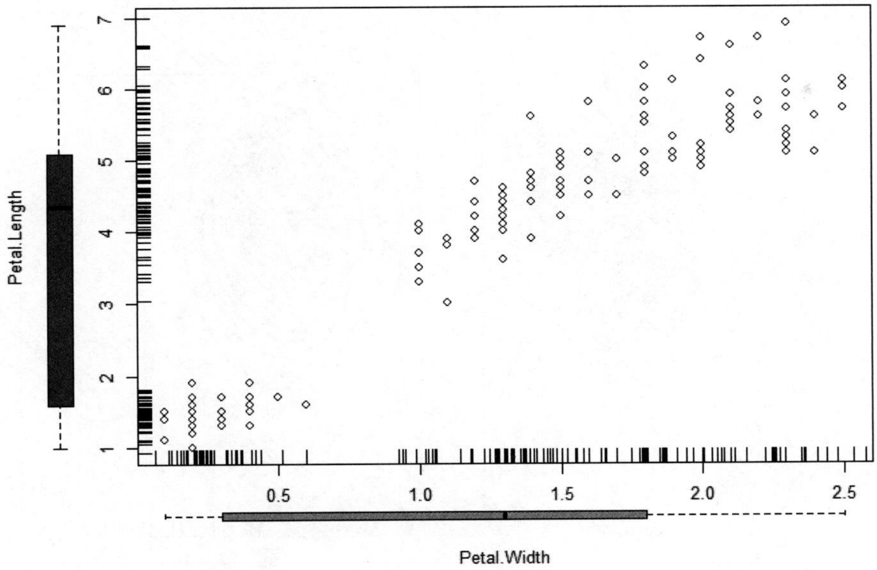

图 4.16　两个变量的散点图矩阵

```
> set.seed(12345)
> a<-matrix(rnorm(5000,sd=sd(iris$Petal.Width),mean=mean(iris$Petal.Width)),
ncol=1)
>b<-matrix(rnorm(5000,sd=sd(iris$Petal.Length),mean=mean(iris$Petal.Le
ngth)),ncol=1)
>c<-cbind(a,b)
> c<-data.frame(c)
> dim(c)
[1] 5000    2
> plot(a,b,xlab="petal.width",ylab="petal.length")
> d<-c[sample(1:5000,500),]
> par(mfrow=c(1,2))
> plot(d,xlab="petal.width",ylab="petal.length")
>library(MASS)
>e<-kde2d(a,b)
> contour(e, col = "red", lwd = 3, drawlabels = FALSE,add = TRUE,)
```

上述代码表示：参照 iris 数据集变量 Petal.Width 和 Petal.Length 的均值和标准差，利用函数 rnorm()生成两组服从正态分布的随机数，将两组数据合并，得到 5000 行 2 列的数据框，绘制该数据集的二维散点图，结果如图 4.17（左）所示。由于数据量较大，得不到较清晰的数据信息，故借助二维核密度估计来认识图形，用程辑包 MASS 中的函数 ked2d()做二维核密度估计，并利用函数 contour()绘制等高曲线，结果如图 4.17（右）所示。

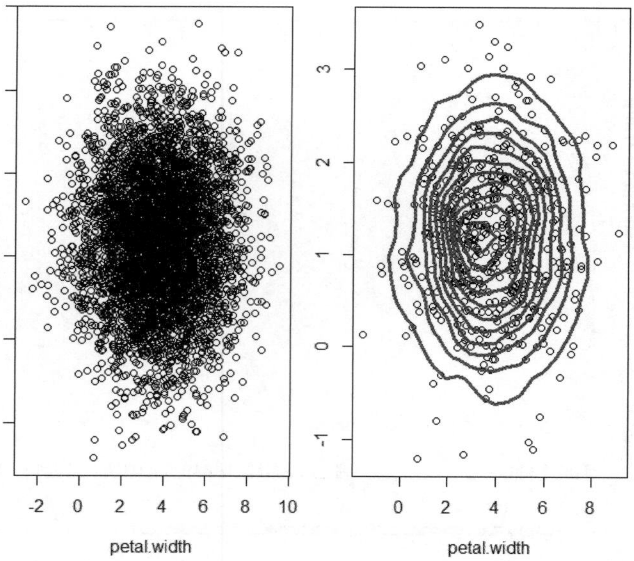

图 4.17　二维模拟数据的等高曲线展示

还能利用函数 persp()绘制三维透视图，以使数据形象更加清晰明了，具体命令如下：

```
>require(grDevices)#取出颜色
> persp(e, main = "Density estimation: perspective plot",col=rainbow(10))
> persp(e, phi = 45, theta = 30, xlab = "sepal.width", ylab = "sepal.length",
zlab = "density",+main = "Density estimation: perspective
plot",col=rainbow(20))
```

上述代码表示：根据二维核密度估计结果，利用函数 persp()绘制三维透视图，结果如图 4.18 所示。左图表示透视图的正视图，右图是对三维透视图进行旋转后的视角展示。

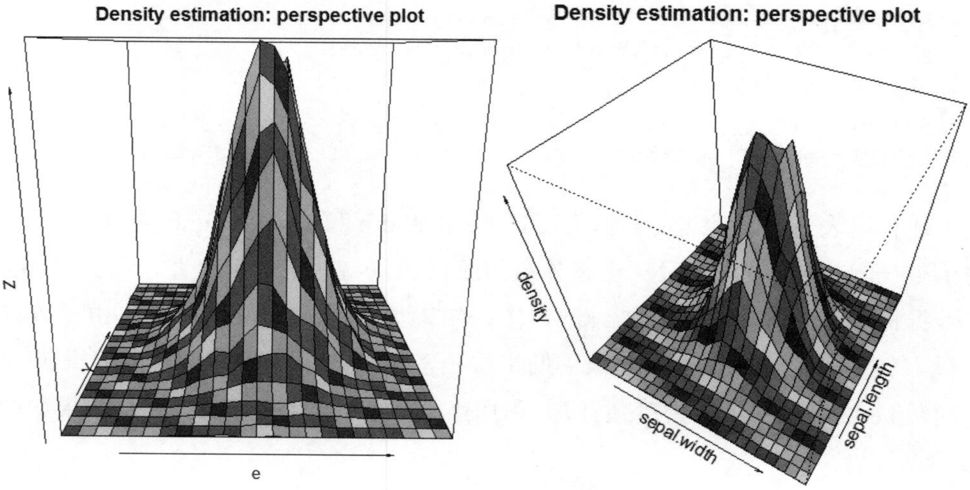

图 4.18　二维模拟数据的三维透视图展示

4.3.2　多组数据的图形描述

下面介绍多维变量情况下的多组数据的图形展示，由于 R 语言中最多能展示三维的图像，而变量的两两组合情况较多，故需要采取一些其他的绘图方式。根据数据对象的类型，本节分为数值型数据和分类数据进行讨论。首先讨论多组数值型数据的情况，主要介绍函数 plot()、pairs()和 boxplot()。用于绘制散点图矩阵和箱线图。

首先介绍多维变量下的散点图展示，同样利用 iris 数据集中的前四个数值型变量，具体命令如下：

```
> plot(iris[1:4], pch = c(1,6,8), bg = c(2:4)[as.numeric(iris$Species)],
col=c(1,2,3))
```

上述代码表示：提取 iris 数据集的前 4 列观测数据绘制散点图，参数 pch 指定散点的形状，pch = c(1,6,8)表示三种类别分别用原点、三角点和雪花状的点来区分，参数 bg 指定图形的背景色，上述代码将 iris 的分类变量 Species 的三类取值转换为数值型，c(2:4)指定了颜色分别为红色、绿色和蓝色，分别对应鸢尾花的三个种类（变量 Species 的三种取值）：setosa、versicolor 和 virginca。输出结果如图 4.19 所示。变量间两两组合，一共生成了 4 行 4 列的子图形，每个子图形的散点都用不同的颜色和点状区分，分别代表鸢尾花的不同种类。

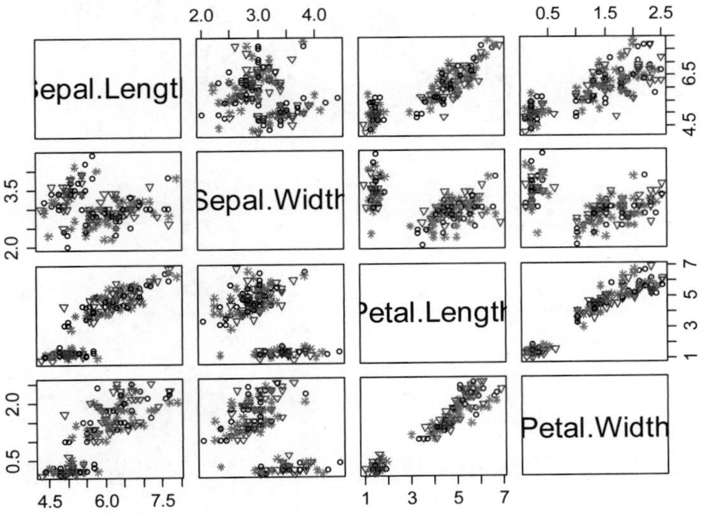

图 4.19　多组数据的散点图展示

上述结果还可以利用函数 pairs 来实现，只需将函数替换即可。

多维数据的另一个常用的图形探索函数为 matplot()，该函数将多个列变量的数据情况绘制在同一张图上，呈现方式可以为散点或折线，便于观察不同变量的观测值变化趋势。其函数的基本书写格式为：

```
matpoints(x, y, type = "p", lty = 1:5, lwd = 1, pch = NULL,col = 1:6, ...)
```

其中：

- 参数 x、y 均指定用于绘图的数据对象；
- 参数 type 指定用于绘图的形式，可参照函数 plot()进行设置，默认值为“p”，表示绘制散点的形式；参数 lty；

下面同样利用 iris 数据集的前 4 列数据做示例，具体命令如下：

```
>matplot(iris[,1:4],type="l")
>legend("topleft",c("Sepal.Length","Sepal.Width","Petal.Length","Petal
.Width"),col=c(1:4),lty=c(1:4),cex=0.8)
```

上述代码表示：绘制 iris 数据集的前四列数据的折线图，分别用黑色实线、红色短虚线、绿色点线、深蓝色点线加短虚线表示不同变量（彩色图片见封底二维码下载包中）。需要注意的是，在此处绘图中采用了函数 legend()叠加，该函数用于设置图例，“topleft”表示图例显示在图形的左上方，其他参数用法与函数 plot()一致。结果如图 4.20 所示，不难发现变量 Sepal.Length 的观测值整体大于其他变量的观测值。

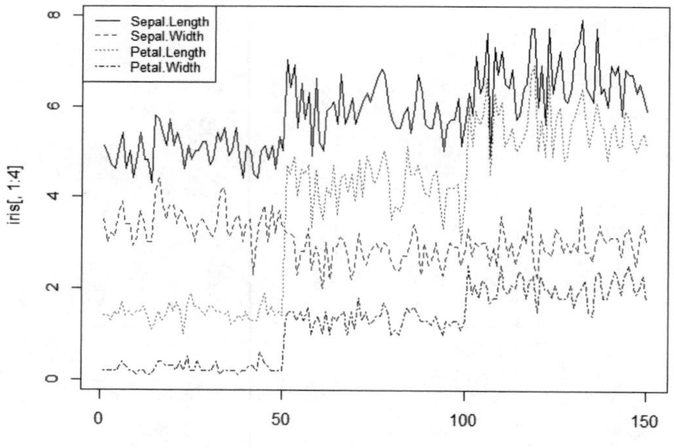

图 4.20　多组数据的折线图展示

用于多组数据图形展示的常用函数还有 boxplot()，可以将多个变量的箱线图绘制在同一张图上，以便观察和比较，具体命令如下：

```
> boxplot(iris[,1:4],col=2:5,cex.axis=0.8)
```

结果如图 4.21 所示。可以看到，变量 Sepal.Length 的整体取值最大，变量 Sepal.Width 的观测值差异不大，变量 Petal.width 的观测值明显左偏，中位数在均值的右边，变量 Petal.Width 的整体取值最小。

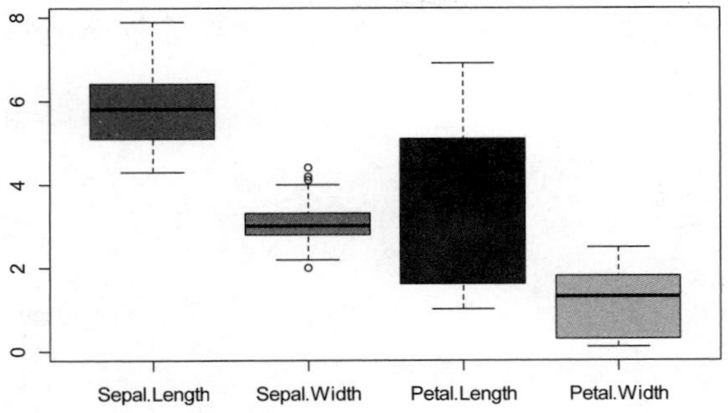

图 4.21　多组数据的箱线图展示

对于分类型数据，可以利用前文介绍的条形图进行可视化展示，此处使用一个新的数据集：VADeaths，该数据集记录了 1940 年美国弗吉尼亚州的每 1000 个人的平均死亡率，具体数据和条形图的展示如下：

```
> head(VADeaths)
      Rural Male Rural Female Urban Male Urban Female
50-54       11.7          8.7       15.4          8.4
55-59       18.1         11.7       24.3         13.6
60-64       26.9         20.3       37.0         19.3
65-69       41.0         30.9       54.6         35.1
70-74       66.0         54.3       71.1         50.0
> require(grDevices)
>barplot(VADeaths,col=c("white","seagreen1","red4","violet","darkgrey"
),legend.text=rownames(VADeaths))
```

上述代码表示，VADeaths 数据集分为四类，分别是农村男性、农村女性、城镇男性和城镇女性，统计了每一类人群从 50 到 54 岁、55 到 59 岁、60 到 64 岁、65 到 69 岁、70 到 74 岁的死亡率。利用函数 barplot()绘制条形图，参数 legend.text 指定数据集中的行名称作为图例显示，结果如图 4.22 所示。可以看出在同一个人群类别中，条形图是水平排列的。

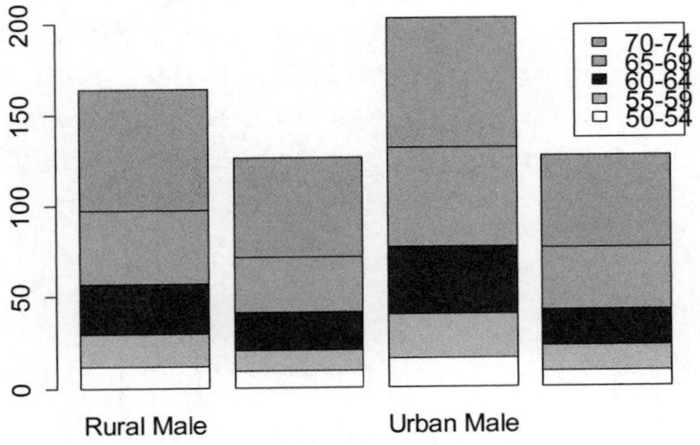

图 4.22　VADeaths 数据集的条形图展示（横向）

还可以将同一人群类别的条形图竖直排列，设置函数 barplot()中的参数 beside=T 即可，具体命令如下：

```
>barplot(VADeaths,col=c("white","seagreen1","red4","violet","darkgrey"
),legend.text=rownames(VADeaths),beside=T)
```

结果如图 4.23 所示。可以直观地看出随着年龄的增加，各类人群的死亡率不断增加，但总体来说，女性的死亡率较男性更低。

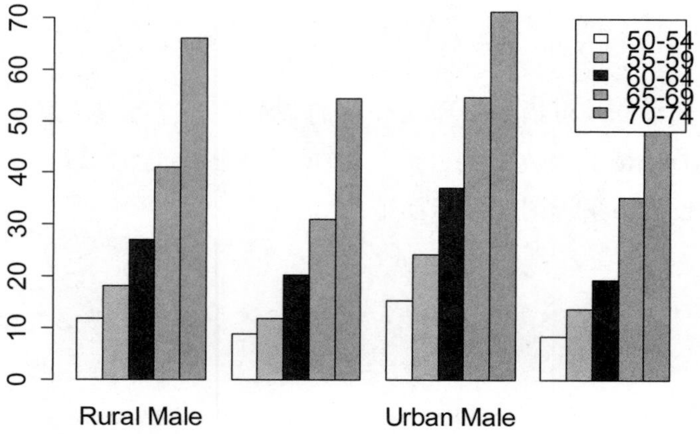

图 4.23 VADeaths 数据集的条形图展示（纵向）

4.3.3 多组数据的描述性统计

本节主要讨论数值型数据的情况。与单组数据的描述性统计类似，多组数据的描述性统计也可用具体函数计算其均值、标准差、最值、分位数、方差、峰度系数和偏度系数等，也可以直接用函数 summary()得到其基本描述性统计，具体如下：

```
> summary(iris)
Sepal.Length    Sepal.Width     Petal.Length    Petal.Width
 Min.   :4.300   Min.   :2.000   Min.   :1.000   Min.   :0.100
 1st Qu.:5.100   1st Qu.:2.800   1st Qu.:1.600   1st Qu.:0.300
 Median :5.800   Median :3.000   Median :4.350   Median :1.300
 Mean   :5.843   Mean   :3.057   Mean   :3.758   Mean   :1.199
 3rd Qu.:6.400   3rd Qu.:3.300   3rd Qu.:5.100   3rd Qu.:1.800
 Max.   :7.900   Max.   :4.400   Max.   :6.900   Max.   :2.500
       Species
 setosa    :50
 versicolor:50
 virginica :50
```

从上述输出结果可以发现：数值型变量的返回结果为分位数、均值和最值，而对于分类型变量，该函数返回的是每一个类别的样本量，可以看到，鸢尾花一共有 setosa、 versicolor 和 virginica 三个种类，每个类别均有 50 条观测记录。

除此之外，还可以利用函数 cor()求多组数据两两间的相关系数，具体操作如下：

```
> (cor=cor(iris[,1:4]))
Sepal.Length  Sepal.Width  Petal.Length Petal.Width
Sepal.Length    1.0000000  -0.1175698    0.8717538   0.8179411
Sepal.Width    -0.1175698   1.0000000   -0.4284401  -0.3661259
Petal.Length    0.8717538  -0.4284401    1.0000000   0.9628654
Petal.Width     0.8179411  -0.3661259    0.9628654   1.0000000
```

由上述输出可知，变量 Sepal.Length 与 Petal.Length 和 Petal.Width 的相关系数均为 0.8 以上，说明相关性较高，而变量 Petal.Length 与 Petal.Width 间的相关性极高，因为相关系数值已经超过了 0.96。由于变量的先后顺序不影响相关系数的计算结果，故返回的相关矩阵为对称矩阵。

相关系数还可以利用程辑包 corrplot 包中的函数 corrplot()进行可视化展示，其函数的基本书写格式为：

```
    corrplot(corr, method = c("circle", "square", "ellipse", "number",
"shade","color", "pie"),
    type = c("full", "lower", "upper"), add = FALSE,col = NULL,...)
```

其中：

- 参数 corr 指定计算出的相关系数；
- 参数 method 指定相关系数展示的形式，可以为圆形、方形、椭圆形、数字、阴影、颜色以及扇形；
- 参数 type 指定绘图的布局，可以为绘出全部、绘出上三角部分和绘出下三角部分；
- 参数 add 指定图形是否叠加在其他图形之上，col 指定绘图颜色。

具体操作命令如下：

```
> names(iris)<-c("S.L","S.W","P.L","P.W")
> corrplot(cor(iris[,1:4]))
```

结果如图 4.24 所示。为了让变量名称更好地展示，先将变量名称进行缩写替换，再计算相关系数矩阵并绘图，图中每一个相关系数用实心圆代替，从最右边的图例可以看出，颜色越接近蓝色相关系数值越大，变量的相关性越高，同时每一个小矩形框中的实心圆也越大。

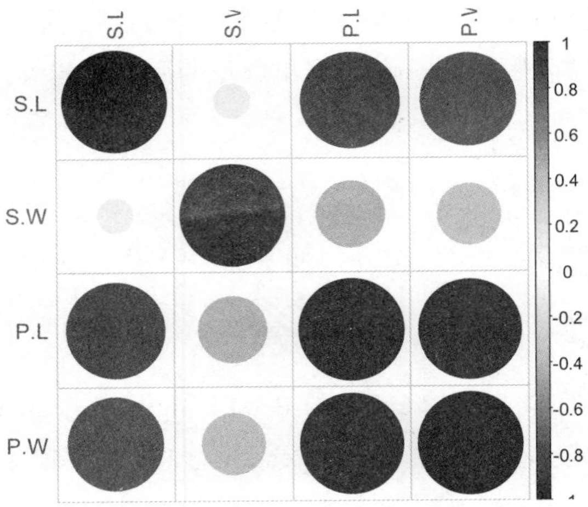

图 4.24 多组数据相关矩阵的图形展示

4.4 其他图像探索

本节将介绍一些其他图形的探索方法，如 3D 散布图、地图、热图和交互图等，此类图形探索法并不适用于大部分数据，然而对于适用的数据，这些方法将产生重要作用，下面将进行详细介绍。

1．3D 散布图

在 R 语言中，程辑包 scatterplot3d 和 rgl 中分别有函数 scatterplot3d()和 plot3d()用于绘制 3D 散布图，下面利用随机模拟进行操作演练：

```
> library(scatterplot3d)
> library(rgl)
> library(grDevices)#取出颜色
> z <- seq(-10, 10, 0.01)
> x <- cos(z)
> y <- sin(z)
> scatterplot3d(x, y, z, highlight.3d=TRUE, col.axis="blue",+ col.grid=
"lightblue", pch=20)
>X<- sort(rnorm(1000))
>Y<- rnorm(1000)
>Z<- rnorm(1000) + atan2(X, Y)
> plot3d(X,Y,Z, col = rainbow(1000))
```

结果如图 4.25 所示。左图表示先生成-10 到 10、步长为 0.01 的序列 z，计算数据集 z 的余弦值 x 和正弦值 y，根据这三组数据利用函数 scatterplot3d()绘制 3D 散布图；右图表示生成标准正态分布随机数 1000 个，并将其进行排序后存储到变量 *x* 中，再生成 100 个标准正态分布的随机数并存储到变量 *y* 中，变量 *z* 中存储的是标准正态分布

随机数加 x、y 的反正切函数值，利用函数 plot3d()绘制 3D 散布图。

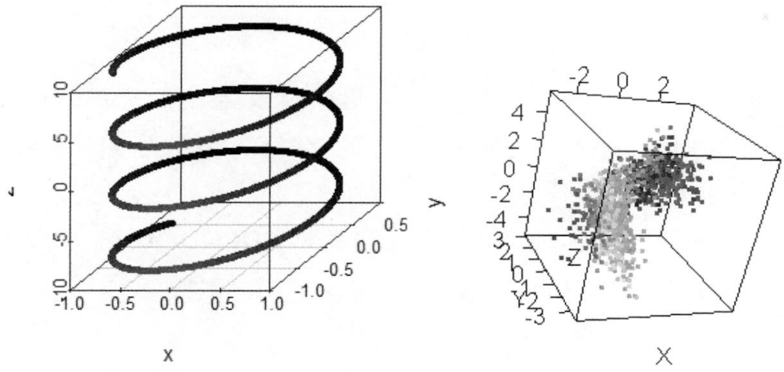

图 4.25　3D 散布图的图形展示

2. 地图

在数据挖掘的可视化展示中，有时需要利用地图来展示变量分布，如不同省份的人口分布和经济总量等情况，在生物统计领域，还经常需要在地图上展示流行病学数据，诸如此类的可视化问题需要利用下面介绍的方法解决。

R 语言中没有内置的地图数据，故需要自行下载并加载相关数据，早期的世界各地的地图数据可以在程辑包 mapdata 中获取：

```
> library(maps)
> library(mapdata)
> map("china", col = "red4")
```

但是该数据比较陈旧，不符合当前的实际情况，如重庆并未成为直辖市。

已更新的地图数据需要自行下载，如中国地图 GIS 数据的官方数据可以在国家基础地理信息中心的网站（http://nfgis.nsdi.gov.cn）上免费下载，地图数据有 4 个压缩文件：bou1_4m.zip、bou2_4m.zip、bou3_4m.zip 和 bou4_4m.zip，分别表示国家级、省级、市级和县级数据，以省级数据为例，将下载的压缩包完全解压后，共有 3 个文件：bou2_4p.dbf、bou2_4p.shp 和 bou2_4p.shx，然后利用程辑包 maptools 中的函数 readShapePoly()读取数据，具体操作如下：

```
> library(maptools)
> mapdata<-readShapePoly("F:\\参考数据\\bou2_4p.shp")
> plot(mapdata,col=grey(924:0/924))
```

上述代码读取了中国各省、直辖市的多边形数据，并将其绘制出来，可以看到重庆已经有属于自己的地域轮廓。

```
> dim(mapdata)
```

```
[1] 925   7
> names(mapdata)
[1] "AREA"       "PERIMETER"  "BOU2_4M_"   "BOU2_4M_ID" "ADCODE93"
[6] "ADCODE99"   "NAME"
```

由上述输出结果可知，数据集 mapdata 共有 925 条记录，每条记录包括面积（AREA）、周长（PERIMETER）、各种编号、中文名（NAME）等 7 个变量，其中中文名（NAME）字段以 GBK 编码。

如需要单独绘制某一省市的地图，可以利用变量 ADCODE99 提取，该变量是国家基础地理信息中心定义的区域代码。

```
> chongqing <-mapdata[mapdata$ADCODE99 == 500000,]
> plot(chongqing,col = "yellow4")
```

上述代码绘制了重庆的地域轮廓，其中“500000”是重庆的区域代码，结果如图 4.26 所示。

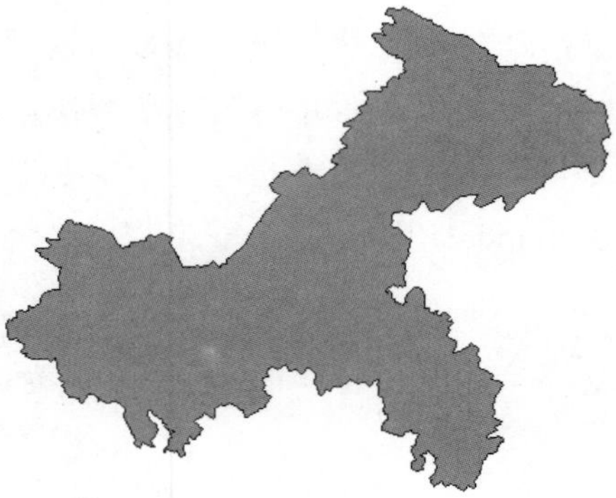

图 4.26　重庆的地域轮廓展示

此外，还可以利用一个强大的绘图包 ggplot2 来绘制地图，前文中使用的函数 plot() 绘制出的中国地图是扁平化的，因为该函数简单地使用二维直角坐标系绘制图形，合理的做法是使用地理学的坐标进行绘制，程辑包 ggplot2 中的函数 coord_map()可以绘制满足要求的地图，还可以利用函数 geom_polygon()填充不同的颜色，具体操作不进行详细介绍，感兴趣的读者可以自行学习。

3．热图

热图是一个数据矩阵的 2D 展示，可以用颜色变化来反映二维矩阵或表格中的数据信息，它可以直观地将数据值的大小以定义的颜色深浅表示出来。常根据需要将数据进行聚类，将聚类后的数据表示在 heatmap 图上，通过颜色的梯度及相似程度来反映数据的相似性和差异性。R 语言中绘制热图的函数为 heatmap（），下面利用 iris 数据集的前四列数据进行操作演练。

```
> heatmap(as.matrix(dist(iris[1:50,1:4])))
```

上述代码表示：先利用函数 dist（）计算不同鸢尾花数据的相似度，将计算结果存储为矩阵形式，然后利用函数 hetamap（）绘制该矩阵，结果如图 4.27 所示。其中颜色越浅表示相似性越小，图形边缘的数字是观测值的编号，表示第几行观测值。

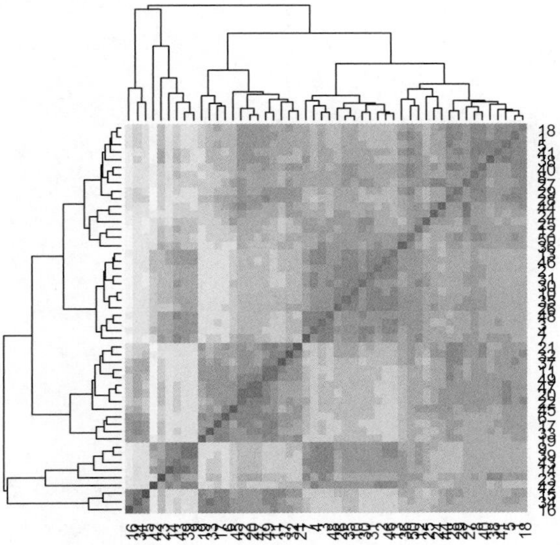

图 4.27　iris 数据集的热图展示

第 5 章

回归分析

在数据挖掘的实践过程中，变量间的相互依赖关系是不容忽视的问题，也是构造各种模型的基础，上一章中提到的相关性分析只能得到变量间是否相关，而不能具体展示其相关性，回归分析则是处理变量之间的相互依存关系的一种有效方法，在实践过程中用途非常广泛，本章将详细讨论回归分析的原理、方法和结果解读等。

5.1 一元线性回归

线性回归作为回归分析中最基本的方法，适用于探究两个或多个变量之间的相互依赖关系，即一元线性回归和多元线性回归，后者是前者的推广，下面将详细介绍一元线性回归的情况，包括模型构建、软件的实现和应用。

5.1.1 模型简介

一元线性回归用于处理两个变量之间的相互依赖关系，最早的例子来自于 K.Pearson 对父母的身高与子女身高间遗传关系的研究，他观察了 1078 对夫妇，以每队夫妇的平均身高作为解释变量 x，以他们的一个成年儿子的身高作为响应变量 y，在平面直角坐标系中绘制散点，发现散点图的趋势近乎是一条直线，将这种趋势利用线性表达式表示出来，就得到了一元线性回归方程：

$$\hat{y} = 33.73 + 0.516x$$

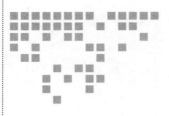

其中响应变量 y 的上方有一个“帽子”，该符号表示变量 y 的估计值。该方程表示：父母的平均身高 x 每增加一个单位，其成年儿子 y 的身高平均增加 0.516；同样地，如果父母的平均身高 x 每减少一个单位，其成年儿子 y 的身高平均减少 0.516。可以看出，如果父母身高越高，成年儿子的身高也会有变高的趋势，但是子女身高增加的趋势没有父母身高增加的趋势大；父母身高越矮，成年儿子的身高也会有变矮的趋势，但变矮的趋势没有父母变矮的趋势大。也就是说，子女的身高值都有向中心移动的趋势，因此 Pearson 得出一个结论：子女的平均身高向中心回归。

一元线性回归的模型是：

$$y = a + bx + e$$

其中，a、b 和 e 是方程的参数。类似上述解释，解释变量 x 的平均值每增加一个单位，响应变量 y 的平均值增加 b，e 是误差项，服从均值为 0 的正态分布。对于一系列观测值，怎样得到参数 a 和 b 的值是问题的关键，最常用的参数估计的方法是普通最小二乘法（Ordinary Least Square，OLS），用该方法得到的回归也称为 LS 回归，其思想在于：所选择的回归模型应该使所有观察值的残差平方和达到最小，下面将介绍具体估计步骤。

假设从总体中获取了 n 组观察值（x_1，y_1），（x_2，y_2），…，（x_n，y_n），第 i 个观测值的回归模型为：

$$y_i = \hat{a} + \hat{b} x_i + e_i$$

则残差项为：

$$e_i = y_i - \hat{a} - \hat{b} x_i$$

残差平方和为：

$$Q = \sum_{i=1}^{n} e_i^2 = \sum_{i=1}^{n} (y_i - \hat{y}_i)^2 = \sum_{i=1}^{n} (y_i - \hat{a} - \hat{b} x_i)^2$$

通过 Q 最小来确定回归直线，即确定参数 a 和 b 的值。将 a 和 b 看作变量，求 Q 对它们的偏导数，并令其为 0：

$$\frac{\partial Q}{\partial \hat{a}} = -2\sum_{i=1}^{n} (y_i - \hat{a} - \hat{b} x_i) = 0$$

$$\frac{\partial Q}{\partial \hat{b}} = -2x_i * \sum_{i=1}^{n} (y_i - \hat{a} - \hat{b} x_i) = 0$$

解得：

$$\hat{a} = \frac{n\sum_{i=1}^{n} x_i y_i - \sum_{i=1}^{n} x_i \sum_{i=1}^{n} y_i}{n\sum_{i=1}^{n} x_i^2 - (\sum_{i=1}^{n} x_i)^2}$$

$$\hat{b}=\frac{\sum_{i=1}^{n}x_i^2\sum_{i=1}^{n}y_i-\sum_{i=1}^{n}x_i\sum_{i=1}^{n}x_iy_i}{n\sum_{i=1}^{n}x_i^2-(\sum_{i=1}^{n}x_i)^2}$$

5.1.2 函数介绍

对于基础较为薄弱的部分读者而言，前一节介绍的内容较为生涩难懂，幸运的是 R 语言中有现成的函数来实现上述过程，下面将详细介绍 R 语言中的一元线性回归的实现过程。

R 语言中用于实现回归的函数是 lm()，其基本书写格式为：

```
    lm(formula, data, subset, weights, na.action,method = "qr", model = TRUE,
    x = FALSE, y = FALSE, qr = TRUE,singular.ok = TRUE, contrasts =
NULL,offset , ...)
```

参数介绍：

- Formula：指定用于拟合的模型形式的公式，一般是以“响应变量~解释变量”的形式；
- Data：指定用于回归的数据对象，可以是数据框、列表或能被强制转换为数据框的数据对象；
- Subset：一个向量，指定参数 data 中需要被包含在模型中的观测数据；
- Weights：一个向量，指定用于回归的每个观测值权重，一般用于加权最小二乘回归，默认值为 NULL，即默认软件实行普通最小二乘回归估计参数；
- Na.action：一个函数，指定缺失数据的处理方法，若为 NULL，则使用函数 na.omit() 删除缺失数据；
- Method：指定用于回归拟合的方法，只有在“method=qr”时用于拟合，若为“method=model.frame”，则返回模型框架，默认值为 qr；
- Model：逻辑值，指定是否返回模型框架，默认值是 TRUE；
- X：逻辑值，指定是否返回模型矩阵，默认值是 FALSE；
- Y：逻辑值，指定是否返回相应变量，默认值是 FALSE；
- Qr：逻辑值，指定是否返回 QR 分解（R 中利用 QR 分解将数据对象转化为矩阵的形式，然后利用矩阵运算法来高效地计算系数），默认值是 TRUE；
- singular.ok：逻辑值，指定奇异拟合是否报错，默认值是 TRUE；
- Contrasts：模型中因子对照的列表，为模型中的每个因子指定一种对照方式，默认值为 NULL，指定 lm 使用 options(“contrasts”)的值；
- Offset：指定回归建模时使用的抵消向量，即指定包含在模型中不用拟合的线性项目。

5.1.3　综合案例：iris 数据集的一元回归建模

函数 lm()的参数设置看似复杂，然而在实际操作中只需进行简单设置，下面利用 R 语言中内置的 iris 数据集进行操作演练：

```
> (lm1=lm(Sepal.Length~Petal.Width,data=iris))
Call:
lm(formula = Sepal.Length ~ Petal.Width, data = iris)
Coefficients:
(Intercept)  Petal.Width
  4.7776      0.8886
```

上述代码表示：利用 iris 数据集中变量 Sepal.Length 和 Petal.Width 做回归，"Sepal.Length~Petal.Width" 是参数 formula 指定的对象，表示 Sepal.Length 为响应变量，Petal.Width 为解释变量，输出结果中包含模型框架和参数估计结果，在本例中的一元线性回归中，参数 a 的估计值为 6.5262，参数 b 的估计值为-0.2234，回归拟合方程为：

$$Sepal.Length=4.7776 +0.8886*Petal.Width$$

方程的含义为：当变量 Petal.Width 取值为 0 时，变量 Sepal.Length 的数学期望为 4.7776；变量 Sepal.Width 每增加或减少 1 个单位，变量 Sepal.Length 相应地增加或减少 0.8886，即解释变量与响应变量之间呈正相关关系。

下面对模型进行统计分析：

```
> summary(lm1)
Call:
lm(formula = Sepal.Length ~ Petal.Width, data = iris)
Residuals:
    Min       1Q   Median       3Q      Max
-1.38822 -0.29358 -0.04393  0.26429  1.34521
Coefficients:
            Estimate  Std. Error  t value   Pr(>|t|)
(Intercept)   4.77763    0.07293    65.51   <2e-16 ***
Petal.Width  0.88858    0.05137   17.30   <2e-16 ***
---
Signif. codes:  0  '***'  0.001  '**'  0.01  '*'  0.05  '.'  0.1  ' '  1
Residual standard error: 0.478 on 148 degrees of freedom
Multiple R-squared:  0.669,Adjusted R-squared:  0.6668
F-statistic: 299.2 on 1 and 148 DF,  p-value: < 2.2e-16
```

上述输出结果中包含较多统计检验指标，如 Coefficients 项中，对回归模型的参数 a(Intercept 项)和 b(Petal.Width 项)进行显著性检验，包括估计值、学生化残差、t-value 和 p-value，主要看 p-value 项，其值小于 0.05，则表示在显著性水平为 0.05 的条件下通过显著性检验，即有 95%的把握相信参数估计值通过了显著性检验，在本例中，参数 a、b 均通过了显著性检验，说明参数估计值是有效的。

除此之外，还需要注意 R-squared 项，该项表明模型解释原始数据信息量的程度，用于判断模型的优劣，一共有两个值，原始的值和调整后的值，通常参考调整后的 R-squared，即后一项的值，本例中调整后的 R-squared 值为 0.6668，表示模型能够解释原始变量信息的 66.7%，在实际操作中，根据数据来源和数据所属领域不同，R-squared 值的相对性有所不同，如对于经济数据，若是 R-squared 超过 60%就表明模型效果不错。

除了利用 R-squared 的值判断模型的优劣，还可以用回归诊断图判断，具体操作如下：

```
> par(mfrow=c(2,2))
> plot(lm1)
```

上述第二条命令绘制了 lm1 的回归诊断图，一共有四幅图，结果如图 5.1 所示。

（1）左上方的图表示残差值和拟合值的散点图，理想的效果是散点均匀地分布在 x=0 的坐标轴的两侧，表明数据拟合效果较好。

（2）右上方的图是 qq 图，用于判断原始数据是否服从正态分布，理想的效果是散点均匀地分布在对角线上，说明数据较好地服从正态分布。

（3）左下方的图是标准化的残差值与拟合值的散点图，用途与第一个图一致。

（4）右下方的图绘制 cook 距离，用于判模型中的异常值，本例中识别出的异常值是第 123 条和第 132 条记录。

判断出异常值后，一般会剔除异常记录后做回归，具体操作如下：

```
> (lm1=lm(Sepal.Length~Petal.Width,data=iris[-c(123,132),]))
Call:
lm(formula = Sepal.Length ~ Petal.Width, data = iris[-c(123,
    132), ])
Coefficients:
(Intercept)  Petal.Width
     4.7890       0.8649
> summary(lm1)
Call:
lm(formula = Sepal.Length ~ Petal.Width, data = iris[-c(123,
    132), ])
Residuals:
     Min       1Q   Median       3Q      Max
-1.35927 -0.26939 -0.02953  0.26508  1.02722
Coefficients:
            Estimate Std. Error t value Pr(>|t|)
(Intercept)  4.78897    0.06992   68.49   <2e-16 ***
```

```
Petal.Width  0.86488    0.04958   17.44   <2e-16 ***
---
Signif. codes:  0  '***'  0.001  '**'  0.01  '*'  0.05  '.'  0.1  ''  1
Residual standard error: 0.4578 on 146 degrees of freedom
Multiple R-squared:  0.6758,    Adjusted R-squared:  0.6735
F-statistic: 304.3 on 1 and 146 DF,  p-value: < 2.2e-16
```

从上述输出结果中可以看出：参数 a、b 的估计值有所改变，调整后的 R-squared 也变大了，说明剔除上述异常值的做法是有效的。

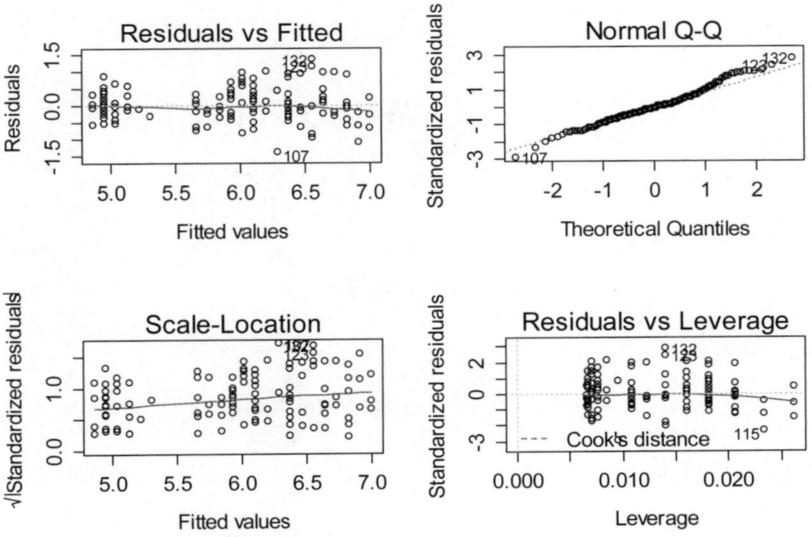

图 5.1　lm1 的回归诊断图

5.2　多元线性回归

前面介绍了一元线性回归的基本原理和实现方法，然而在实际操作中，应用更为广泛的是多元线性回归，因为一个响应变量往往会伴随多个解释变量。多元线性回归情况是一元的推广，下面对其进行详细介绍。

5.2.1　模型简介

假设响应变量 y 与 n 个解释变量 $x1$、…、x_n 线性相关，对 n 组数据 $(y_t, x_{t1}, x_{t2}, ..., x_{tm})(t=1,2,...,n)$，多元回归模型为：

$$y = \beta_0 + \beta_1 x_1 + \beta_2 x_2 + ... + \beta_n x_n + \varepsilon$$

第 t 组数据对应的回归模型为：

$$y_t = \beta_0 + \beta_1 x_{t1} + \beta_2 x_{t2} + \ldots + \beta_m x_{tm} + \varepsilon_t (t = 1,2,\ldots n)$$

其中：

$$E(\varepsilon_t) = 0, Var(\varepsilon_t) = \delta^2, Cov(\varepsilon_i, \varepsilon_j) = 0$$

记

$$C = \begin{bmatrix} 1 & x_{11} & x_{12} & \cdots & x_{1m} \\ 1 & x_{21} & x_{22} & \cdots & x_{2m} \\ \cdots & \cdots & \cdots & & \cdots \\ 1 & x_{n1} & x_{n2} & \cdots & x_{nm} \end{bmatrix} = \begin{pmatrix} 1_n & X \end{pmatrix}$$

$$Y = (y_1, y_2, \ldots, y_n)', \beta = (\beta_1, \beta_2, \ldots, \beta_n)', \varepsilon = (\varepsilon_1, \varepsilon_2, \ldots, \varepsilon_n)'$$

则回归模型的矩阵形式为：

$$\begin{cases} Y = C\beta + \varepsilon \\ E(\varepsilon) = 0_n, D(\varepsilon) = \delta^2 I_n \end{cases}$$

误差平方和为：

$$Q(\beta) = \sum_{i=1}^{n} \varepsilon_t^2 = (Y - C\beta)'(Y - C\beta)$$

参数的最小二乘估计为：

$$\hat{\beta} = (\beta_1, \beta_2, \ldots, \beta_n)' = (C'C)^{-1} C'Y$$

5.2.2 综合案例：iris 数据集的多元回归建模

多元线性回归在 R 语言中的实现同样需要利用函数 lm()，下面根据 iris 数据集做实例分析。

在建模之前，先要了解数据的基本情况，下面利用程辑包 car 中的函数 scatterplotMatrix() 绘制散点图矩阵，以分析不同变量的相关关系及对因变量的拟合情况。

```
> library(car)
> scatterplotMatrix(iris[,1:4])
```

结果如图 5.2 所示。不难发现，对于变量 Petal.Length 而言，其与变量 Sepal.Length 和 Petal.Width 呈明显的正相关关系，而与变量 Sepal.Width 呈明显的负相关关系，且相关关系均为线性的。上述相关关系还可以利用函数 cor()量化出来，具体操作如下：

```
> corr=cor(iris[,1:4])
> corr
```

```
             Sepal.Length Sepal.Width Petal.Length Petal.Width
Sepal.Length    1.0000000  -0.1175698    0.8717538   0.8179411
Sepal.Width    -0.1175698   1.0000000   -0.4284401  -0.3661259
Petal.Length    0.8717538  -0.4284401    1.0000000   0.9628654
Petal.Width     0.8179411  -0.3661259    0.9628654   1.0000000
```

根据前面的分析，将变量 Petal.Length 作为响应变量，其他三个变量作为解释变量进行多元线性回归是合理的选择。

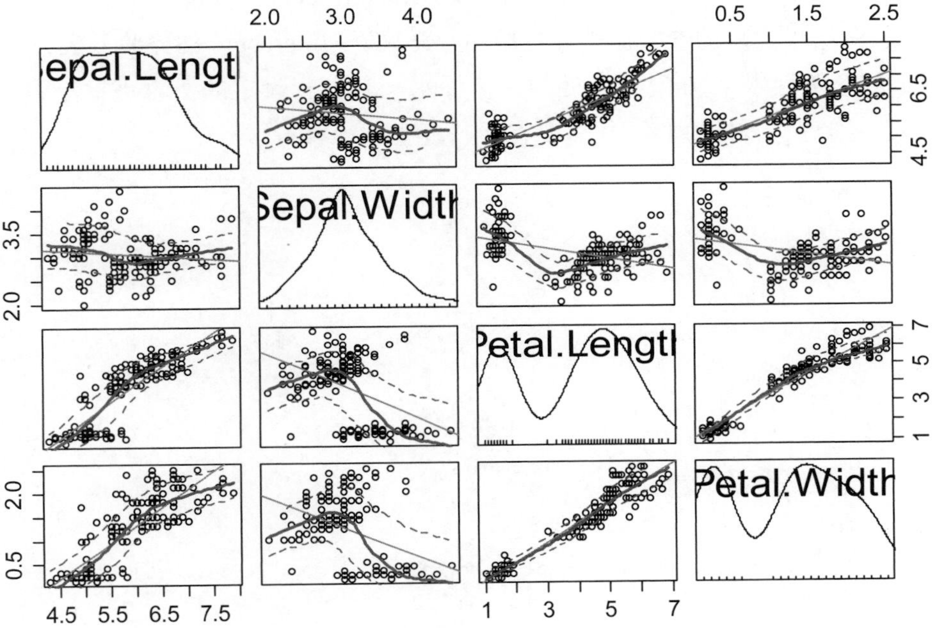

图 5.2　iris 数据集的散点图矩阵

```
> lm2<-lm(Petal.Length~.,data=iris[,1:4])
> summary(lm2)

Call:
lm(formula = Petal.Length ~ ., data = iris[, 1:4])

Residuals:
     Min       1Q   Median       3Q      Max 
-0.99333 -0.17656 -0.01004  0.18558  1.06909 

Coefficients:
             Estimate Std. Error t value Pr(>|t|)    
(Intercept)  -0.26271    0.29741  -0.883    0.379    
Sepal.Length  0.72914    0.05832  12.502   <2e-16 ***
Sepal.Width  -0.64601    0.06850  -9.431   <2e-16 ***
Petal.Width   1.44679    0.06761  21.399   <2e-16 ***
---
```

```
Signif. codes:  0 '***' 0.001 '**' 0.01 '*' 0.05 '.' 0.1 '' 1

Residual standard error: 0.319 on 146 degrees of freedom
Multiple R-squared:  0.968,Adjusted R-squared:  0.9674
F-statistic:  1473 on 3 and 146 DF,  p-value: < 2.2e-16
```

上述第一条代码中，"Sepal.Length~." 表示将变量 Sepal.Length 作为响应变量，将用于回归分析的数据集中的其他变量作为解释变量，为简化编写，将解释变量部分用 "." 表示，与 "Sepal.Length~Sepal.Width+Petal.Length+Petal.Width" 作用一致。需要注意的是，回归结果汇总的参数显著性检验中，截距项（Intercept）的检验 p 值为 0.379 ，大于规定的显著性水平 0.05（此处的显著性水平是自行设定的，也可设定为 0.1 和 0.01），没有通过显著性检验，故需要将回归模型进行修正。

```
> lm3<-lm(Petal.Length~.+0,data=iris[,1:4])
> summary(lm3)

Call:
lm(formula = Petal.Length ~ . + 0, data = iris[, 1:4])

Residuals:
    Min       1Q   Median       3Q      Max
-0.98066 -0.18621 -0.02385  0.18795  1.05950

Coefficients:
            Estimate Std. Error t value Pr(>|t|)
Sepal.Length  0.69421    0.04284   16.20   <2e-16 ***
Sepal.Width  -0.67286    0.06134  -10.97   <2e-16 ***
Petal.Width   1.46802    0.06315   23.25   <2e-16 ***
---
Signif. codes:  0 '***' 0.001 '**' 0.01 '*' 0.05 '.' 0.1 '' 1

Residual standard error: 0.3187 on 147 degrees of freedom
Multiple R-squared:  0.9942,    Adjusted R-squared:  0.9941
F-statistic:  8426 on 3 and 147 DF,  p-value: < 2.2e-16
> plot(lm3)
```

上述修正的回归模型中，将截距项去掉，可以看到所有的参数估计均通过了显著性检验，且回归的 Adjusted R-squared 为 0.9941，说明回归效果很不错。

回归方程为：

$$P.L = 0.69421 * S.L - 0.67286 * S.W + 1.46802 * P.W$$

需要注意的是，为便于展示，回归方程中的变量名称采用缩写的形式。

模型 lm3 的回归诊断如图 5.3 所示。从残差拟合图中可以看出，残差不是完全服从正态分布，而是较为明显地分成两部分散点，每一部分的散点较好地分布在 x=0 的坐标轴的两侧，为检验拟合值的同方差性，下面利用函数 ncvTest()进行诊断，具体操作如下：

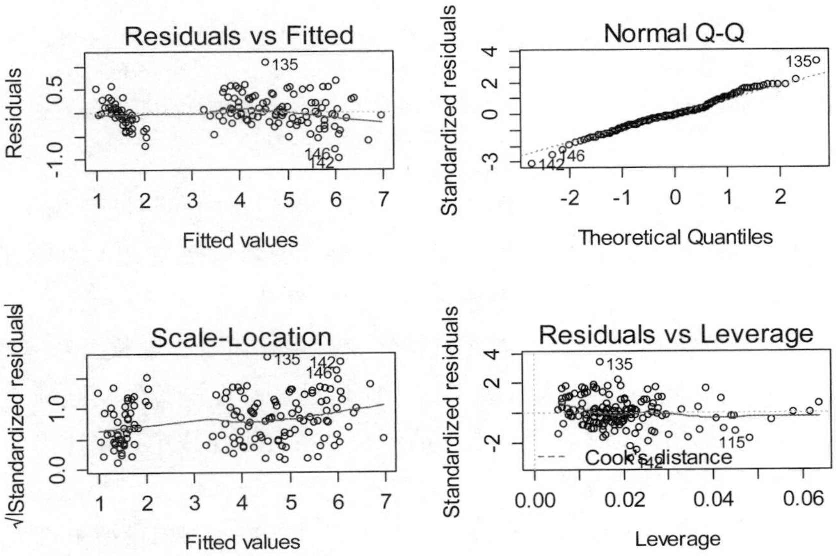

图 5.3　lm3 的回归诊断图

```
> ncvTest(lm3)
Non-constant Variance Score Test
Variance formula: ~ fitted.values
Chisquare = 7.831356    Df = 1     p = 0.005134755
```

由于检验的 p 值为 0.005134755，小于给定的显著性水平 0.05，说明回归拟合值不存在同方差性。

此外，还需考虑解释变量的交互作用，如在模型 3 中考虑变量 Sepal.Length 与 Petal.Width 的交互作用，则需要在解释变量中添加 Sepal.Length*Petal.Width 项，具体命令如下：

```
> lm4<-lm(Petal.Length~Sepal.Length*Petal.Width+Sepal.Width,data=iris
[,1:4])
> summary(lm4)
Call:
lm(formula = Petal.Length ~ Sepal.Length * Petal.Width + Sepal.Width,
   data = iris[, 1:4])
Residuals:
    Min       1Q   Median       3Q      Max
-0.92738 -0.20315 -0.01323  0.20128  1.03535
Coefficients:
                        Estimate Std. Error t value Pr(>|t|)
(Intercept)             -1.14477    0.54103  -2.116   0.0361 *
Sepal.Length             0.87530    0.09482   9.231 3.00e-16 ***
```

```
Petal.Width             2.03589    0.31038   6.559 8.91e-10 ***
Sepal.Width            -0.61154    0.07013  -8.719 5.93e-15 ***
Sepal.Length:Petal.Width -0.10424    0.05362  -1.944   0.0539 .
---
Signif. codes:  0  '***'  0.001  '**'  0.01  '*'  0.05  '.'  0.1  ''  1
Residual standard error: 0.316 on 145 degrees of freedom
Multiple R-squared:  0.9688,    Adjusted R-squared:  0.968
F-statistic:  1127 on 4 and 145 DF,  p-value: < 2.2e-16
```

上述代码在模型 lm3 的基础上添加交互作用，得到新的回归模型 lm4，模型的摘要显示：在 0.1 的显著性水平下，截距项、三个解释变量以及交互项的参数估计均通过了显著性检验，表明该交互项的添加有一定的合理性。

在交互项的选择方面，原则上需要将解释变量进行组合，建模并参考 R-squared 项进行选取，使得 R-squared 变大且参数估计能通过显著性检验的交互项就可以引入回归模型中，该方法适用于解释变量不多的情况，在实际操作中，往往需要根据行业知识来判断解释变量间的交互作用。

下面根据训练的模型进行后续分析，由上述探讨可知，回归模型 lm3 是有效的，可以利用其进行后续的数据探索，如进行预测。此处采用训练集和测试集均为 iris 数据集，即采用原始的数据集训练模型并进行预测工作，然而在实际操作中，训练模型并将其应用一般需要将原始数据随机拆分为训练集（train data）和测试集（test data）。

```
> pred<-predict(lm3,data=iris[,1:4])
> length(pred)
[1] 150
> plot(pred)
```

上述第一行代码表示：将 iris 数据集的前四列数据代入 lm3 回归模型中，预测变量 Petal.Length 的值，输出结果是长度为 150 的向量，绘制预测值的散点图，结果如图 5.4 所示。

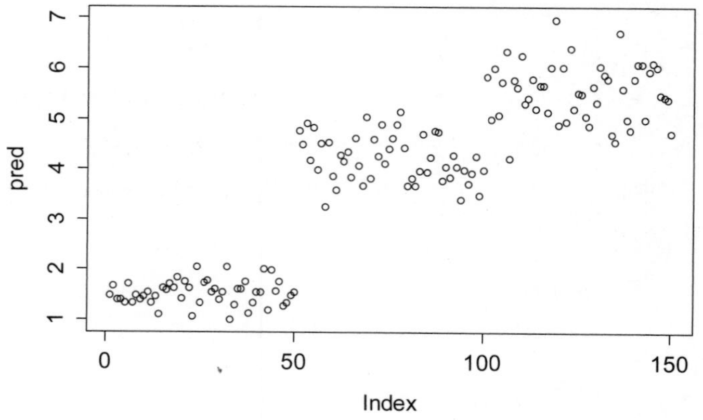

图 5.4　lm3 预测结果的散点图

5.3 变量的选择

在数据挖掘的实战过程中，经常会遇到变量非常多的情况，即数据的维数很高，也称为“维数灾难”问题，如在生物统计领域，一个数据集中可能存在成百上千个变量，对于回归建模而言，并不是越多变量越好，利用少而精的变量建模显得极为重要，如何选择变量子集就是解决问题的关键。

本节主要介绍几个变量选择的方法：逐步回归、岭回归和 lasso 回归法。

5.3.1 逐步回归方法简介及函数介绍

选择变量的最基本方法就是逐步选择，即反复地添加或删除模型中的变量，以达到优化模型的目的，该方法需要确定一个阈值，也就是一个算法停止的标准。逐步回归法就是基于上述思想生成的回归算法，该算法利用 AIC 准则（赤池信息准则）来度量添加变量的效果，AIC 准则的表达式为：

$$AIC = -2 * \log(L) + k * edf$$

其中 L 代表似然值，edf 代表等效自由度。

R 语言中用于实现逐步回归的函数是 step()，函数的基本书写格式为：

```
step(object, scope, scale = 0,direction = c("both", "backward", "forward"),
trace = 1, keep = NULL, steps = 1000, k = 2, ...)
```

参数介绍：

- Object：指定模型的对象，如模型 lm；
- Scope：指定变量选择的上下界，下界为需要出现在最终模型中的变量组，上界为所有考虑添加到模型中的变量组，若只设置一个公式，则 R 语言默认其为上界，若需同时设定上下界，则需设置两个公式；
- Scale：回归模型和方差分析模型中定义的 AIC 所需要的值；
- Direction：指定变量被添加、移除到模型中或者两者均进行，“forward”即向前法，表示变量被添加，“backward”即向后法，表示变量被移除，“both”表示两者均进行，默认值为“both”；
- Trace：指定是否输出变量选择过程，“0”表示不输出，“1”表示输出，默认值为 1；
- Keep：选择从对象中保留的参数的函数，默认值为 NULL；
- Steps：指定算法终止的最大迭代次数，默认值为 1000；
- K：惩罚计算中自由度的倍数，默认值为 2。

5.3.2 综合案例：swiss 数据集的逐步回归建模

下面利用 swiss 数据集进行逐步回归的操作演练，swiss 数据集是关于瑞士生育率和社会经济指标的数据，共有 47 行观测值，分别代表瑞士 47 个说法语的省份，每行观测值有 7 个变量，包括省份名称（第一列）、生育情况（Fertility）、职业涉及农业的男性人数（Agriculture）、应征入伍者在军队考试中获得的最高分数（Examination）、应征入伍者的受教育年限（Education）、天主教徒人数（Catholic）和不超过 1 岁的婴儿死亡人数（Infant.Mortality）。

```
> data(swiss)
> summary(swiss)
   Fertility      Agriculture      Examination      Education        Catholic
 Min.   :35.00   Min.   : 1.20   Min.   : 3.00   Min.   : 1.00   Min.   :  2.150
 1st Qu.:64.70   1st Qu.:35.90   1st Qu.:12.00   1st Qu.: 6.00   1st Qu.:  5.195
 Median :70.40   Median :54.10   Median :16.00   Median : 8.00   Median : 15.140
 Mean   :70.14   Mean   :50.66   Mean   :16.49   Mean   :10.98   Mean   : 41.144
 3rd Qu.:78.45   3rd Qu.:67.65   3rd Qu.:22.00   3rd Qu.:12.00   3rd Qu.: 93.125
 Max.   :92.50   Max.   :89.70   Max.   :37.00   Max.   :53.00   Max.   :100.000
 Infant.Mortality
 Min.   :10.80
 1st Qu.:18.15
 Median :20.00
 Mean   :19.94
 3rd Qu.:21.70
 Max.   :26.60
> corr<-cor(swiss)
> library(corrplot)
> corrplot(corr)
```

上述输出结果包括 swiss 数据集的描述性统计和相关系数的计算，并绘制了相关矩阵图，结果如图 5.5 所示。根据数据特征，计划将变量 Fertility 作为响应变量，其余变量作为解释变量进行回归分析，然而相关矩阵图显示，解释变量 Examination 和 Education 之间的相关性较强，即解释变量之间存在多重共线性，基于这一特点，后续的回归分析将存在一定的问题。

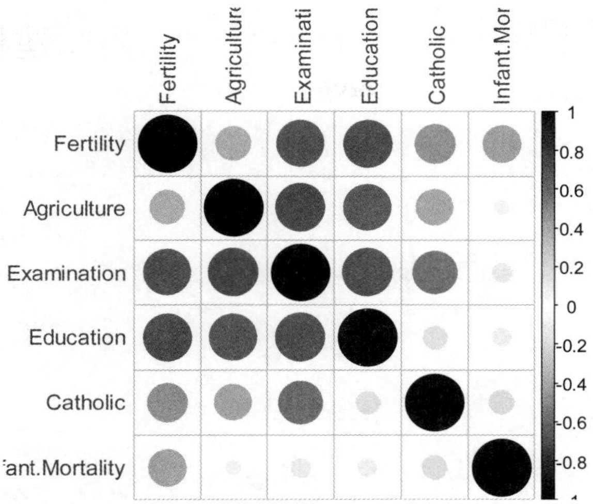

图 5.5　swiss 数据集的相关矩阵图

首先对原始数据进行回归分析，将数据中的全部变量用于回归分析，得到的模型称为全模型。

```
> lm5<-lm(Fertility~.,data=swiss)
> summary(lm5)

Call:
lm(formula = Fertility ~ ., data = swiss)

Residuals:
     Min       1Q   Median       3Q      Max
-15.2743  -5.2617   0.5032   4.1198  15.3213

Coefficients:
                 Estimate Std. Error t value Pr(>|t|)
(Intercept)      66.91518   10.70604   6.250 1.91e-07 ***
Agriculture      -0.17211    0.07030  -2.448  0.01873 *
Examination      -0.25801    0.25388  -1.016  0.31546
Education        -0.87094    0.18303  -4.758 2.43e-05 ***
Catholic          0.10412    0.03526   2.953  0.00519 **
Infant.Mortality  1.07705    0.38172   2.822  0.00734 **
---
Signif. codes:  0 '***' 0.001 '**' 0.01 '*' 0.05 '.' 0.1 ' ' 1

Residual standard error: 7.165 on 41 degrees of freedom
Multiple R-squared:  0.7067,    Adjusted R-squared:  0.671
F-statistic: 19.76 on 5 and 41 DF,  p-value: 5.594e-10
```

由上述输出结果可知：模型 lm5 中变量 Examination 的参数估计没有通过显著性检验，而与该变量相关性较强的变量 Education 的 p 值非常小，为解决这一问题，下面利用函数 step()进行逐步回归。

```
> tstep<-step(lm5)
Start:  AIC=190.69
Fertility ~ Agriculture + Examination + Education + Catholic +
    Infant.Mortality

                   Df Sum of Sq    RSS    AIC
- Examination       1     53.03 2158.1 189.86
<none>    2105.0 190.69
- Agriculture       1    307.72 2412.8 195.10
- Infant.Mortality 1    408.75 2513.8 197.03
- Catholic          1    447.71 2552.8 197.75
- Education         1   1162.56 3267.6 209.36

Step:  AIC=189.86
Fertility ~ Agriculture + Education + Catholic + Infant.Mortality

                   Df Sum of Sq    RSS    AIC
<none>                           2158.1 189.86
- Agriculture       1    264.18 2422.2 193.29
- Infant.Mortality 1    409.81 2567.9 196.03
- Catholic          1    956.57 3114.6 205.10
- Education         1   2249.97 4408.0 221.43
> summary(tstep)

Call:
lm(formula = Fertility ~ Agriculture + Education + Catholic +
    Infant.Mortality, data = swiss)

Residuals:
     Min       1Q   Median       3Q      Max
-14.6765  -6.0522   0.7514   3.1664  16.1422

Coefficients:
                 Estimate Std. Error t value Pr(>|t|)
(Intercept)       62.10131   9.60489   6.466 8.49e-08 ***
Agriculture       -0.15462   0.06819  -2.267  0.02857 *
Education        -0.98026   0.14814  -6.617 5.14e-08 ***
Catholic          0.12467   0.02889   4.315 9.50e-05 ***
Infant.Mortality 1.07844   0.38187   2.824  0.00722 **
---
Signif. codes:  0  '***'  0.001  '**'  0.01  '*'  0.05  '.'  0.1  ' '  1

Residual standard error: 7.168 on 42 degrees of freedom
Multiple R-squared:  0.6993,    Adjusted R-squared:  0.6707
F-statistic: 24.42 on 4 and 42 DF,  p-value: 1.717e-10
```

上述第一条代码即为逐步回归的操作命令，输出结果展示了变量选择的过程，选择标准是基于 AIC 值最小；需要注意输出结果的最后一部分，该部分表示逐步回归算法最终选择的变量，可以看出逐步回归在全模型的基础上剔除了变量 Examination；利用函数 summary()展示逐步回归的具体结果，发现参数估计全部通过了显著性检验，且 Adjusted R-squared 值为 0.6707，说明该模型是有效的。

需要注意的是，逐步回归法是基于 AIC 值最小的选择变量，可能出现挑选变量的参数估计不通过显著性检验的情况，此需要利用函数 drop1()进行后续处理，具体操作如下：

```
> drop1(lm5)
Single term deletions

Model:
Fertility ~ Agriculture + Examination + Education + Catholic +
    Infant.Mortality
                 Df Sum of Sq    RSS    AIC
<none>                        2105.0 190.69
Agriculture       1    307.72 2412.8 195.10
Examination       1     53.03 2158.1 189.86
Education         1   1162.56 3267.6 209.36
Catholic          1    447.71 2552.8 197.75
Infant.Mortality  1    408.75 2513.8 197.03
```

上述输出结果展示了剔除每一个解释变量所对应的 AIC 值，逐步回归算法选择剔除使 AIC 值最小的变量，即 Examination，若剩余变量的参数估计还是不能通过显著性检验，就根据上述输出结果，选择人为剔除变量 Examination 外使 AIC 值最小的变量 Agriculture，即利用根据逐步回归选择的变量，然后人为剔除其中的 Agriculture，再次进行回归分析。一般来说，此步骤能满足所有参数估计均通过显著性检验；若还是存在参数估计没有通过检验的情况，则需要考虑原始数据可能不适用于线性模型。

5.3.3　岭回归的方法简介及函数介绍

逐步回归法根据函数 lm()来简单拟合模型，缺点在于限定了模型中的变量个数，岭回归就能较好地解决这一问题，下面将详细介绍岭回归法的操作步骤。

岭回归法的思想是：对系数的个数设置约束，并使用不同的算法来拟合模型，以缓解数据内部的多重共线性所带来的方差变大等问题。前文中已经介绍了基于最小化残差平方和的参数估计法，即最小二乘法，岭回归则是对每个参数添加一个惩罚项，基于最小化残差平方和与系数的惩罚项总和，一般来说，系数的惩罚项总和是系数平方和的倍数，具体如下：

$$RSS = \sum_{i=1}^{n}(y_i - \hat{y}_i)^2 + \lambda\sum_{i=1}^{m}c_i^2$$

岭回归的目的就是寻找使 *RSS* 最小时的参数估计，在 R 中，程辑包 MASS 中的函数 lm.ridge()可以满足要求，函数的基本书写格式为：

```
lm.ridge(formula, data, subset, na.action, lambda = 0, model = FALSE,
x = FALSE, y = FALSE, contrasts = NULL, ...)
```

参数介绍：

- Formula：指定用于拟合的模型公式，类似于 lm 中的用法；
- Data：指定用于做岭回归的数据对象，可以是数据框、列表或者能强制转换为数据框的其他数据对象；
- Subset：一个向量，指定数据中需要包含在模型中的观测值；
- Na.action：一个函数，指定当数据中存在缺失值时的处理办法，用法与 lm 中的一致；
- Lambda：指定 *RSS* 的表达式中系数平方和的倍数项，默认值为 0；
- Model：逻辑值，指定是否返回“模型框架”，默认值为 FALSE；
- X：逻辑值，指定是否返回“模型矩阵”，默认值为 FALSE；
- Y：逻辑值，制度能够是否返回响应变量，默认值为 FALSE；
- Contrasts：模型中因子对照的列表。

5.3.4 综合案例：longley 数据集的岭回归探索

下面进行实战演练，利用 R 语言中内置数据集 longley 进行岭回归，该数据集收集了某国 1947 年至 1962 年 16 年的宏观经济数据，包含 7 个变量，分别为物价指数平减后的国民生产总值（GNP.deflator）、国民生产总值（GNP）、失业人数（Unemployed）、军队人数（Armed.Forces）、人口总量（Population）、年份（Year）和就业人数（Employed）。

将变量 Employed 作为响应变量，其余变量作为解释变量进行多元线性回归：

```
> lm6<-lm(Employed ~., data=longley)
> summary(lm6)

Call:
lm(formula = Employed ~ ., data = longley)

Residuals:
     Min       1Q   Median       3Q      Max
-0.41011 -0.15767 -0.02816  0.10155  0.45539

Coefficients:
               Estimate Std. Error t value Pr(>|t|)
(Intercept)  -3.482e+03  8.904e+02  -3.911 0.003560 **
```

```
GNP.deflator  1.506e-02  8.492e-02   0.177 0.863141
GNP          -3.582e-02  3.349e-02  -1.070 0.312681
Unemployed   -2.020e-02  4.884e-03  -4.136 0.002535 **
Armed.Forces -1.033e-02  2.143e-03  -4.822 0.000944 ***
Population   -5.110e-02  2.261e-01  -0.226 0.826212
Year          1.829e+00  4.555e-01   4.016 0.003037 **
---
Signif. codes:  0  '***'  0.001  '**'  0.01  '*'  0.05  '.'  0.1  ''  1

Residual standard error: 0.3049 on 9 degrees of freedom
Multiple R-squared:  0.9955,   Adjusted R-squared:  0.9925
F-statistic: 330.3 on 6 and 9 DF,  p-value: 4.984e-10
```

由上述输出结果可知：参数估计不全通过显著性检验，下面利用程辑包 car 中的函数 vif()查看各自变量间的共线情况：

```
> library(car)
> vif(lm6)
GNP.deflator          GNP   Unemployed  Armed.Forces   Population
   135.53244   1788.51348     33.61889      3.58893    399.15102
        Year
   758.98060
```

根据统计学知识，vif 值超过 10 则表明存在多重共线性，上述输出结果显示除变量 Armed.Forces 外其他变量均存在多重共线性，且变量 GNP、Population 和 Year 的 vif 值超过 200，说明存在严重的多重共线性。

为解共线性问题，下面利用函数 lm.ridge()做岭回归进行变量选择。

```
> install.packages("MASS")
> library(MASS)
> plot(lm.ridge(Employed ~ ., longley,lambda = seq(0,0.1,0.001)))
> select(lm.ridge(GNP.deflator ~ ., longley,lambda = seq(0,0.1,0.0001)))
modified HKB estimator is 0.006836982
modified L-W estimator is 0.05267247
smallest value of GCV  at 0.0057
```

上述代码表示：利用函数 lm.ridge()做岭回归，参数 lambda 的值设定为 0 到 1 之间的间隔为 0.001 的序列，然后利用函数 plot()绘制出岭迹图，结果如图 5.6 所示。函数 select()的返回结果是三个不同的估计值，分别为改进的 HKB 的估计值、改进的 L-W 的估计值和基于 GCV 值最小化的 lambda 值（lambda 的最优值），可以看到，lambda 的最优值为 0.0057；然后根据岭迹图进行变量选择，变量选择过程依赖于以下准则：随着 lambda 值（x 轴数据）的增加，回归系数（y 轴数据）不稳定、震动趋于 0 的解释变量或回归系数稳定，且绝对值很小的解释变量均需要剔除。

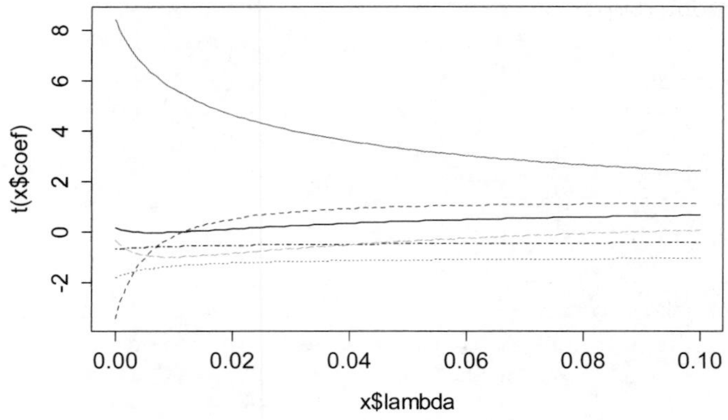

图 5.6 longley 数据集的岭迹图（1）

在图 5.6 中，每一条曲线代表一个解释变量的岭迹，R 中按照颜色来区分不同解释变量所对应的岭迹，本案例中共有 6 个解释变量，依次为 GNP.deflator、GNP、Unemployed、Armed.Forces 、Population 和 Year，对应岭迹的颜色和线条分别为：黑色折线、正红色短虚线、绿色点线、深蓝色点线与短虚线、天蓝色长虚线和洋红色实实线（位于最上方），由于印刷原因，本图显示的颜色不太明朗（彩色图片见封底二维码下载包），但可以根据线条类型来进行区分，根据变量选择依赖的准则，首先考虑剔除变量 GNP.deflator，如下：

```
> plot(lm.ridge(Employed ~ .-GNP.deflator, longley,lambda = seq(0,0.1,0.001)))
> select(lm.ridge(GNP.deflator ~ .-GNP.deflator, longley,lambda = seq(0,0.1,
0.0001)))
modified HKB estimator is 0.006836982
modified L-W estimator is 0.05267247
smallest value of GCV  at 0.0057
```

结果如图 5.7 所示。各变量的岭迹还是不稳定，故考虑剔除岭回归中第 1 个变量，即变量 GNP：

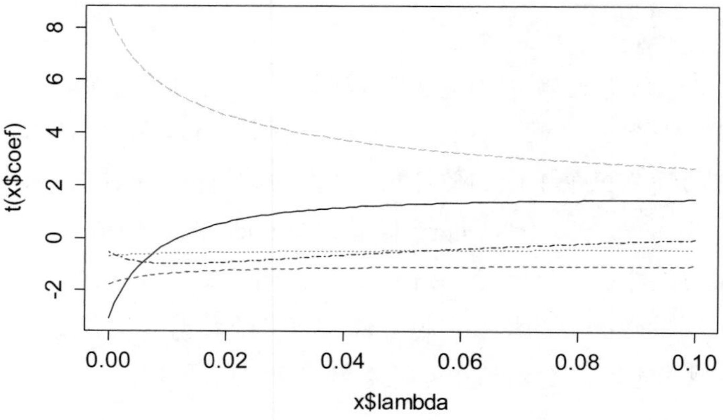

图 5.7 longley 数据集的岭迹图（2）

```
> plot(lm.ridge(Employed ~ .-GNP.deflator-GNP, longley,lambda = seq(0,0.1,
0.001)))
> select(lm.ridge(GNP.deflator ~ .-GNP.deflator-GNP, longley,lambda = seq
(0,0.1,0.0001)))
modified HKB estimator is 0.01413139
modified L-W estimator is 0.05929863
smallest value of GCV  at 0.0086
```

结果如图 5.8 所示。可以看出，各变量的岭迹处于较为稳定的状态，此时模型中保留的变量为：Unemployed、Armed.Forces 、Population 和 Year，利用这些变量进行多元线性回归，具体操作如下：

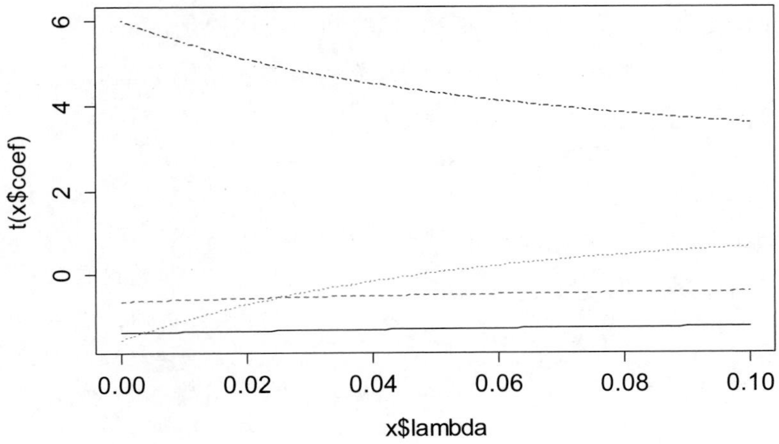

图 5.8　longley 数据集的岭迹图（3）

```
> lm7<-lm(Employed ~.-GNP.deflator-GNP, data=longley)
> summary(lm7)

Call:
lm(formula = Employed ~ . - GNP.deflator - GNP, data = longley)

Residuals:
     Min       1Q   Median       3Q      Max 
-0.41175 -0.14169  0.00329  0.08246  0.56270 

Coefficients:
               Estimate Std. Error t value Pr(>|t|)    
(Intercept)  -2.446e+03  3.400e+02  -7.195 1.76e-05 ***
Unemployed   -1.500e-02  1.515e-03  -9.904 8.14e-07 ***
Armed.Forces -9.344e-03  1.855e-03  -5.038 0.000379 ***
Population   -2.287e-01  1.178e-01  -1.941 0.078295 .  
Year          1.302e+00  1.811e-01   7.191 1.77e-05 ***
---
```

```
Signif. codes:  0 '***' 0.001 '**' 0.01 '*' 0.05 '.' 0.1 '' 1

Residual standard error: 0.2994 on 11 degrees of freedom
Multiple R-squared:  0.9947,    Adjusted R-squared:  0.9927
F-statistic: 513.4 on 4 and 11 DF,  p-value: 2.028e-12
```

由上述输出结果可知：各解释变量的参数估计均通过了显著性检验（显著性水平为 0.05），且 Adjusted R-squared 的值为 0.9927，说明该模型是有效的。

5.3.5 lasso 回归方法简介及函数介绍

另一种选择变量的回归算法是 lasso，与岭回归类似的是，lasso 也添加了针对回归参数的惩罚项，不同之处在于 lasso 选择的惩罚方式是：用绝对值的平方和取代系数平方和，其 *RSS* 的表达式为：

$$RSS=\sum_{i=1}^{n}(y_i-\hat{y}_i)^2+\lambda\sum_{i=1}^{m}|c_i|$$

lasso 的目的就是寻找使 *RSS* 最小时的参数估计，在 R 语言中，程辑包 lars 中的函数 lasr()可以满足要求，其函数的基本书写格式为：

```
lars(x, y, type = c("lasso", "lar", "forward.stagewise", "stepwise"),
trace = FALSE, normalize = TRUE, intercept = TRUE, Gram,
eps = .Machine$double.eps, max.steps, use.Gram = TRUE)
```

参数介绍：

- x：一个矩阵，用于指定预测变量；
- y：一个向量，用于指定响应变量；
- Type：指定拟合模型的类型，"lasso"表示进行 lasso 回归，"lar"表示进行最小角回归，"forward.stagewise"表示进行极小向前逐段回归，"stepwise"表示进行逐步回归，默认值为"lasso"；
- Trace：逻辑值，指定是否打印函数运行过程中的详细信息，默认值为 FALSE；
- Normalize：逻辑值，指定是否将所有变量，默认值为 TRUE；
- Intercept：逻辑值，指定是否将解决项包含在模型中，默认值为 TRUE；
- Gram：计算过程中的 x'x 矩阵；
- Eps：有效的 0 值；
- Max.steps：算法迭代的最大次数；
- use.Gram：逻辑值，指定是否预先计算 Gram 矩阵，默认值为 TRUE。

5.3.6　综合案例：longley 数据集的 lasso 回归建模

下面利用数据集 longley 进行操作演练：

```
> install.packages("lars")
> library(lars)
> lar.1<-lars(dlongley[,1:6],dlongley[,7])
> lar.1

Call:
lars(x = dlongley[, 1:6], y = dlongley[, 7])
R-squared: 0.995
Sequence of LASSO moves:
     GNP Unemployed Armed.Forces Year GNP Population GNP.deflator GNP
Var    2          3            4    6  -2          5            1   2
Step   1          2            3    4   5          6            7   8
     GNP.deflator GNP.deflator
Var            -1            1
Step            9           10
> summary(lar.1)
LARS/LASSO
Call: lars(x = dlongley[, 1:6], y = dlongley[, 7])
   Df     Rss        Cp
0   1 185.009 1976.7120
1   2   6.642   59.4712
2   3   3.883   31.7832
3   4   3.468   29.3165
4   5   1.563   10.8183
5   4   1.339    6.4068
6   5   1.024    5.0186
7   6   0.998    6.7388
8   7   0.907    7.7615
9   6   0.847    5.1128
10  7   0.836    7.0000
> plot(lar.1)
```

由上述输出结果可知：算法一共迭代了 10 次，其中函数 summary()返回的是迭代具体结果，变量选择依赖于其中的 Cp 值，根据统计学知识，Cp 值用于衡量多重共线性，其值越小越好，故选择第六步的迭代结果，即选择变量 GNP、Unemployed、Armed.Forces、Year 和 GNP Population，然而根据岭回归的结果可知，选择这五个变量做多元线性回归还是不能使所有参数估计通过显著性检验，故下面结合交叉验证来选择变量：

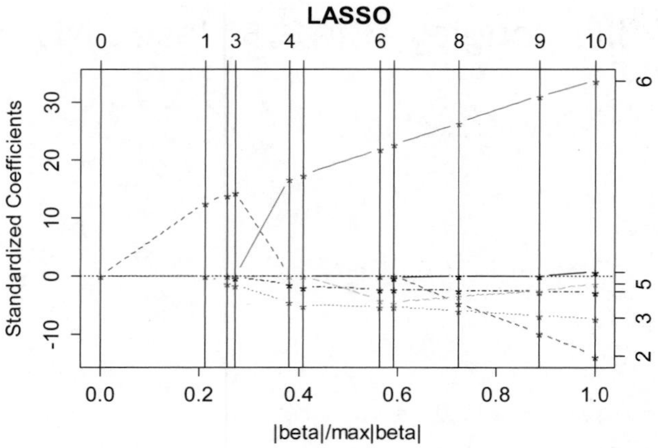

图 5.9　数据集 longley 的 lasso 回归图

```
> cva <- cv.lars(dlongley[,1:6],dlongley[,7], K = 10, plot.it = TRUE)
> best <- cva$index[which.min(cva$cv)]
> coef <- coef.lars(lar.1, mode = "fraction", s = best) #使得CV最小时的系数
> coef[coef != 0]                                        #通过CV选择的变量
  Unemployed Armed.Forces   Population         Year
-0.014172871 -0.007267842 -0.014371699  0.966294249
```

上述代码表示：利用函数 cv.lar()做 10 折交叉验证，并绘制 cv 的变化图，结果如图 5.10 所示。根据统计学知识，cv 值越小越好，故下面计算使得 cv 值最小时的回归系数，并通过回归系数进行变量选择：

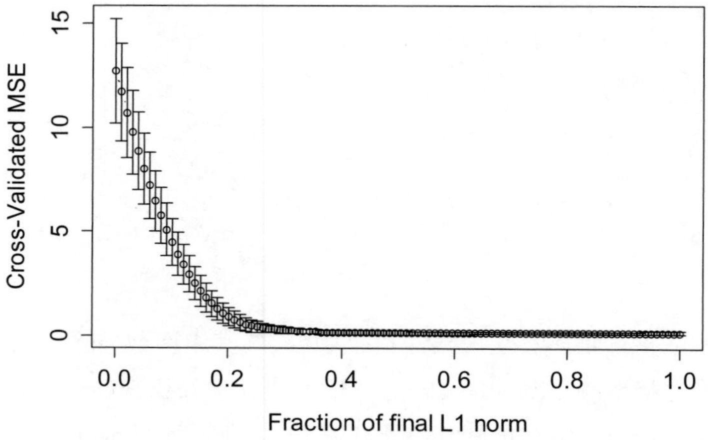

图 5.10　cv 变化图

```
> best <- cva$index[which.min(cva$cv)]
> coef <- coef.lars(lar.1, mode = "fraction", s = best) #使得CV值最小时的系数
> coef[coef != 0] #通过CV选择的变量
  Unemployed Armed.Forces   Population         Year
-0.014172871 -0.007267842 -0.014371699  0.966294249
```

由上述输出结果可知：交叉验证法选择的变量为 Unemployed、Armed.Forces、Population 和 Year，该结果与岭回归的变量选择结果一致，故利用挑选的变量进行多元线性回归得到的回归模型是有效的。

5.4　Logistic 回归

前文中介绍的回归方法一般适用于数值型数据对象，对于分类型数据对象，普通的线性回归方法将不再适用，为解决此类问题，需要引入改进的线性回归法，即广义线性回归法，此类方法用于构建 logistic 回归模型、poisson 回归模型等，下面将主要介绍 logistic 回归模型。

5.4.1　模型简介

普通的线性回归要求响应变量是连续型变量，而 logistic 回归要求响应变量是分类型变量，且是二分类变量，如男和女、是与否等类型的数据。

将二分类的响应变量用 Y 表示，变量中数据通常为 0 和 1 的形式，如“1”表示“成功”或“患病”，“0”表示“失败”或“不患病”，对响应变量有影响的 p 个解释变量记为 $X_1, X_2, ..., X_p$，在 p 个解释变量的作用下出现“成功”的条件概率记为 $p = P(Y = 1 | X_1, X_2, ..., X_p)$，则 logistic 回归模型表示为：

$$p = \frac{\exp(\beta_0 + \beta_1 X_1 + \beta_2 X_2 + ... + \beta_p X_p)}{1 + \exp(\beta_0 + \beta_1 X_1 + \beta_2 X_2 + ... + \beta_p X_p)}$$

其中，β_0 称为常数项或截距项，$\beta_1, \beta_2, ..., \beta_p$ 称为 logistic 回归模型的回归系数。下面利用拟合数据绘制上述模型的图像，结果如图 5.11 所示。

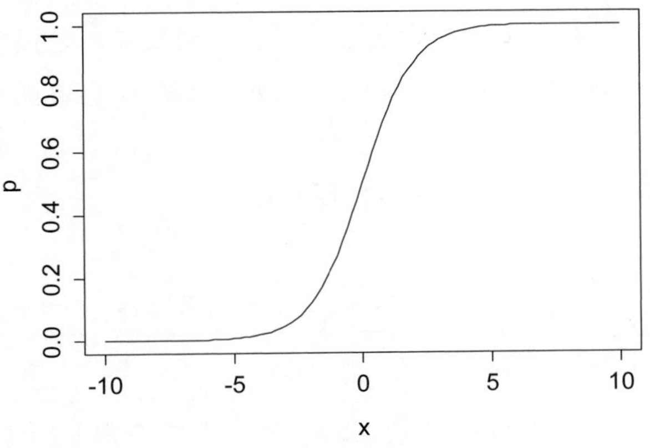

图 5.11　logistic 模型的图示

```
> x=seq(-10,10,by=0.2)
There were 12 warnings (use warnings() to see them)
> p=exp(x)/(1+exp(x))
> df=data.frame(x,p)
> plot(x,p,data=df,type="l")
```

从上式可以看出，logistic 模型是一个非线性的回归模型，解释变量可以是连续型变量，也可以是分类型变量，或者引入的哑变量，自变量的取值范围是（$-\infty,+\infty$），因此 p 的取值范围是（0,1），满足条件概率的取值，说明 logistic 回归模型是合理的。

实际应用中，一般采用 logit 变换后的回归模型，具体表达如下：

$$\log it(p)=\ln\left(\frac{p}{1-p}\right)=\beta_0+\beta_1X_1+\beta_2X_2+\ldots+\beta_pX_p$$

这样，logistic 回归模型就转变为线性模型，利用前面介绍的参数估计法即可将模型的参数估计出来，然后将估计出的参数代入原始的回归模型中，就可以得到 logistic 回归模型的表达式。

得到模型表达式之后，就可以根据一组新的观测值估算响应变量 Y 取值为 1 的概率，对于评价模型的优劣而言，条件概率的预测越精准，模型越好，下面将具体介绍模型的评价方法。

首先需要定义一个阈值 a，然后定义一个预测规则：

$$\hat{Y_i}=\begin{cases}1,p(\beta_0+\beta_1X_{i1}+\beta_2X_{i2}+\ldots+\beta_pX_{ip})>a\\0,p(\beta_0+\beta_1X_{i1}+\beta_2X_{i2}+\ldots+\beta_pX_{ip})\leqslant a\end{cases}$$

如果模型的预测值不等于真实值，则认为模型错判，下面引入错判概率：

$$MCR=\frac{1}{m}\sum_{i=1}^{m}I(Y_i\neq\hat{Y_i})$$

如果 MCR=0，则表示所有预测结果都正确，如果 MCR=1，则表示所有预测结果都错误。可以看出，想要最小化 MCR，则必须要求 a=50%，然而 MCR 暗含一个条件：无论真实的 Y 值是 0 还是 1，只要判断错误就会带来损失，且损失值相同，但是实际情况并不符合这一条件，如生病的实际概率并不是 50%，也可能是 0.01%，此时上述的错判概率就不适用了。

为解决上述问题，下面引入加权错判概率：

其中：

$$WMCR=\frac{1}{m}\sum_{i=1}^{m}I(Y_i\neq\hat{Y_i})\left(\frac{I(Y_i=\hat{Y_i}\mid Y_i=0)}{b_0}+\frac{I(Y_i\neq\hat{Y_i}\mid Y_i\neq 0)}{b_1}\right)$$

b_0=1-b_1=P（Y=0），即 b_0 和 b_1 分别刻画总体中 Y 的值为 0 和 1 的概率，以 WMCR 为标准，重新对阈值进行设置，可以发现最优的 a 值为 b_1 的值。

需要注意的是，在 WMCR 的定义中，涉及两种错判的行为，第一种是原始 Y 值为

0 但错判为 1，第二种是原始 Y 值为 1 但错判为 0，与假设检验中的两类错误类似，区别在于，logistic 回归需要区分哪一类错误带来的损失更大，为便于后续讨论，下面定义两种不同的概念：

$$TPR = P(\hat{Y}_i = 1 \mid Y_i = 1)$$

$$FPR = P(\hat{Y}_i = 1 \mid Y_i = 0)$$

其中 TPR 表示判断正确的概率，FPR 表示判断错误的概率。

5.4.2 函数介绍

R 中用于实现 logistic 回归的函数是 glm()，其基本书写格式为：

```
glm(formula, family = gaussian, data, weights, subset,na.action,
start = NULL, etastart, mustart, offset,control = list(...), model = TRUE,
method = "glm.fit",x = FALSE, y = TRUE, contrasts = NULL, ...)
```

参数介绍：

- Formula：指定用于拟合的模型公式，类似于 lm 中的用法；
- Family：指定描述干扰项的概率分布和模型的连接函数，默认值为 gaussian，若需进行 logistic 回归，则需设置为 binomial(link = "logit")；
- Data：指定用于回归的数据对象，可以是数据框、列表或能被强制转换为数据框的数据对象；
- Weights：一个向量，用于指定每个观测值的权重；
- Subset：一个向量，指定数据中需要包含在模型中的观测值；
- Na.action：一个函数，指定当数据中存在缺失值时的处理办法，用法与 lm 中的一致；
- Start：一个数值型向量，用于指定现行预测器中参数的初始值；
- Etastart：一个数值型向量，用于指定现行预测器的初始值；
- Mustart：一个数值型向量，用于指定均值向量的初始值；
- Offset：指定用于添加到线性项中的一组系数恒为 1 的项；
- Control：指定控制拟合过程的参数列表，其中 epsilon 表示收敛的容忍度，maxit 表示迭代的最大次数，trace 表示每次迭代是否打印具体信息；
- Model：逻辑值，指定是否返回“模型框架”，默认值为 TRUE；
- Method：指定用于拟合的方法，“glm.fit”表示用于拟合，“model.frame”表示可以返回模型框架；
- X：逻辑值，指定是否返回“模型矩阵”，默认值为 FALSE；
- Y：逻辑值，制度是否能够返回响应变量，默认值为 TRUE；
- Contrasts：模型中因子对照的列表。

5.4.3 综合案例：iris 数据集的逻辑回归建模

下面利用 iris 数据集进行操作演练，由于 iris 数据集中的分类变量 Species 中有三种元素：setosa、versicolor 和 virginica，即鸢尾花的有三个不同的种类，在建模之前，先对数据集进行处理，将数据集中 Species 属于 setosa 类的数据剔除，然后利用剩余的数据进行建模分析，具体操作如下：

```
    > iris<-iris[51:150,]
    > iris$Species<-ifelse(iris$Species=="virginica",1,0)
    > log1<-glm(Species~.,family=binomial(link='logit'),data=iris)>
summary(log1)

    Call:
    glm(formula = Species ~ ., family = binomial(link = "logit"),
       data = iris[51:150, ])

    Deviance Residuals:
        Min        1Q    Median       3Q      Max
    -2.01105  -0.00541  -0.00001   0.00677   1.78065

    Coefficients:
                Estimate Std. Error z value Pr(>|z|)
    (Intercept)   -42.638    25.707  -1.659   0.0972 .
    Sepal.Length   -2.465     2.394  -1.030   0.3032
    Sepal.Width    -6.681     4.480  -1.491   0.1359
    Petal.Length    9.429     4.737   1.991   0.0465 *
    Petal.Width    18.286     9.743   1.877   0.0605 .
    ---
    Signif. codes:  0 '***'  0.001  '**'  0.01  '*'  0.05  '.'  0.1  ''  1

    (Dispersion parameter for binomial family taken to be 1)

       Null deviance: 138.629  on 99  degrees of freedom
    Residual deviance:  11.899  on 95  degrees of freedom
    AIC: 21.899

    Number of Fisher Scoring iterations: 10
```

上述代码表示：选择 iris 数据集中第 51 行到 150 行的数据，将该数据集中变量 Species 列中记录为 virginica 的替换为 1，否则替换为 0，然后利用清洗好的数据进行 logistic 回归；模型的输出结果显示：解释变量 Sepal.Length 和 Sepal.Width 没能通过显著性水平为 0.05 的检验。

下面基于前面介绍的 AIC 准则进行逐步回归：

```
> log2<-step(log1)
Start:  AIC=21.9
Species ~ Sepal.Length + Sepal.Width + Petal.Length + Petal.Width

               Df Deviance    AIC
- Sepal.Length  1   13.266 21.266
<none>              11.899 21.899
- Sepal.Width   1   15.492 23.492
- Petal.Width   1   23.772 31.772
- Petal.Length  1   25.902 33.902

Step:  AIC=21.27
Species ~ Sepal.Width + Petal.Length + Petal.Width

               Df Deviance    AIC
<none>              13.266 21.266
- Sepal.Width   1   20.564 26.564
- Petal.Length  1   27.399 33.399
- Petal.Width   1   31.512 37.512
> summary(log2)

Call:
glm(formula = Species ~ Sepal.Width + Petal.Length + Petal.Width,
    family = binomial(link = "logit"), data = iris[51:150, ])

Deviance Residuals:
     Min        1Q    Median        3Q       Max
-1.75795  -0.00412   0.00000   0.00290   1.92193

Coefficients:
            Estimate Std. Error z value Pr(>|z|)
(Intercept)  -50.527     23.995  -2.106   0.0352 *
Sepal.Width   -8.376      4.761  -1.759   0.0785 .
Petal.Length   7.875      3.841   2.050   0.0403 *
Petal.Width   21.430     10.707   2.001   0.0453 *
---
Signif. codes:  0  ‘***’  0.001  ‘**’  0.01  ‘*’  0.05  ‘.’  0.1  ‘’  1

(Dispersion parameter for binomial family taken to be 1)

    Null deviance: 138.629  on 99  degrees of freedom
Residual deviance:  13.266  on 96  degrees of freedom
AIC: 21.266
Number of Fisher Scoring iterations: 10
```

不难发现，逐步回归剔除了变量 Sepal.Length，对逐步回归的结果进行详细展示，可以看到剩余解释变量的参数估计均通过了显著性水平为 0.05 的检验，说明构建的模型得到了数据的支持。

下面根据 WMCR 对模型的预测能力进行评估：

```
> pred<-predict(log2)
> prob<-exp(pred)/(1+exp(pred))
> yhat<-1*(prob>0.5)
>table(iris$Species,yhat)
   yhat
     0  1
  0 48  2
  1  1 49
```

上述代码表示：首先将模型的预测结果存储到变量 pred 中，再根据前面介绍的模型进行 logit 变换的逆变换，输出结果存储到变量 prob，此时该变量中的值即为响应变量取值为 1 的概率值，即变量 Species=virginica 的概率值，然后分别计算变量 prob 中大于 0.5 和小于等于 0.5 的记录总数，其中 0.5 即为前面介绍的阈值，由于原始的鸢尾花数据中，种类为 versicolor 和 virginica 的记录各有 50 条，故阈值 a 取值为 0.5。最后利用函数 table（）统计原始数据中的记录和预测结果的记录情况（“0”表示 versicolor，“1”表示 virginica），不难发现，输出的表格中，数字“48”和“49”均表示预测正确的总数，数字“2”表示真实种类为 versicolor，而预测结果为 virginica 的记录总数，类似地，数字“1”表示真实种类为 virginica，而预测结果为 versicolor 的记录总数。

除此之外，还可以利用图形展示模型的预测效果，业界一般采用 ROC 曲线对 logistic 回归模型的效果进行刻画，R 语言的程辑包 RORC 中有专门的函数用于刻画 ROC 曲线，具体操作如下：

```
> library(ROCR)
> pred2<-prediction(pred,iris$Species)
> performance(pred2,'auc')@y.values
[[1]]
[1] 0.9972
> perf<-performance(pred2,'tpr','fpr')
> plot(perf,col=2,type="l",lwd=2)
> f=function(x){
+   y=x;return(y)}
> curve(f(x),0,1,col=4,lwd=2,lty=2,add=T)
```

结果如图 5.12 所示。其中：实曲线部分代表模型的预测效果，虚直线部分直线代表阈值变化，将实线与虚线直线进行比较，若实线在虚线上方则说明表示回归效果好，直白地理解，logistic 回归的用途类似于分类，将两种不同的类别区分开来，如果选用投硬币的方法，区分正确的概率是 0.5，故利用回归模型计算的概率至少要比 0.5 高，才能说明模型的优势。由于本例中实曲线位于虚直线的上方，且曲线坡度变化很快，说明模型的效果很好。

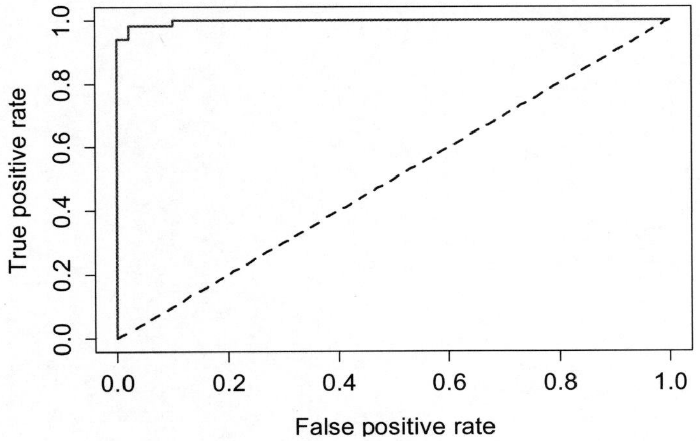

图 5.12　logistic 回归模型的 ROC 曲线

第 6 章

方差分析

方差分析是分析试验数据的一种方法，被广泛应用于金融、医学、农业和生物技术等方面的研究中，如探究商品房定价的影响因素，需要在地理位置、环线位置、交通是否便利、装修状况和是否投入广告等因素中找出最主要的因素，该问题似乎类似于上一章介绍的回归问题，本章将会介绍一种类似于回归分析的检验方法来解决上述问题，即方差分析。

6.1 单因素方差分析

与线性回归类似的是，对于不同的影响因素（解释变量），会建立不同的数学模型进行分析，即单因素方差分析和多因素方差分析，前者基于一个影响因素，后者基于多个分类变量，且多因素方差分析和单因素情况的推广，本节将详细介绍单因素方差分析。

6.1.1 模型介绍

首先了解一点基本术语：方差分析作为一种类似于线性模型的检验方法，其检验的对象称为因素，因素的不同表现称为水平，每个因子水平下的数据即为样本观测数据，单因素方差分析中，单个影响因素一般拥有两个及其以上的水平。

对单因素 A，假设其包含 r 个水平 $A_1, A_2, \ldots, A_r$，在第 i 个水平 A_i 下进行 n_i 次独立观测，得到水平 A_i 下的观测结果 $y_{i1}, y_{i2}, \ldots, y_{in_i}$，将其看成来自于第 i 个正态总体的样本观

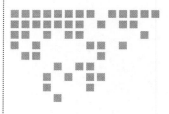

测值 Y_i，可以将其分解为 2 部分：

$$Y_i = \mu_i + \varepsilon_i$$

其中，μ_i 属于 A_i 作用的结果，称为在水平 A_i 下 Y_i 的真值，或在水平 A_i 下 Y_i 的的理论平均，ε_i 是随机误差，是独立同分布于正态分布的随机变量，即：

$$\begin{cases} y_{ij} = \mu_i + \varepsilon_{ij} \\ \varepsilon_{ij} \sim N(0,\delta^2), \text{且相互独立} \end{cases}$$

其中，i=1,2, ... ,r, j=1,2, ... ,n_i，μ_i 和 δ^2 属于未知参数，为估计参数，需要进行重复试验，假设在水平 A_i 下进行 m 次重复试验，得到 m 组独立观测值 $Y_{i1},Y_{i2},...,Y_{im}$，相当于从第 i 个正态总体中随机抽取容量为 m 的样本观测值，具体如表 6.1 所示。

表 6.1　不同水平条件下重复试验结果

	1	2	…	j	…	m	合计	平均
A_1	Y_{11}	Y_{12}	…	Y_{1j}	…	Y_{1m}	T_1	$\overline{Y_1}$
A_2	Y_{21}	Y_{22}	…	Y_{2j}	…	Y_{2m}	T_2	$\overline{Y_2}$
…	…	…	…	…	…	…	…	…
A_i	Y_{i1}	Y_{i2}	…	Y_{ij}	…	Y_{im}	T_i	$\overline{Y_i}$
…	…	…	…	…	…	…	…	…
A_k	Y_{k1}	Y_{k2}	…	Y_{kj}	…	Y_{km}	T_k	$\overline{Y_k}$

为便于比较和分析因素 A 的水平 A_i 对指标影响的大小，还需要将 μ_i 进行分解，令

$\mu_i = \mu + \alpha_i$，其中：$\mu = \frac{1}{n}\sum_{i=1}^{r} n_i \mu_i$，$n = \sum_{i=1}^{r} n_i$，则上述模型等价为：

$$\begin{cases} y_{ij} = \mu + \alpha_i + \varepsilon_{ij} \\ \varepsilon_{ij} \sim N(0,\delta^2) \end{cases}$$

其中，μ 表示总和的均值，α_i 表示水平 A_i 对应的效应，上述模型即为单因素方差模型，不难发现，该模型也是一种线性模型。

单因素方差分析需要解决的问题是：

（1）找出未知参数的估计量；

（2）分析观测值的偏差；

（3）检验各水平效应有无显著差异。

针对前两个问题，利用最小二乘法，基于偏差平方和最小求出未知参数的估计量，偏差平方和即为随机误差平方和 S_E，其数学表达式如下所示：

$$S_{\varepsilon}=\sum_{i=1}^{k}\sum_{j=1}^{m}\varepsilon_{ij}^{2}=\sum\sum(Y_{ij}-\mu_{i})^{2}=\sum\sum(Y_{ij}-\mu-\alpha_{i})^{2}$$

然后按照最小二乘估计的步骤求得估计量的表达式如下：

$$\hat{\mu}=\overline{Y},\hat{a}_i=\overline{Y_i}-\overline{Y},\hat{\mu}_i=\overline{Y_i}$$

针对第三个问题，将比较因素 A 的 r 个水平的差异归结为比较这 r 个总体的均值，下面引入假设检验：

$$H_0:\alpha_1=\alpha_2=...=\alpha_r=0$$
$$H_1:\alpha_1,\alpha_2,...,\alpha_r\text{不全为}0$$

如果拒绝原假设 H_0，则说明因素 A 的各水平的效应之间有显著的差异，否则说明差异不明显。

为导出 H_0 的统计量，下面构造总平方和 S_T 的表达式;

$$S_T=\sum\sum(Y_{ij}-\overline{Y})^2$$

总平方和 S_T 与随机误差平方和 S_E 间的差值用 S_A 刻画，其数学表达式为：

$$S_A=m\sum(\overline{Y_i}-\overline{Y})^2$$

由于 S_A 与 S_E 相互独立，当原假设成立时，有：

$$F=\frac{S_A/(r-1)}{S_E/(n-r)}\sim F(r-1,n-r)$$

将 F 作为原假设 H_0 的检验统计量，通过计算 p 值来确定是否拒绝原假设。

需要注意的是，在进行方差分析之前，需要对数据进行检验，因为方差分析有以下几点要求：

（1）可比性。要求各组数据间存在可比性，若各组数据本身不具可比性则不适用于方差分析；

（2）正态性。要求数据服从正态分布，服从偏态分布的数据不适用方差分析。对偏态分布的数据应考虑用对数变换、平方根变换、倒数变换、平方根反正弦变换等变量变换方法变为正态或接近正态后再进行方差分析；

（3）方差齐性。要求各组数据的方差要一致，若组间方差不齐则不适用于方差分析。多个方差的齐性检验可用 Bartlett 法，它用卡方值作为检验统计量，结果判断需查阅卡方界值表。

6.1.2 函数介绍

前文中提到的 Bartlett 法适用于服从正态分布的数据，对于非正态的数据，一般采用 Levene 检验法，且该检验同样适用于正态数据的检验，故推荐后者作为一般的检验法。R 中进行 Levene 检验的函数为 leveneTest()，该函数包含在程辑包 car 中，使用前需要加载。

函数 leveneTest()的基本书写格式为：

```
leveneTest(y, data...)
```

其中，y 指定用于方差分析的模型公式，data 指定用于检验的数据对象。

R 中有多种方法实现方差分析，如利用函数 aov()、anova()和 oneway.test()进行分析，下面将对这些函数的具体用法进行详细介绍。

首先介绍函数 oneway.test()，该函数的基本书写格式为：

```
oneway.test(formula, data, subset, na.action, var.equal = FALSE)
```

参数介绍：

- Formula：指定用于方差分析的模型公式，一般是以“ lhs ~ rhs”的形式，在单因素方差分析中即为“X~A”的形式，X 表示样本观测值，A 表示影响因素；
- Data：指定用于分析的数据对象；
- Subset：一个向量，指定参数 data 中需要被包含在模型中的观测数据；
- Na.action：一个函数，指定缺失数据的处理方法，若为 NULL，则使用函数 na.omit()删除缺失数据；
- Var.equal：逻辑值，指定是否将样本观测值中的方差视为相等，若为 TRUE，则执行单因素方差分析中平均值的简单 *F* 检验，若为 FALSE，则执行 Welch（1951）的近似方法，默认值为 FALSE。

6.1.3 综合案例：不同治疗方法下胆固醇降低效果的差异性分析

下面利用 R 语言的程辑包 multcomp 中数据集 cholesterol 进行单因素方差分析，首次使用该程辑包需要下载并加载：

```
> install.packages("multcomp")
> library(multcomp)
```

数据集 cholesterol 是关于不同治疗方法的胆固醇降低效果的临床数据，共有 50 行观测值和两列变量，列变量分别是治疗方法（trt）和胆固醇降低情况（response），变量 trt 中共有 5 个水平，分别用 1time，2times，4times，drugD 和 drugE 表示。数据的基本情况如下：

```
> data(cholesterol)
> dim(cholesterol)
```

```
[1] 50  2
> head(cholesterol)
    trt response
1 1time   3.8612
2 1time  10.3868
3 1time   5.9059
4 1time   3.0609
5 1time   7.7204
6 1time   2.7139
> summary(cholesterol)
     trt        response
 1time :10   Min.   : 2.304
 2times:10   1st Qu.: 8.409
 4times:10   Median :12.605
 drugD :10   Mean   :12.738
 drugE :10   3rd Qu.:17.519
             Max.   :27.244
> aggregate(response,by=list(trt),FUN=mean)
  Group.1        x
1   1time  5.78197
2  2times  9.22497
3  4times 12.37478
4   drugD 15.36117
5   drugE 20.94752
> aggregate(response,by=list(trt),FUN=sd)
  Group.1        x
1   1time 2.878113
2  2times 3.483054
3  4times 2.923119
4   drugD 3.454636
5   drugE 3.345003
> boxplot(response~trt,data=cholesterol,col=c(2:6))
```

由上述输出结果可知：变量 trt 的 5 个水平各有 10 行观测记录，利用函数 aggregrate() 对不同治疗方法的胆固醇降低情况进行统计，分别统计了变量 response 的均值和标准差，发现不同治疗方法的胆固醇降低效果确实不尽相同，将上述结果绘制成箱线图，结果如图 6.1 所示。

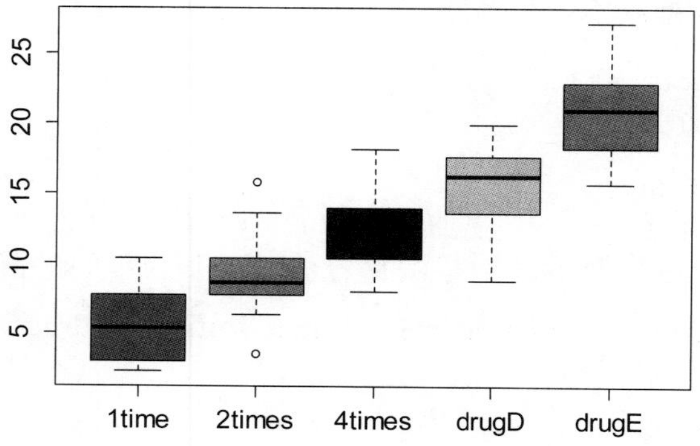

图 6.1　变量 response 的箱线图展示

下面对数据进行方差齐性检验：

```
> library(car)
> leveneTest(response~trt,data=cholesterol)
Levene's Test for Homogeneity of Variance (center = median)
      Df F value Pr(>F)
group  4  0.0755 0.9893
      45
```

输出结果显示：*p* 值为 0.9893，大于给定的显著性水平 0.05，故不能拒接原假设，即认为不同水平下的数据是等方差的。

下面利用函数 oneway.test()做方差分析来比较不同治疗方法的胆固醇降低效果是否有显著差异：

```
> oneway.test(response~trt,data=cholesterol,var.equal = TRUE)

    One-way analysis of means

data:  response and trt
F = 32.433, num df = 4, denom df = 45, p-value = 9.819e-13
```

根据上述输出结果：*F* 统计量的值为 32.433，对应的 *p* 值为 9.819e-13，小于给定的显著性水平 0.05，故拒绝原假设，即认为 5 种治疗方法的胆固醇降低效果不相同。

上述分析还可以利用函数 aov()实现，该函数的基本书写格式为：

```
aov(formula, data = NULL, projections = FALSE, qr = TRUE,contrasts =
NULL, ...)
```

其中，前两个参数的含义与函数 oneway.test()一致；参数 projections 是逻辑值，指定是否返回预测结果，默认值为 FALSE；参数 qr 为逻辑值，指定是否返回 QR 分解结果；参数 contrasts 指定 formula 中的一些因子的对照列表；与函数 oneway.test()不同的是，方差分析的详细结果需要利用函数 summary()返回。

```
> fit<-aov(response~trt,data=cholesterol)
> summary(fit)
            Df Sum Sq Mean Sq F value   Pr(>F)
trt          4 1351.4   337.8   32.43  9.82e-13 ***
Residuals   45  468.8    10.4
---
Signif. codes:  0 '***' 0.001 '**' 0.01 '*' 0.05 '.' 0.1 ' ' 1
```

上述输出结果中，A 表示影响因素，Residuals 表示残差，检验结果查看 trt 对应的行，同样得到 *F* 统计量的值为 32.43，对应的 p 值为 9.82e-13，拒绝原假设。

最后，上述结果还能利用函数 anova()实现，该函数的基本书写格式为：

```
anova(object, ...)
```

因为单因素方差分析的数学模型可以看作是特殊的一元线性回归模型，故方差分析还可通过线性模型的计算得到，计算步骤为：先利用函数 lm()得到线性回归模型，然后利用函数 anova()提取其中的方差分析表，具体操作命令如下：

```
> anova(lm(response~trt,data=cholesterol))
Analysis of Variance Table

Response: response
          Df  Sum Sq Mean Sq F value    Pr(>F)
trt        4 1351.37  337.84  32.433  9.819e-13 ***
Residuals 45  468.75   10.42
---
Signif. codes:  0  '***' 0.001  '**'  0.01  '*'  0.05  '.'  0.1  ' '  1
```

不难发现：函数 anova()的输出格式和函数 aov()的输出格式较为一致，不同之处在于，函数 anova()需要利用线性回归结果，若之前的挖掘过程已经进行了线性回归，则使用该函数进行方差分析将会更为简便。事实上，在数据挖掘的实战中，基于不同方法对线性模型进行改进，得到多个线性模型，为得到性能更好的模型，往往需要对不同的模型进行分析比较，采用函数 anova()不失为一种好方法。

6.2 双因素方差分析

在实际应用中，一个试验的指标可能受多个因素的影响，如前面提到的商品房定价问题，可能同时受到环线位置、装修情况和所处区位等因素的影响，此时单因素方差分析将不再适用，且不同影响因素间可能存在交互作用，即装修状况和所处区位的交互作用可能是影响商品房定价的又一因素，下面介绍用于解决上述问题的方法，即双因素方差分析。

6.2.1 模型介绍

在双因素方差分析中，根据是否考虑交互作用将方差分析分为两类，即考虑交互作用的方差分析和不考虑交互作用的方差分析。首先介绍简单的情况，即不考虑交互作用的情况，该方法适用于检验两个因素各自的变异对观测结果有无显著影响。

双因素方差分析的数据结构如表 6.2 所示。

表 6.2　双因方差分析的数据结构

		因素 A				$\overline{X}_i$
		A_1	A_2	…	A_r	
因素 B	B_1	X_{11}	X_{12}	…	X_{1r}	$\bar{x}_1$
	B_2	X_{21}	X_{22}	…	X_{2r}	$\bar{x}_2$
	…	…	…	…	…	…
	B_k	X_{k1}	X_{k1}	…	X_{kr}	$\bar{x}_k$
$\overline{X}_j$		$\bar{x}_1$	$\bar{x}_2$	…	$\bar{x}_r$	$\bar{\bar{x}}$

在不考虑交互作用的情况下，每组数据只取一个样本，假定 $x_{ij} \sim N(\mu_{ij},\delta^2)$，相互独立，则数据可以分解为：

$$\begin{cases} x_{ij} = \mu + \alpha_i + \beta_j + \varepsilon_{ij} \\ \quad \varepsilon_{ij} \sim N(0,\delta^2), \text{且相互独立} \end{cases}$$

其中，μ 表示总平方和的均值，α_i 表示因素 A 的第 i 个水平的效应，β_j 表示因素 B 的第 j 个水平的效应。

在上述线性模型下，方差分析的主要任务是，系统地分析因素 A 和因素 B 对试验指标影响的大小，故在给定的显著性水平下，提出如下假设检验：

"因素 A 对试验指标的影响是否显著" 等价于：

$$H_{01}: \alpha_1 = \alpha_2 = \ldots = \alpha_r = 0, H_{11}: \alpha_1, \alpha_2, \ldots, \alpha_r \text{ 不全为0}$$

"因素 B 对试验指标的影响是否显著" 等价于：

$$H_{02}: \beta_1 = \beta_2 = \ldots = \beta_s = 0, H_{12}: \beta_1, \beta_2, \ldots, \beta_s \text{不全为0}$$

类似于单因素方差分析，将总离差平方和 SST 分解为因素 A 的效应平方和 SSA 和因素 B 的效应平方和 SSB，其数学表达式为：

$$SST = \sum\sum(x_{ij} - \bar{x})^2$$
$$SSA = \sum\sum(\bar{x}_{.j} - \bar{x})^2$$
$$SSB = \sum\sum(\overline{x_{i.}} - \bar{x})^2$$
$$SSE = SST - SSA - SSB$$

其中：

$$\overline{X} = \frac{1}{r_s}\sum_{i=1}^{r}\sum_{j=1}^{s} X_{ij}$$

$$\overline{X_{i.}} = \frac{1}{s}\sum_{j=1}^{s} X_{ij}$$

$$\overline{X_{.j}} = \frac{1}{r}\sum_{i=1}^{r} X_{ij}$$

当 H_{01} 成立时，构造检验统计量：

$$F_A = \frac{SSA/(r-1)}{SSE/[(r-1)(s-1)]} \sim F(r-1,(r-1)(s-1))$$

当 H_{02} 成立时，构造检验统计量：

$$F_B = \frac{SSB/(r-1)}{SSE/[(r-1)(s-1)]} \sim F(s-1,(r-1)(s-1))$$

当考虑交互作用时，每组数据要去多个样本观测值，假定：

$$x_{ijk} \sim N(\mu_{ij},\delta^2), i=1,\ldots,r, j=1,\ldots,s, k=1,\ldots,t$$

且各 x_{ijk} 相互独立，数据可以拆分为：

$$\begin{cases} x_{ijk} = \mu + \alpha_i + \beta_j + \delta_{ij} + \varepsilon_{ijk} \\ \qquad \varepsilon_{ijk} \sim N(0,\delta^2), \text{且相互独立} \end{cases}$$

判断因素 A 和因素 B 以及交互作用的影响是否显著等价于以下假设：

$$H_{01}:\alpha_1=\alpha_2=\ldots=\alpha_r=0, H_{11}:\alpha_1,\alpha_2,\ldots,\alpha_r \text{ 不全为0}$$

$$H_{02}:\beta_1=\beta_2=\ldots=\beta_s=0, H_{12}:\beta_1,\beta_2,\ldots,\beta_s \text{ 不全为0}$$

$$H_{03}:\delta_{ij}=0, H_{13}:\delta_{ij} \text{ 不全为0}$$

参数估计以及 F 统计量的构造同上。

6.2.2 综合案例：不同剂量下老鼠妊娠重量的差异性分析

在 R 语言中，实现双因素方差分析的函数与实现单因素方分析的函数一致，可以使用函数 aov()和函数 anova()，不同之处在于模型公式的设定，双因素方差分析的模型公式应设定为“X~A+B”或“X~A*B”的形式，后者表示考虑因素 A 和 B 的交互作用。

下面利用程辑包 multcomp 中的 litter 数据集进行操作演练，该数据集是关于老鼠妊娠重量的剂量反映的研究数据，共有 74 行观测值和 4 列变量，列变量包括：剂量等级（dose），共有 4 个等级，分别为 0, 5, 50,和 500；妊娠时间（gesttime），作为协变量，共有四个水平，分别是 21.5、22、22.5 和 23；妊娠动物的个数（number），作为协变量；整个妊娠过程中出生的小鼠平均重量（weight）。数据的基本情况如下：

```
> library(multcomp)
> data(litter)
> dim(litter)
[1] 74  4
> head(litter)
```

```
  dose weight gesttime number
1    0 28.05     22.5     15
2    0 33.33     22.5     14
3    0 36.37     22.0     14
4    0 35.52     22.0     13
5    0 36.77     21.5     15
6    0 29.60     23.0      5
> summary(litter)
  dose        weight          gesttime          number
 0  :20   Min.   :19.22   Min.   :21.50   Min.   : 5.00
 5  :19   1st Qu.:27.77   1st Qu.:21.50   1st Qu.:12.00
 50 :18   Median :30.76   Median :22.00   Median :14.00
 500:17   Mean   :30.33   Mean   :22.09   Mean   :13.43
          3rd Qu.:33.30   3rd Qu.:22.50   3rd Qu.:15.00
          Max.   :38.75   Max.   :23.00   Max.   :17.00
> table(litter$gesttime)

21.5   22 22.5   23
  20   24   27    3
> aggregate(weight,by=list(litter$dose),FUN=mean)
  Group.1        x
1       0 32.30850
2       5 29.30842
3      50 29.86611
4     500 29.64647
> aggregate(weight,by=list(litter$dose),FUN=sd)
  Group.1        x
1       0 2.695119
2       5 5.092352
3      50 3.762529
4     500 5.404372
> par(mfrow=c(1,2))
> boxplot(weight~dose,data=litter,col=2:5,main="按变量dose分组")
>boxplot(weight~gesttime,data=litter,col=2:5,main="按变量gesttime分组")
```

上述代码表示：利用函数 summary()对数据集进行描述性统计，发现变量 dose 的 4 个不同水平的数量不相等，分别为 20、19、18 和 17；需要注意的是，原始数据中变量 gesttime 中存储的数据类型为数值型，故利用函数 table()统计该变量 4 个水平的数据量，发现妊娠时间为 21.5、22、22.5 和 23 的老鼠数量分别为 20、24、27 和 30；利用函数 aggregate()对变量 weight 进行分组统计，并计算每一组的均值和方差，分组依据为变量 dose 的 4 个水平，并根据两个协变量的不同分组绘制变量 weight 的箱线图，结果如图 6.2 所示。

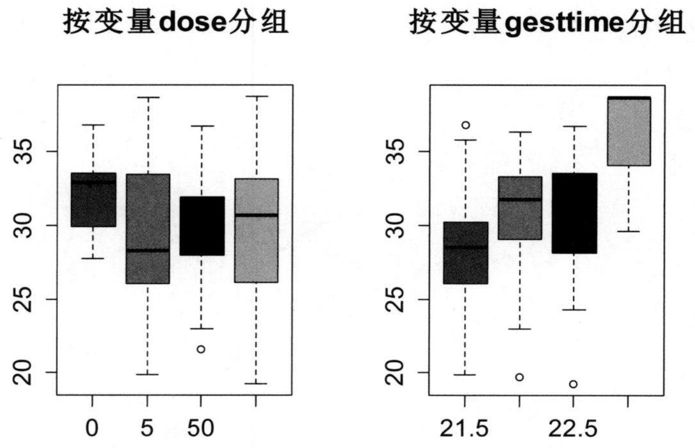

图 6.2　变量 weight 在不同分组下的箱线图

下面对数据进行方差齐性检验，由于原始变量 gesttime 的数据类型为数值型，在进行方差齐性检验的时候需要将其转换为因子型，具体操作如下：

```
> bartlett.test(weight~as.factor(gesttime),data=litter)

   Bartlett test of homogeneity of variances

data:  weight by as.factor(gesttime)
Bartlett's K-squared = 0.26778, df = 3, p-value = 0.966

> bartlett.test(weight~dose,data=litter)

   Bartlett test of homogeneity of variances

data:  weight by dose
Bartlett's K-squared = 9.6497, df = 3, p-value = 0.02179
```

输出结果显示：变量 gesttime 的值为 0.966，大于给定的显著性水平 0.05，故不能拒绝原假设，即认为不同水平下的数据是等方差的，然而变量 dose 的 p 值为 0.02179，没有通过检验。

接下来对数据进行方差分析，分别按照不考虑变量 gesttime 和 dose 的交互作用和考虑其交互作用进行分析。

```
> fit1<-aov(weight~gesttime+dose,data=litter)
> summary(fit1)
            Df Sum Sq Mean Sq F value  Pr(>F)
gesttime     1  134.3  134.30   8.049 0.00597 **
dose         3  137.1   45.71   2.739 0.04988 *
Residuals   69 1151.3   16.69
---
Signif. codes:  0  '***'  0.001  '**'  0.01  '*'  0.05  '.'  0.1  ''  1
```

输出结果显示：在不考虑交互作用的情况下，协变量 gesttime 和 dose 的检验 p 值均小于给定的显著性水平 0.05，故拒绝原假设，即认为变量 gesttime 和 dose 对变量 weight 的影响均为显著的。

```
> fit2<-aov(weight~gesttime*dose,data=litter)
> summary(fit2)
              Df Sum Sq Mean Sq F value  Pr(>F)
gesttime       1  134.3  134.30   8.289 0.00537 **
dose           3  137.1   45.71   2.821 0.04556 *
gesttime:dose  3   81.9   27.29   1.684  0.17889
Residuals     66 1069.4   16.20
---
Signif. codes:  0 '***' 0.001 '**' 0.01 '*' 0.05 '.' 0.1 '' 1
```

上述代码表示：在考虑交互作用的情况下进行方差分析，结果显示：交互作用项的 p 值为 0.17889 ，大于给定的显著性水平 0.05，故不认为交互项对变量 weight 的影响是显著的，该交互项可以删除。

交互作用的效果还可以进行可视化展示图，利用程辑包 HH 中的函数 interaction2wt() 即可，其函数的用法与函数 aov()类似，具体操作代码如下：

```
> install.packages("HH")
> library(HH)
> interaction2wt(weight~gesttime*dose,data=litter)
```

结果如图 6.3 所示。主要看图形的第一、四象限的曲线是否存在明显相交的情况，若存在，则说明两因素间的交互作用显著，否则认为不显著，本图中第一、四象限的曲线有一定的相交，说明在后续的方差分析中需要添加交互项，但是根据前面的分析结果，交互项并没有通过检验，即交互项的作用并不明显。

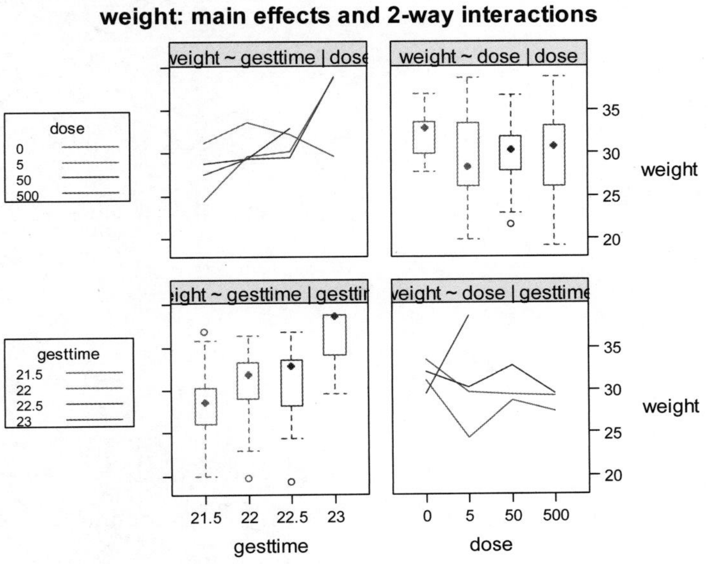

图 6.3　方差分析交互作用的可视化展示

此外，程辑包 HH 中还提供其他可视化工具，如函数 ancova()等，后续介绍中将会用到该函数。

6.3 协方差分析

在前面的介绍中，方差分析的变量是可控的，但实践中往往存在不可控制或者难以控制的因素，在一项试验中，即使少许的不可控因素也会给分析带来很多麻烦，解决此类问题的方法即为协方差分析，本节将对该方法进行详细介绍。

6.3.1 模型简介

假设试验中只有一个因素 A 在变化，因素 A 有 r 个水平 $A_1,A_2,...,A_r$，与之相关的仅有一个协变量，在水平 A_i 下进行 n_i 次独立观测，得到数据 (x_{ij},y_{ij})，则协方差模型表达为：

$$\begin{cases} y_{ij}=\mu+\alpha_i+\beta(x_{ij}-\bar{x})+\varepsilon_{ij} \\ \varepsilon_{ij}\sim N(0,\delta^2), \text{且相互独立} \end{cases}$$

其中，μ 表示总平方和的均值，α_i 表示因素 A 的第 i 个水平的效应，β 表示 y 对 x 的线性回归系数，ε_{ij} 为随机误差，$\bar{x}$ 为 x_{ij} 总和的均值。

给定显著性水平，引入检验假设：

$$H_0:\alpha_1=\alpha_2=...=\alpha_r=0,H_1:\alpha_1,\alpha_2,...,\alpha_r \text{ 不全为0}$$

同样地，当检验的 p 值小于显著性水平时，拒绝原假设，即认为各水平之间存在显著差异。

6.3.2 函数介绍

R 语言中用于进行协方差分析的函数是 ancova()，正如前面所提到的，该函数同样存在于程辑包 HH 中，其基本书写格式为：

```
ancova(formula, data.in = NULL,x, groups, ...)
```

参数介绍：

- Formula：指定用于协方差分析的公式；
- Data.in：一个数据框，指定用于协方差分析的数据对象；
- x：指定协方差分析中的协变量，若在作图时参数 formula 中没有 x 则需要将其指定出来；

- groups：一个因子，在参数 formula 的条件项中没有 groups 时则需要将其指定出来。

6.3.3　综合案例：hotdog 数据集的协方差分析

下面利用程辑包 HH 中的数据集 hotdog 进行操作演练，该数据集包含 53 个观测值，每个观测值中含有 3 个变量，分别为：种类（Type）、卡路里含量（Calories）和钠含量（Sodium），其中变量 Type 为分类变量，共包含 Beef、Meat 和 Poultry 3 个类别。

```
> data(hotdog)
> dim(hotdog)
[1] 54  3
> head(hotdog)
  Type Calories Sodium
1 Beef      186    495
2 Beef      181    477
3 Beef      176    425
4 Beef      149    322
5 Beef      184    482
6 Beef      190    587
> table(hotdog$Type)

   Beef    Meat Poultry
     20      17      17
>summary(hotdog)
      Type        Calories          Sodium
 Beef    :20   Min.    : 86.0    Min.   :144.0
 Meat    :17   1st Qu.:132.0    1st Qu.:362.5
 Poultry:17   Median :145.0    Median :405.0
               Mean    :145.4    Mean   :424.8
               3rd Qu.:172.8    3rd Qu.:503.5
               Max.    :195.0    Max.   :645.0
```

下面利用该数据集进行协方差分析，由于 hotdog 中肉质的种类可以认为控制，但是肉质的卡路里是难以控制的，故考虑将 Sodium 作为响应变量，Calories 作为协变量进行协方差分析：

```
> ancova(Sodium ~ Calories,data=hotdog, groups=Type)
Analysis of Variance Table

Response: Sodium
          Df Sum Sq Mean Sq F value    Pr(>F)
Calories   1 106270  106270  14.515 0.0003693 ***
Residuals 52 380718    7321
---
Signif. codes:  0  '***'  0.001  '**'  0.01  '*'  0.05  '.'  0.1  ''  1
```

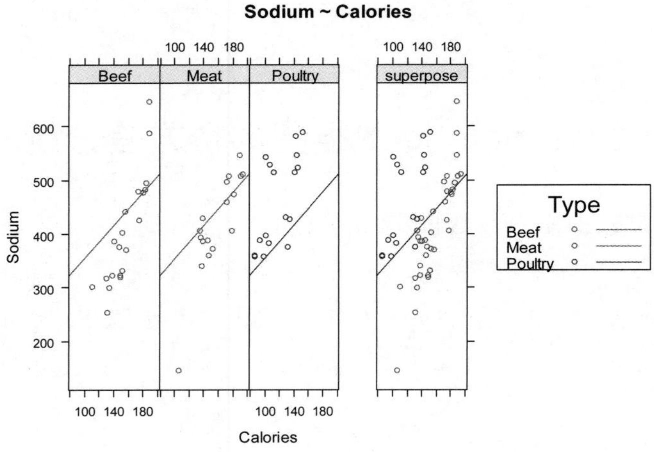

图 6.4　协方差分析的可视化（1）

由输出结果可知，*p* 值为 0.0003693，小于显著性水平 0.05，故不同卡路里含量下的钠含量具有显著差异。需要注意的是，函数 ancova()的输出结果包括图 6.4，从图 6.4 中可以看出，直线通过了以变量 Type 的不同水平划分的所有组。

若同时考虑变量 Type 和 Calories 进行协方差分析，具体操作命令为；

```
> ancova(Sodium ~ Calories + Type, data=hotdog)
Analysis of Variance Table

Response: Sodium
          Df Sum Sq Mean Sq F value    Pr(>F)
Calories   1 106270  106270  34.654 3.281e-07 ***
Type       2 227386  113693  37.074 1.336e-10 ***
Residuals 50 153331    3067
---
Signif. codes:  0 '***' 0.001 '**' 0.01 '*' 0.05 '.' 0.1 '' 1
```

输出结果显示：变量 Type 和 Calories 均通过了检验，根据图 6.5 的可视化展示可知，肉质为 Beef 的热狗中卡路里和钠的含量与另外两种肉质的相应含量有显著差异。

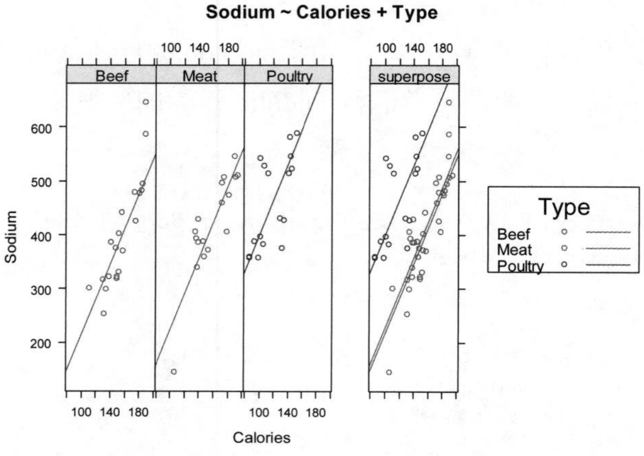

图 6.5　协方差分析的可视化（2）

第 7 章

主成分分析和因子分析

在大数据时代，进行数据分析和挖掘工作的时候往往会与高维数据“打交道”，即数据中的变量非常多，高维数据不仅仅会带来前文中提到的“多重共线性”问题，还会为后续的分析带来困扰，如影响统计结果的真实性和科学性，而根本原因就在于数据的维数较大，为解决此类问题，尽量避免信息重叠并减轻工作量，下面将介绍用于“降维”的几种方法。

7.1 降维的基本方法：主成分分析

在“降维”的方法中，首先需要介绍的是主成分分析，该方法是降维的最基本方法，在原始数据的信息损失较小的情况下，利用少数的不相关的综合变量来替代较多的原始变量。下面将对该方法进行详细介绍。

7.1.1 理论基础：原始变量的线性组合

主成分分析法的基本思想为：根据数据中多个变量（指标）间的联系，找出其中的某种线性组合，将较多的原始变量利用线性关系组合成少数的综合变量；简而言之，主成分就是原始变量的线性组合。该概念最先由 Pearson（1901）提出，后来被 Hotelling（1933）进行扩展，将其推广到随机变量之中。

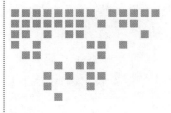

主成分分析数学模型中的正交变换，在几何上就是作一个坐标旋转。因此，主成分分析在二维空间中有明显的几何意义。假设共有 n 个样品，每个样品都测量了两个

指标（X_1，X_2），它们大致分布在一个椭圆内，如图 7.1 所示。事实上，散点的分布总有可能沿着某一个方向略显扩张，这个方向就把它看作椭圆的长轴方向。显然，在坐标系 x_1Ox_2 中，单独看这 n 个点的分量 X_1 和 X_2，它们沿着 x_1 方向和 x_2 方向都具有较大的离散性，其离散的程度可以分别用的 X_1 方差和 X_2 的方差测定。如果仅考虑 X_1 或 X_2 中的任何一个分量，那么包含在另一分量中的信息将会损失，因此，直接舍弃某个分量不是“降维”的有效办法。

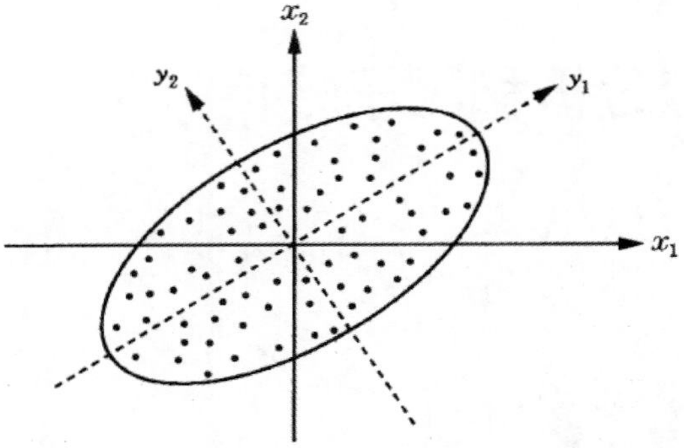

图 7.1　主成分的几何意义

如果将该坐标系按逆时针方向旋转某个角度变成新坐标系 y_1Oy_2，其中 y_1 表示椭圆的的长轴方向，y_2 表示椭圆的短轴方向，旋转公式为：

$$\begin{cases} Y_1 = X_1\cos\theta + X_2\sin\theta \\ Y_2 = X_1\sin\theta + X_2\cos\theta \end{cases}$$

不难发现新变量 Y_1 和 Y_2 均为原始变量 X_1 和 X_2 的线性组合，矩阵表示形式为：

$$\begin{pmatrix} Y_1 \\ Y_2 \end{pmatrix} = \begin{pmatrix} \cos\theta & \sin\theta \\ -\sin\theta & \cos\theta \end{pmatrix} \begin{pmatrix} X_1 \\ X_2 \end{pmatrix} = T'X$$

其中，T'为旋转变换矩阵，也是正交矩阵。

可以看出，n 个点在新坐标系下的坐标 Y_1 和 Y_2 几乎不相关，称它们为原始变量 X_1 和 X_2 的综合变量，n 个点 y_1 在轴上的方差达到最大，即在此方向上包含了有关 n 个样品的最大量信息。因此，欲将二维空间的点投影到某个一维方向上，则选择 y_1 轴方向能使信息的损失最小。称 Y_1 为第一主成分，称 Y_2 为第二主成分。第一主成分的效果与椭圆的形状有很大的关系，椭圆越是扁平，n 个点在 y_1 轴上的方差就相对越大，在 y_2 轴上的方差就相对越小，用第一主成分代替所有样品所造成的信息损失也就越小。

主成分和原始变量间的关系如下：

- 主成分保留了原始变量的绝大部分信息；
- 主成分个数远少于原始变量的个数；
- 各主成分之间互不相关；

- 每个主成分均为原始变量的线性组合，一般来说，主成分的个数不超过 5 个。

7.1.2　模型介绍

设 $X=(X_1,X_2,...,X_P)'$ 为一个 p 维随机变量，并假设存在二阶矩，其均值向量与协方差阵分别为：

$$\mu=E(X),\sum=D(X)$$

考虑如下线性变换：

$$\begin{cases}Y_1=t_{11}X_1+t_{12}X_2+...+t_{1P}X_P=T_1'X\\Y_1=t_{21}X_1+t_{22}X_2+...+t_{2P}X_P=T_2'X\\......\\Y_P=t_{P1}X_1+t_{P2}X_2+...+t_{PP}X_P=T_P'X\end{cases}$$

用矩阵表示为：

$$Y=T'X$$

其中：

$$Y=(Y_1,Y_2,...,Y_P),T=(T_1,T_2,...,T_P)$$

希望找到一组信的变量 $Y=(Y_1,Y_2,...,Y_m)',(m\leqslant p)$，这组新变量要求充分地发音原始变量 $X_1,X_2,...,X_p$ 的信息，且相互独立，则有：

$$D(Y_i)=D(T_i'X)=T_i'D(X)T_i'',i=1,2,...,m$$
$$Cov(Y_i,Y_k)=Cov(T_i'X,T_i'X)=T_i'Cov(X,X)T_k''=T_i'\sum T_k$$

这样，问题就转化为：在新的变量 $Y_1,Y_2,...,Y_m$ 相互独立的条件下，求 T_i 使得 $D(Y_i)$ 达到最大。

下面借助于投影寻踪（Project Pursuit）的思想来解决上述问题，需要注意的是，使得 $D(Y_i)$达到最大的线性组合，用常数乘以 T_i 后，$D(Y_i)$也随之增大，为了消除这种不确定性，不妨假设 T_i 满足 $T_i'T_i=1$，或者$|T_i|=1$，则有：

第一主成分 F_1 为：满足 $T_1'T_1=1$，使得 $D(Y_1)$达到最大的 Y_1；

第二主成分 F_2 为：满足 $T_2'T_2=1$，且 Cov(Y1,Y2)=0,使得 $D(Y_2)$达到最大的 Y_2；

以此类推...

第 k 主成分 F_k 为:$T_k'T_k=1$，且 $Cov(Y_k,Y_i)=0(i<k)$,使得 $D(Y_2)$达到最大的 Y_k。

根据统计学知识，令协方差阵的 p 个特征根分别为 $\lambda_1\geqslant\lambda_2\geqslant...\geqslant\lambda_p$，全部主成分的方差之和等于全部原始变量的方差之和，即：

$$\sum_{i=1}^{p}\text{var}(F_i)=\lambda_1+\lambda_2+...+\lambda_p=\sigma_{11}+\sigma_{22}+...+\sigma_{pp}$$

总方差中属于第 i 个主成分 F_i（或被 F_i 解释）的比例为：

$$\lambda_i / \sum_{i=1}^{p} \lambda_i$$

称为第 i 个主成分的贡献率，前 m 个主成分的累积贡献率为：

$$\sum_{i=1}^{m} \lambda_i / \sum_{i=1}^{p} \lambda_i$$

主成分分析的目的是选择尽量少的主成分来代替原始的 p 个变量，通常选择累积贡献率不小于 85%的前 m 个主成分，最常见的情况是 2~3 个主成分。

为更好地解释主成分，下面引入概念“载荷”，第 k 个主成分的表达式为：

$$F_k=t_1k_{x1}+t_2kx_2+\cdots\cdots+t_pk_{xp}$$

称 tik 为第 k 主成分 yk 在第 i 个原始变量 x_i 上的载荷，它度量了 x_i 对 yk 的重要程度。在解释主成分时，我们需要考察载荷，同时也应考察一下相关系数。方差大的那些变量与具有大特征值的主成分有较密切的联系，而方差小的另一些变量与具有小特征值的主成分有较强的联系。通常我们取前几个主成分，因此所取主成分会过于照顾方差大的变量，而对方差小的变量却照顾得不够。

在实际计算中，总体协方差阵是未知的，一般需要用到样本协方差阵（或相关阵）进行计算，设数据矩阵为：

$$X=\begin{pmatrix} x_1' \\ x_2' \\ \cdots \\ x_n' \end{pmatrix}=\begin{pmatrix} x_{11} & x_{12} & \cdots & x_{1p} \\ x_{21} & x_{22} & \cdots & x_{2p} \\ \cdots & \cdots & & \cdots \\ x_{n1} & x_{n2} & \cdots & x_{np} \end{pmatrix}$$

其中每一行对应一个样本，每一列对应一个指标（变量），则样本协差阵 S 为：

$$S=1/(n-1)(x_i-\bar{x})(x_i-\bar{x})'=(s_{ij})$$

又：存在正交阵 A，使得 $A^T SA=(\lambda_1,\lambda_2,\ldots\lambda_p)^T$，则有 Z=$XA$，称 A 为载荷矩阵，zij 为第 i 个样本在第 j 个主成分上的得分。

在主成分分析中，需要注意以下两点：

（1）首先应保证所提取的前几个主成分的累计贡献率达到一个较高的水平，其次对这些被提取的主成分必须都能够给出符合实际背景和意义的解释。

（2）主成分的解释其含义一般多少带有点模糊性，不像原始变量的含义那么清楚、确切，这是变量降维过程中不得不付出的代价。因此，提取的主成分个数 m 通常应明显小于原始变量个数 p（除非 p 本身较小），否则维数降低的“利”可能抵不过主成分含义不如原始变量清楚的“弊”。

7.1.3　函数介绍

在 R 语言中，用于完成主成分分析的函数是 princomp()，该函数有两种调用方式：

1．公式形式

基本语法为：

```
princomp(formula, data = NULL, subset, na.action, ...)
```

参数介绍：

- Formula：指定用于主成分的公示对象，类似于回归分析和方差分析中的公式对象，但无响应变量；
- Data：指定用于主成分分析的数据对象，一般为数据框；
- Subset：指定可选向量，表示选择的样本子集；
- Na.action：一个函数，指定缺失数据的处理方法，若为 NULL，则使用函数 na.omit() 删除缺失数据。

2．矩阵形式:

基本语法为：

```
princomp(x, cor = FALSE, scores = TRUE, covmat = NULL,
subset = rep_len(TRUE, nrow(as.matrix(x))), ...)
```

参数介绍：

- X：指定用于主成分分析的数据对象，一般为数值矩阵会数据框；
- Cor：逻辑值，指定主成分分析中采用的矩阵形式（相关矩阵或协方差阵），为 TRUE 表示用样本的相关矩阵做主成分分析，为 TALSE 表示用样本的协方差阵做主成分分析，默认值为 FALSE；
- Scores：逻辑值，指定是否计算各主成分的分量，即是否计算样本的主成分得分，默认值 TRUE；
- Covmat：指定协方差阵，或者为 cov.wt()提供的协方差列表，当数据不用参数 x 提供时，可由协方差阵提供；
- Subset：指定可选向量，表示选择的样本子集。

函数 princomp()的返回值为一个列表，包括：

- sdev 表示各主成分的标准差；
- loadings 表示载荷矩阵；
- center 表示各指标的样本均值；
- scale 表示各指标的样本标准差；
- n.obs 表示观测样本的个数；
- scores 表示主成分得分（当参数 scores=TRUE 时提供）。

此外，也可以利用其他函数来提取主成分分析的结果：

- 函数 summary()可用于提取主成分的信息；
- 函数 loadings()可用于提取载荷矩阵；
- 函数 predict()可用于计算主成分得分；
- 函数 screeplot()可用于绘制主成分的碎石图；
- 函数 biplot()可用于绘制数据关于主成分的散点图和原坐标在主成分下的方向。

7.1.4 综合案例：longley 数据集的变量降维及回归

下面利用第 5 章提到的 longley 数据集进行操作演练，该数据集收集了 1947 年至 1962 年 16 年的宏观经济数据，包含 7 个变量，分别为物价指数平减后的国民生产总值（GNP.deflator）、国民生产总值（GNP）、失业人数（Unemployed）、军队人数（Armed.Forces）、人口总量（Population）、年份（Year）和就业人数（Employed）。

```
> data(longley)
> summary(longley)
  GNP.deflator        GNP          Unemployed     Armed.Forces     Population
 Min.   : 83.00   Min.   :234.3   Min.   :187.0   Min.   :145.6   Min.   :107.6
 1st Qu.: 94.53   1st Qu.:317.9   1st Qu.:234.8   1st Qu.:229.8   1st Qu.:111.8
 Median :100.60   Median :381.4   Median :314.4   Median :271.8   Median :116.8
 Mean   :101.68   Mean   :387.7   Mean   :319.3   Mean   :260.7   Mean   :117.4
 3rd Qu.:111.25   3rd Qu.:454.1   3rd Qu.:384.2   3rd Qu.:306.1   3rd Qu.:122.3
 Max.   :116.90   Max.   :554.9   Max.   :480.6   Max.   :359.4   Max.   :130.1
      Year         Employed
 Min.   :1947   Min.   :60.17
 1st Qu.:1951   1st Qu.:62.71
 Median :1954   Median :65.50
 Mean   :1954   Mean   :65.32
 3rd Qu.:1958   3rd Qu.:68.29
 Max.   :1962   Max.   :70.55
> corr<-cor(longley)
> corrplot(corr)
```

该数据集的相关矩阵如图 7.2 所示。可以很直观地看出，数据存在多重共线性问题，下面计算方差膨胀因子(VIF)来判断各变量的共线性问题的严重性：

```
> library(car)
> vif(lm(Employed~.,data=longley))
GNP.deflator          GNP   Unemployed Armed.Forces   Population         Year
   135.53244   1788.51348     33.61889      3.58893    399.15102    758.98060
```

一般认为：

- 当 0<VIF<10，不存在多重共线性；

- 当 10≤VIF<100，存在较强的多重共线性；
- 当 VIF≥100，多重共线性非常严重。

上述输出结果显示：变量 GNP.deflator、GNP、Population 和 Year 存在严重的多重共线性。

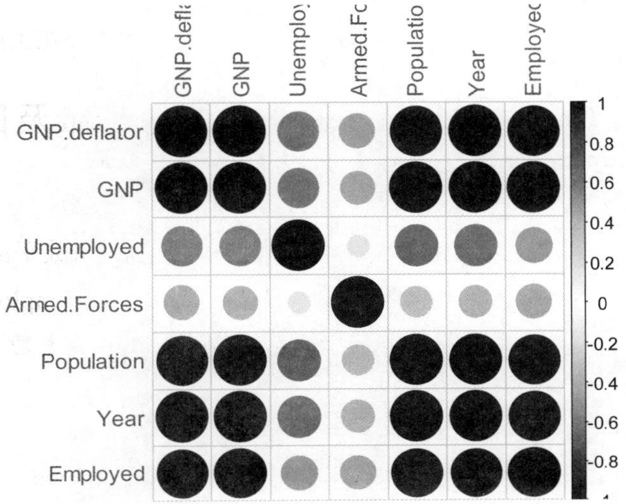

图 7.2　longley 数据集的相关矩阵图

为解决多重共线性问题，下面对数据集进行主成分分析，去掉响应变量后进行分析，具体操作代码如下：

```
> (pr1<-princomp(longley[,-7], cor = TRUE))
Call:
princomp(x = longley[, -7], cor = TRUE)

Standard deviations:
Comp.1 Comp.2 Comp.3 Comp.4 Comp.5 Comp.6
2.1455 1.0841 0.4510 0.1222 0.0505 0.0194

 6  variables and  16 observations.
> summary(pr1)
Importance of components:
                        Comp.1 Comp.2 Comp.3  Comp.4   Comp.5   Comp.6
Standard deviation      2.146  1.084 0.4510 0.12218 0.050518 1.94e-02
Proportion of Variance  0.767  0.196 0.0339 0.00249 0.000425 6.28e-05
Cumulative Proportion   0.767  0.963 0.9970 0.99951 0.999937 1.00e+00
```

上述输出结果中：

- Standard deviation 表示主成分的标准差，即特征值的开平方；
- Proportion of Variance 表示每个主成分的贡献率；

- Cumulative Proportion 表示主成分的累计贡献率，通常情况下，参考该参数的值进行主成分的选择，一般选择累计贡献率超 85%的主成分，在本案例中，前两个主成分的累计贡献率已经达到 96%，即前两个主成分能解释原始变量 96%的信息，故应选择前两个主成分，剔除后面的 5 个主成分，达到了降维的目的。

下面利用函数 loadings()输出载荷矩阵：

```
> loadings(pr1)

Loadings:
             Comp.1 Comp.2 Comp.3 Comp.4 Comp.5 Comp.6
GNP.deflator -0.462         0.149  0.793 -0.338  0.135
GNP          -0.462         0.278 -0.122  0.150 -0.818
Unemployed   -0.321 -0.596 -0.728                -0.107
Armed.Forces -0.202  0.798 -0.562
Population   -0.462         0.196 -0.590 -0.549  0.312
Year         -0.465         0.128         0.750  0.450

               Comp.1 Comp.2 Comp.3 Comp.4 Comp.5 Comp.6
SS loadings     1.000  1.000  1.000  1.000  1.000  1.000
Proportion Var  0.167  0.167  0.167  0.167  0.167  0.167
Cumulative Var  0.167  0.333  0.500  0.667  0.833  1.000
```

根据上述输出结果，可以得到主成分与原始变量的线性关系：

第一主成分：F_1=-0.462*GNP.deflator-0.462*GNP-0.321*Unemployed-0.202*Armed.Forces-0.462*Population-0.465*Year

第二年主成分：F_2=-0.596*Unemployed+0.798*Armed.Forces

下面对选择的主成分进行命名，主成分命名的原则应注意以下几点：

- 由于主成分中包含不同变量的信息，在进行命名时需要综合考虑不同变量的信息；
- 需注意上述线性关系中系数的符号和绝对值大小。

基于上述原则，第一主成分对应系数的符号相同，均为负号，除变量 Unemployed 和 Armed.Forces 以外，其他原始变量的系数绝对值均为 0.5 左右，故第一主成分反映了经济的萧条程度，经济越萧条，F_1 的取值越大，各原始变量的取值越小；反之，经济越不萧条，F_1 的取值越小，各原始变量的取值越大。

第二主成分主要与原始变量 Unemployed 和 Armed.Forces 有关，且变量 Unemployed 对应的系数为负，Armed.Forces 对应的系数为正，系数的绝对值均大于 0.5，故第二主成分反映了军备程度，军备程度越高，F_2 的取值越大，失业人数越小，且军队人数越多；反之，军备程度越低，F_2 的取值越小，失业人数越多，军队人数越少。

尽管上述分析对两个主成分进行了命名，但命名结果还是不能很好地解释原始变量的信息，因为主成分命名本身就具有较大的难度，我们能做到的就是尽量全面地涵盖原始变量的信息。

下面是利用函数 predict()输出主成分的得分：

```
> predict(pr1)
       Comp.1 Comp.2  Comp.3   Comp.4   Comp.5   Comp.6
1947  3.5929 -0.776  0.3180 -0.16962 -0.00909  0.00266
1948  3.1092 -0.877  0.6633  0.13005 -0.06357  0.01237
1949  2.4201 -1.591 -0.5096 -0.00911 -0.00593  0.00523
1950  2.1626 -1.318 -0.1149 -0.06327  0.06387 -0.01413
1951  1.4854  1.276 -0.0300  0.10066 -0.05397 -0.04408
1952  1.0434  1.985 -0.1665  0.04791 -0.03825 -0.01317
1953  0.7255  1.973  0.0693 -0.07322 -0.02243  0.03281
1954 -0.0336  0.612 -1.0731 -0.06729  0.00233  0.01724
1955 -0.1028  0.716 -0.1008 -0.10443  0.10205 -0.01954
1956 -0.4642  0.566  0.3026  0.01814  0.08651  0.01460
1957 -0.9864  0.444  0.4598  0.12324  0.02447  0.02804
1958 -1.8767 -0.891 -0.6996  0.19320 -0.02238  0.00837
1959 -2.0036 -0.399  0.2747  0.14864  0.03789 -0.02430
1960 -2.4386 -0.515  0.3777  0.06362  0.01677  0.00450
1961 -3.1790 -1.022 -0.2086 -0.07034 -0.05828 -0.00137
1962 -3.4545 -0.182  0.4378 -0.26819 -0.06000 -0.00924
> sort(predict(pr1)[,1],decreasing = T)
   1947    1948    1949    1950    1951    1952    1953    1954    1955    1956
 1957    1958
  3.5929  3.1092  2.4201  2.1626  1.4854  1.0434  0.7255 -0.0336 -0.1028
-0.4642 -0.9864 -1.8767
    1959    1960    1961    1962
 -2.0036 -2.4386 -3.1790 -3.4545
> sort(predict(pr1)[,2],decreasing = T)
  1952   1953   1951   1955   1954   1956   1957   1962   1959   1960   1947
1948   1958
 1.985  1.973  1.276  0.716  0.612  0.566  0.444 -0.182 -0.399 -0.515
-0.776 -0.877 -0.891
  1961   1950   1949
-1.022 -1.318 -1.591
```

从第一主成分来看，1947、1948 和 1949 年的得分较高，说明那几年的经济较为萧条；得分较低的是 1960、1961 和 1962 年，说明那几年的经济形式较好。

从第二主成分来看，1952、1953 和 1951 年的得分较高，说明那几年的军备情况较好；1961、1950 和 1949 年的得分较低，说明那几年的军备情况较差。

下面利用函数 screeplot()绘制主成分的碎石图：

```
> screeplot(pr1,type="lines",main="")
```

绘图形式选择的是折线图，结果如图 7.3 所示。碎石图展现的是各主成分没有解释到原始数据信息的情况，折线图越靠近 x 轴，说明主成分解释原始变量的信息越多。

可以看出，选择前两个主成分是合理的。

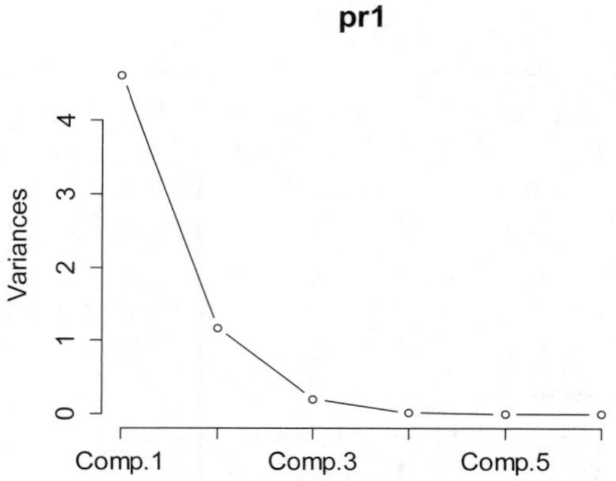

图 7.3　主成分的碎石图展示

下面利用函数 biplot()绘制双坐标图，默认情况下，该函数绘制第一、二主成分样本散点图和原始坐标在第一、二主成分下的方向。

```
> biplot(pr1)
```

结果如 7.4 所示。从图中可以看出：1947 年至 1962 年的经济形式和军备程度，如 1947、1948、1949 和 1950 年的经济形势较为萧条；1960、1961 和 1962 年的经济形势较好。

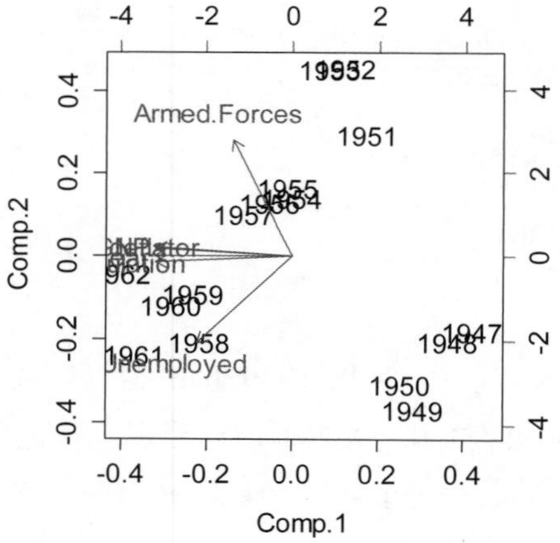

图 7.4　主成分分析的双坐标图

7.1.5　综合案例：longley 数据集的变量降维及回归（主成分回归）

在回归分析部分曾提到过，当解释变量出现多重共线性时，经典的回归法的回归效果一般较差，需要采用其他的回归法，而本节将介绍另一个解决方法——主成分回归，该方法是基于主成分分析的结果，然后对选择的主成分进行回归，下面将进行详细介绍。

由于前三个主成分的累计贡献率为 99.7%，故此处将前三个主成分提出来，然后合并到 longley 数据集中：

```
> pre1<-predict(pr1)
> longley$F1<-pre1[,1]
> longley$F2<-pre1[,2]
> longley$F3<-pre1[,3]
下面进行回归分析：
> lm.pr1<-lm(Employed~F1+F2+F3,data=longley)
> summary(lm.pr1)

Call:
lm(formula = Employed ~ F1 + F2 + F3, data = longley)

Residuals:
    Min      1Q  Median      3Q     Max
-0.7202 -0.1780 -0.0407  0.1134  1.0769

Coefficients:
            Estimate Std. Error t value Pr(>|t|)
(Intercept)  65.3170     0.1163  561.70  < 2e-16 ***
F1          -1.5154     0.0542  -27.96  2.7e-12 ***
F2           0.3794     0.1073    3.54   0.0041 **
F3           1.8013     0.2578    6.99  1.5e-05 ***
---
Signif. codes:  0 '***' 0.001 '**' 0.01 '*' 0.05 '.' 0.1 ' ' 1

Residual standard error: 0.465 on 12 degrees of freedom
Multiple R-squared:  0.986,Adjusted R-squared:  0.982
F-statistic:  281 on 3 and 12 DF,  p-value: 2.23e-11
```

由输出结果可知:回归系数和回归方程均通过了显著性检验,且 Adjusted R-squared 的值为 0.982，不难发现利用前三个主成分做回归分析保留了原始变量绝大部分的信息。回归方程可表示为：

$$\text{Employe}=65.3170-1.5154*F_1+0.3794*F_2+1.8013*F_3$$

需要注意的是，上述方程表示响应变量 Employe 与三个主成分之间的关系，应用起来不太方便，需要将其表示为响应变量与原始解释变量之间的关系，具体操作命令如下：

```
> beta<-coef(lm.pr1)
> A<-loadings(pr1)[,1:3]
> x.mean<-pr1$center
```

```
> x.sd<-pr1$scale
> coef<-A%*%beta[2:4]/x.sd
> beta0<-beta[1]-x.mean%*%coef
> c(beta0,coef)
[1] -3.59e+02  9.48e-02  1.27e-02 -1.16e-02 -5.99e-03  1.54e-01  2.03e-01
```

上述代码计算了回归方程的截距项 beta0，以及 6 个解释变量的系数 coef，故回归方程可表示为：

Employe=-359+0.0948*GNP.deflator+0.0127*GNP-0.0116*Unemployed
-0.00599*Armed.Forces+0.154*Population+0.203*Year

7.2 推广发展：因子分析

7.2.1 理论基础：多个变量综合为少数因子

对数据进行“降维”的另一种方法是因子分析，它是主成分分析的推广和发展，也是研究相关矩阵或协方差阵的内部依赖关系，其思想在于：将多个变量综合为少数几个因子，以再现原始变量与因子之间的关系。

主成分分析和探索性因子分析均是用来探索和简化多变量复杂关系的常用方法，它们之间有联系也有区别。主成分分析（PCA）是一种数据降维方法，它能将大量相关变量转化为一组很少的不相关变量，这些无关变量称为主成分。例如，使用 PCA 可将 30 个相关的环境变量转化为少数几个个无关的成分变量，并且尽可能地保留原始数据集的信息。相对而言，探索性因子分析（EFA）是一系列用来发现一组变量的潜在结构的方法。它通过寻找一组更小的、潜在的或隐藏的结构来解释已观测到的、显式的变量间的关系。

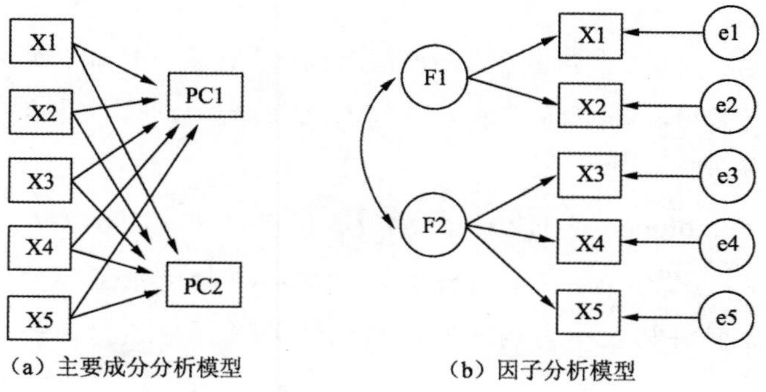

图 7.5 主成分分析与因子分析的区别

从图 7.5 可以看出，主成分 PC1 和 PC2 是观测变量 X1 到 X5 的线性组合。形成线性组合的权重都是通过最大化各主成分所解释的方差来获得，同时还要保证个主成分间不相关。相反，因子 F_1 和 F_2 被当作是观测变量的结构基础或“原因”，而不是它们的线性组合。代表观测变量方差的误差 e1 到 e5）无法用因子来解释。图中的圆圈表示因子和误差无法直接观测，但是可通过变量间的相互关系推导得到。在本例中，因子间带曲线的箭头表示它们之间有相关性。在 EFA 模型中，相关因子是常见的，但并不是必需的。

EFA 的目标是通过发掘隐藏在数据下的一组较少的、更为基本的无法观测的变量，来解释一组可观测变量的相关性。这些虚拟的、无法观测的变量称作因子。每个因子被认为可解释多个观测变量间共有的方差，故也称作公共因子。

总结主成分分析与因子分析的区别，主要有以下几点：

（1）主成分分析不能作为一个模型来描述，它只是一种变量变换，而因子分析需要构造因子模型；

（2）主成分分析中主成分的个数和变量个数 p 相同，是将一组具有相关关系的变量变换为一组互不相关的变量，而因子分析的目的在于尽可能使用少的公因子，构造一个结构简单的因子模型；

（3）主成分分析是将主成分表示为原始变量的线性组合，而因子分析是将原始变量表示为公因子和特殊因子的线性组合，用虚拟的公因子来解释相关阵的内部依赖关系。

7.2.2 模型介绍

设 $X_i(i=1,2,...,p)$ 是可观测的随机变量，则因子分析的一般模型为：

$$X_i = \mu_i + a_{i1}F_1 + ... + a_{im}F_m + \varepsilon_i, (m \leqslant p)$$

称为 $F_1,F_2,...,F_m$ 为公共因子，是不可观测的变量，他们的系数称为因子载荷。ε_i 是特殊因子，是不能被前 m 个公共因子包含的部分。并且满足：$\mathrm{cov}(F,\varepsilon)=0, F$与$\varepsilon$不相关

即 $F_1,F_2,...F_m$ 互不相关且方差为 1。而残差满足 $\varepsilon_i \sim N(0,\sigma_i^2)$，即残差互不相等且残差的方差也不一定相等。

将上述模型表示为矩阵的形式：

$$X - \mu = AF + \varepsilon, E(F) = 0$$
$$E(\varepsilon) = 0, Var(F) = I$$

协方差阵和残差的方差分别表示为：

$$\mathrm{cov}(F,\varepsilon) = E(F,\varepsilon') = \begin{pmatrix} E(F_1,\varepsilon_1) & E(F_1,\varepsilon_2) & ... & E(F_1,\varepsilon_P) \\ E(F_2,\varepsilon_1) & E(F_2,\varepsilon_2) & ... & E(F_2,\varepsilon_P) \\ ... & ... & & ... \\ E(F_P,\varepsilon_1) & E(F_P,\varepsilon_2) & ... & E(F_P,\varepsilon_P) \end{pmatrix} = 0$$

$$Var(\varepsilon)=diag(\sigma_1^2,\sigma_2^2,...,\sigma_p^2)$$

关于因子模型有如下几个性质：

（1）原始变量X的协方差矩阵的分解

$$X-\mu=AF+\varepsilon$$

$$Var(X-\mu)=AVar(F)A+Var(\varepsilon),\Sigma_Y=AA'+D$$

$$Var(\varepsilon)=D=diag(\sigma_1^2,\sigma_2^2,...,\sigma_p^2)$$

其中，A是因子模型的系数，D的主对角线上的元素值越小，则公共因子共享的成分越多。

（2）模型不受计量单位的影响

将原始变量X做变换：X*=CX，这里C＝diag($c_1,c_2,\cdots,c_n$),c_i>0

$$\begin{aligned}&C(X-\mu)=C(AF+\varepsilon)\\&CX=C\mu+CAF+C\varepsilon\\&X^*=C\mu+CAF+C\varepsilon\\&X^*=\mu^*+A^*F^*+\varepsilon^*,F^*=F\end{aligned}$$

同样有：

$$E(F^*)=0,E(\varepsilon^*)=0,Var(F^*)=I$$

$$Var(\varepsilon^*)=diag(\sigma_1^2,\sigma_2^2,...,\sigma_p^2)$$

$$\mathrm{cov}(F^*,\varepsilon^*)=E(F^*\varepsilon^{*'})=0$$

（3）因子载荷不是唯一的

假设 T 为一个 $p\times p$ 的正交矩阵，令 $A^*=AT$，$F^*=T'F$，则模型可以表示为 $X^*=\mu+A^*F^*+\varepsilon$

且满足条件因子模型的条件：

$$E(T'F)=0,E(\varepsilon)=0$$

$$Var(F^*)=Var(T'F)=T'Var(F)T=I$$

$$Var(\varepsilon)=diag(\sigma_1^2,\sigma_2^2,...,\sigma_p^2)$$

$$\mathrm{cov}(F^*,\varepsilon)=E(F^*\varepsilon')=0$$

因子载荷矩阵有如下几个统计特征：

（1）因子载荷 *aij* 的统计意义

因子载荷 *aij* 是第 i 个变量与第 j 个公共因子的相关系数，模型为：

$$X_i=a_{i1}F_1+...+a_{im}F_m+\varepsilon$$

在上式的左右两边乘以 F_j，再求数学期望，根据公共因子的模型性质，有：

$$\gamma_{x_iF_i} = \alpha_{ij}$$

即为载荷矩阵中第 i 行，第 j 列的元素，反映了第 i 个变量与第 j 个公共因子的相关重要性。绝对值越大，相关的密切程度越高。

（2）变量共同度的统计意义

变量 X_i 的共同度是因子载荷矩阵的第 i 行的元素的平方和。记为：

$$h_i^2 = \sum_{j=1}^{m} a_{ij}^2$$

对因子模型的两边求方差：

$$Var(X_i) = a_{i1}^2 Var(F_1) + \ldots + a_{im}^2 Var(F_m) + Var(\varepsilon)$$

$$\sum a_{ij}^2 + \sigma_i^2 = 1$$

所有的公共因子和特殊因子对变量 X_i 的贡献为 1。如果 $\sum a_{ij}^2$ 非常靠近 1，σ_i^2 非常小，则因子分析的效果好，从原变量空间到公共因子空间的转化性质好。

（3）公共因子 F_j 方差贡献的统计意义

因子载荷矩阵中各列元素的平方和：

$$q_j^2 = \sum a_{ij}^2$$

称为第 j 个公共因子 F_j 对所有分量 $X_i(i=1, 2, \ldots, p)$'的方差贡献和。衡量 F_j 的相对重要性。

7.2.3　函数介绍

在 R 语言中，用于完成因子分析的函数是 factanal()，该函数可以从样本、样本方差或样本协方差出发对数据做因子分析，采用极大似然法估计参数，还可以直接给出方差最大的载荷因子矩阵，其基本书写格式为:

```
    factanal(x, factors, data = NULL, covmat = NULL, n.obs = NA,subset, na.action,
start = NULL,
    scores = c("none", "regression", "Bartlett"),rotation = "varimax", control
= NULL, ...)
```

参数介绍：

- X：指定一因子分析的对象，可以为公式、数据矩阵和数据框；
- Factor：指定因子的个数；
- Data：数据框，当参数 x 为公式时使用；

- Covmat：指定样本协方差阵或样本相关矩阵；
- N.obs：整数，用于指定观测样本的个数；
- Subset：指定可选向量，表示选择的样本子集；
- Na.action：一个函数，指定缺失数据的处理方法，若为 NULL，则使用函数 na.omit()删除缺失数据；
- Start：指定特殊方差的初始值，可以为 NULL 或一个矩阵，默认值是 NULL；
- Scores：字符串，指定因子得分的计算方法，"none"表示不计算因子得分，"regression"表示用回归方法计算因子得分，"Bartlett"表示用 Bartlett 法计算因子得分，默认值为 none;
- Rotation：字符串，指定因子载荷矩阵的旋转方法，"varimax"表示方差最大旋转法，若为"none"则表示不做旋转；
- Control：模型中因子对照的列表，默认值为 NULL。

该函数的返回值为一个列表，其中包括：

- loadings 表示因子载荷阵；
- uniquensses 表示特殊方差；
- correlation 表示相关矩阵；
- criteria 表示优化结果，副对数似然函数值和函数梯度的调用次数；
- factors 表示因子数；
- dof 表示因子分析模型中的自由度；
- method 一般为“mle”，表示极大似然估计；
- rotmat 表示旋转矩阵；
- scores 表示因子得分矩阵；
- n.obs 表示样本的观测个数。

此外，也可以利用其他函数来提取因子分析的结果，函数 varimax()可用于完成因子载荷矩阵的旋转变换，其返回值为一个列表，其中包括旋转后的因子载荷阵和旋转矩阵；函数 promax()用于完成斜交变化，返回值与函数 varimax()基本一致，不同之处在于旋转矩阵不是正交阵。

7.2.4 综合案例：能力和智商测试的因子分析探索

下面利用 ability.cov 数据集进行实战演练，该数据集是关于能力和智商测试的数据，对 112 个个体进行 6 项测试，分别为：使用 Cattell 的文化公平测试（general）、图片完成测试（picture）、板块设计（blocks）、迷宫（maze）、阅读理解（reading）和词汇量（vocab），数据以列表的形式存储，其中包括 cov、center 和 n.obs 三个子列表。

```
> data("ability.cov")
> class(ability.cov)
```

```
[1] "list"
> ability.cov
$cov
        general picture  blocks   maze reading   vocab
general  24.641   5.991  33.520  6.023  20.755  29.701
picture   5.991   6.700  18.137  1.782   4.936   7.204
blocks   33.520  18.137 149.831 19.424  31.430  50.753
maze      6.023   1.782  19.424 12.711   4.757   9.075
reading  20.755   4.936  31.430  4.757  52.604  66.762
vocab    29.701   7.204  50.753  9.075  66.762 135.292

$center
[1] 0 0 0 0 0 0

$n.obs
[1] 112
```

下面将数据集中的协方差阵提取出来，并利用函数 cov2cor（）将其转换为相关矩阵：

```
> cova<-ability.cov$cov
> cova
        general picture  blocks   maze reading   vocab
general  24.641   5.991  33.520  6.023  20.755  29.701
picture   5.991   6.700  18.137  1.782   4.936   7.204
blocks   33.520  18.137 149.831 19.424  31.430  50.753
maze      6.023   1.782  19.424 12.711   4.757   9.075
reading  20.755   4.936  31.430  4.757  52.604  66.762
vocab    29.701   7.204  50.753  9.075  66.762 135.292
> corr<-cov2cor(cova)
> corr
          general   picture    blocks      maze   reading     vocab
general 1.0000000 0.4662649 0.5516632 0.3403250 0.5764799 0.5144058
picture 0.4662649 1.0000000 0.5724364 0.1930992 0.2629229 0.2392766
blocks  0.5516632 0.5724364 1.0000000 0.4450901 0.3540252 0.3564715
maze    0.3403250 0.1930992 0.4450901 1.0000000 0.1839645 0.2188370
reading 0.5764799 0.2629229 0.3540252 0.1839645 1.0000000 0.7913779
vocab   0.5144058 0.2392766 0.3564715 0.2188370 0.7913779 1.0000000
> library(corrplot)
> corrplot(corr)
```

绘制相关矩阵图，结果如图 7.6 所示。不难发现原始数据中存在多重共线性问题，为解决该问题，下面进行因子分析。

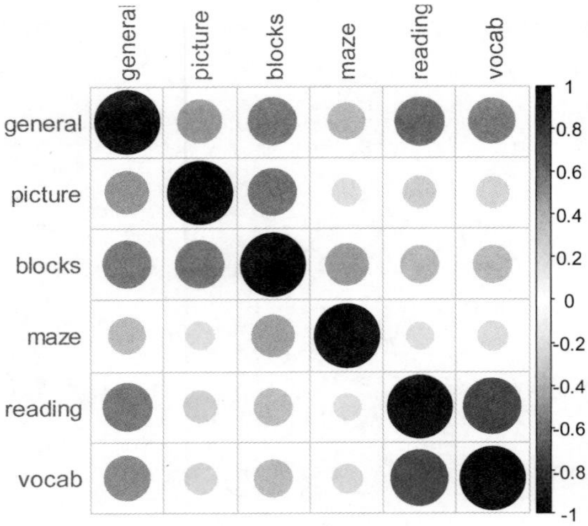

图 7.6　ability.cov 数据集的相关矩阵图

```
> (fa1<-factanal(covmat=corr,factors=2,rotation="none"))
Call:
factanal(factors = 2, covmat = corr, rotation = "none")

Uniquenesses:
general picture  blocks    maze reading   vocab
  0.455   0.589   0.218   0.769   0.052   0.334

Loadings:
        Factor1 Factor2
general  0.648   0.354
picture  0.347   0.538
blocks   0.471   0.748
maze     0.253   0.408
reading  0.964  -0.135
vocab    0.815

               Factor1 Factor2
SS loadings      2.420   1.162
Proportion Var   0.403   0.194
Cumulative Var   0.403   0.597

The degrees of freedom for the model is 4 and the fit was 0.0572
```

上述代码表示：采用未旋转的主轴迭代因子法进行因子分析，人为设定因子个数为 2；输出结果中：

- Uniquenesses 表示特殊方差；
- Loadings 为因子载荷矩阵；
- Factor1 和 Factor2 分别表示提取的第一主因子和第二主因子；

- SS loadings 表示公因子 F_i 对 6 个原始变量总方差贡献；
- Proportion Var 表示方差贡献率；
- Cumulative Var 表示累积方差贡献率。

若采用正交旋转和斜交旋转提取因子，输出结果有所变化，具体如下：

```
> update(fa1,factors=2,rotation = "varimax")#采用正交旋转提取因子

Call:
factanal(factors = 2, covmat = corr, rotation = "varimax")

Uniquenesses:
general picture  blocks    maze reading   vocab
  0.455   0.589   0.218   0.769   0.052   0.334

Loadings:
        Factor1 Factor2
general 0.499   0.543
picture 0.156   0.622
blocks  0.206   0.860
maze    0.109   0.468
reading 0.956   0.182
vocab   0.785   0.225

               Factor1 Factor2
SS loadings      1.858   1.724
Proportion Var   0.310   0.287
Cumulative Var   0.310   0.597

The degrees of freedom for the model is 4 and the fit was 0.0572
> update(fa1,factors=2,rotation = "promax")#采用斜交旋转提取因子

Call:
factanal(factors = 2, covmat = corr, rotation = "promax")

Uniquenesses:
general picture  blocks    maze reading   vocab
  0.455   0.589   0.218   0.769   0.052   0.334

Loadings:
        Factor1 Factor2
general  0.364  0.470
picture         0.671
blocks          0.932
maze            0.508
reading  1.023
vocab    0.811
```

```
                Factor1 Factor2
SS loadings       1.853   1.807
Proportion Var    0.309   0.301
Cumulative Var    0.309   0.610

Factor Correlations:
        Factor1 Factor2
Factor1   1.000   0.557
Factor2   0.557   1.000

The degrees of freedom for the model is 4 and the fit was 0.0572
```

输出结果显示：不同的因子旋转法得到的分析结果不同，需要注意的是，本例中均设定因子个数为 2，也可设定为 3，但是不能设置为 4 及其以上，否则 R 会报错，因为原始变量的个数为 6，超过 3 个的因子设定对于 6 来说太大了。

```
> update(fa1,factors=3,rotation = "promax")

Call:
factanal(factors = 3, covmat = corr, rotation = "promax")

Uniquenesses:
general picture  blocks    maze reading   vocab
  0.441   0.217   0.329   0.580   0.040   0.336

Loadings:
        Factor1 Factor2 Factor3
general  0.359   0.322   0.210
picture                  0.935
blocks           0.612   0.317
maze    -0.124   0.811  -0.199
reading  1.051  -0.113
vocab    0.810

               Factor1 Factor2 Factor3
SS loadings      1.912   1.153   1.063
Proportion Var   0.319   0.192   0.177
Cumulative Var   0.319   0.511   0.688

Factor Correlations:
        Factor1 Factor2 Factor3
Factor1   1.000   0.444   0.567
Factor2   0.444   1.000   0.622
Factor3   0.567   0.622   1.000

The degrees of freedom for the model is 0 and the fit was 0
> update(fa1,factors=4,rotation = "promax")
```

```
Error in factanal(factors = 4, covmat = corr, rotation = "promax") :
  4 factors are too many for 6 variables
```

上述代码表示：采用斜交变换法进行因子分析，分别设定因子个数为 3 和 4，输出结果显示：因子个数设定为 3 时累计方差贡献率为 0.688，而因子个数设定为 4 时软件报错。根据 loadings 的输出结果，原始变量与 3 个主因子之间的线性关系可表示为：

$$\text{general}=0.35F_1+0.322F_2+0.210F_3$$

$$\text{picture}=0.935F_3$$

$$\text{blocks}=0.612F_2+0.317F_3$$

$$\text{maze}=-0.124F_1+0.811F_2-0.199F_3$$

$$\text{reading}=1.051F_1-0.113F_2$$

$$\text{vocab}=0.810F_1$$

下面对提取出的因子进行命名：在第一主因子中，系数绝对值较大的变量为 reading 和 vocab，且高度正相关，故因子 F_1 反映的是阅读能力；在第二主因子中，系数绝对值较大的变量为 blocks 和 maze，且高度正相关，故因子 F_2 反映的是结构化思维能力；在第三主因子中，系数绝对值较大的变量为 picture，且高度正相关，故因子 F_2 反映的是结构化分析能力艺术敏感度。

第 8 章

判别分析

判别分析又称为线性判别分析（Linear Discriminant Analysis），产生于 20 世纪 30 年代，是利用已知类别的样本建立判别模型，为未知类别的样本判别的一种统计分析方法。判别分析的目的是对已知归类的数据建立由数值指标构成的归类规则，然后将该规则应用到未知归类的样品去归类。判别分析按照判别的组数来区分，可以分为两组判别分析和多组判别分析，下面将对该分析方法进行详细介绍。

8.1 距离判别法

判别分析的特点是根据已掌握的、历史上每个类别的若干样本的数据信息，总结出客观事物分类的规律性，建立判别公式和判别准则。在众多的判别准则中，常用的有距离判别、贝叶斯判别和 Fisher 判别等，首先介绍距离判别法。

8.1.1 理论基础：离谁近，就属于谁

距离判别的基本思想为：样品 X 离哪个总体的距离最近，就判断 X 属于哪个总体。然而距离应该怎样度量呢？下面利用一个例子对其进行解释：

已知有两个类 G_1 和 G_2，G_1 是设备 A 生产的产品，G_2 是设备 B 生产的同类产品。设备 A 的产品平均耐磨度为 80，方差为 0.25；设备 B 的平均耐磨度为 75，方差为 4。现在有一产品，测得耐磨度为 78，试判断该产品是哪一台设备生产的？

上述问题就是经典的距离判别问题，而距离的计算就是问题的关键，常见的距离

度量方法有马氏距离、欧式距离等，由于欧氏距离需要考虑量纲问题，而马氏距离与量纲无关且排除变量之间的相关性的干扰，故下面采用马氏距离，其计算公式如下：

设总体 G 为 m 元总体，其均值向量为 $\mu=(\mu_1,\mu_2,\ldots,\mu_m)^T$，协方差阵为 $\sum=(\sigma_{ij})_{m\times m}$，设 $X=(x_1, x_2, \ldots, xm)$，则样品 X 与总体 G 的马氏距离定义为：

$$d^2(X,G)=(X-\mu)^T\sum^{-1}(X-\mu)$$

1．两总体的距离判别

（1）方差相等

设有两个协差阵相同的 p 维总体，对给定的样本 Y，判别一个样本 Y 到底是来自于哪一个总体，一个最直观的想法是计算 Y 到两个总体的距离。故我们用马氏距离来指定判别规则，有：

$$\begin{cases} \mathrm{Y}\in G_1, & \text{如} d^2(\mathrm{Y},\ G_1)<d^2(\mathrm{Y},\ G_2), \\ \mathrm{Y}\in G_2, & \text{如} d^2(\mathrm{Y},\ G_2)<d^2(\mathrm{Y},\ G_1) \\ \text{待判}, & \text{如} d^2(\mathrm{Y},G_1)=d^2(\mathrm{Y},G_2) \end{cases}$$

$$\begin{aligned} & d^2(y,G_2)-d^2(y,G_1) \\ & =(y-\mu_2)'\sum^{-1}(y-\mu_2)-(y-\mu_1)'\sum^{-1}(y-\mu_1) \\ & =2(y-(\mu_1+\mu_2)/2)'\sum^{-1}(\mu_1-\mu_2) \\ & \text{令}:\overline{\mu}=(\mu_1+\mu_2)/2,\ \ \alpha=\sum^{-1}(\mu_1-\mu_2) \\ & \text{则}:\ W(y)=(y-\overline{\mu})'\alpha=\alpha'(y-\overline{\mu}) \end{aligned}$$

则前面的判别法表示为：

$$\begin{cases} \mathrm{Y}\in G_1, & \text{如} W(\mathrm{Y})>0, \\ \mathrm{Y}\in G_2, & \text{如} W(\mathrm{Y})<0。 \\ \text{待判}, & \text{如} W(\mathrm{Y})=0 \end{cases}$$

当 μ_1 和 μ_2 已知时，

$$W(y)=\alpha'(y-\overline{\mu})=\alpha'y-\alpha'\overline{\mu}$$

是一个已知的 p 维向量，W（y）是 y 的线性函数，称为线性判别函数。μ 称为判别系数。

当总体的均值、方差未知时，应该用样本均值和样本的协方差矩阵代替。步骤如下:

① 分别计算各组的离差矩阵 A_1 和 A_2；

② 计算；

$$\hat{\sum}=\frac{A_1+A_2}{n_1+n_2-2}$$

③ 计算类的均值；

$$\hat{\mu}_1=\bar{X}_1, \hat{\mu}_2=\bar{X}_2$$

④ 生成判别函数；

判别函数的系数：
$$\hat{\sum}^{-1}(\hat{\mu}_1-\hat{\mu}_2)$$

判别函数的常数项：
$$\left(\frac{\hat{\mu}_1+\hat{\mu}_2}{2}\right)\hat{\sum}^{-1}(\hat{\mu}_1-\hat{\mu}_2)$$

⑤ 将检验样本代入，得分，判类。

（2）总体的协方差不相等

判别法则表示为：

$$\begin{cases} \mathrm{Y}\in \mathrm{G}_1, & \text{如} d^2(\mathrm{Y},\mathrm{G}_1)<d^2(\mathrm{Y},\mathrm{G}_2), \\ \mathrm{Y}\in \mathrm{G}_2, & \text{如} d^2(\mathrm{Y},\mathrm{G}_2)<d^2(\mathrm{Y},\mathrm{G}_1) \\ \text{待判}, & \text{如} d^2(\mathrm{Y},\mathrm{G}_1)=d^2(\mathrm{Y},\mathrm{G}_2) \end{cases}$$

其中：

$$\begin{aligned} & d^2(\mathrm{Y},\mathrm{G}_2)-d^2(\mathrm{Y},\mathrm{G}_1) \\ & =(\mathrm{Y}-\mu_2)'\textstyle\sum_2^{-1}(\mathrm{Y}-\mu_2)-(\mathrm{Y}-\mu_1)'\sum_1^{-1}(\mathrm{Y}-\mu_1) \end{aligned}$$

2．多个总体的距离判别

设有 k 个总体 $G_1, G_2, ..., G_k$，从每个总体中抽取 ni 个样品（i=1,2,...，k），每个样品观测 p 个指标（变量）。现取任一个样品，实际观测的指标值为 $X=(x_1, x_2, ..., x_m)$，则 X 应该判为哪一类？

按距离最近的准则对样品进行判别分类；

$$D^2(\mathrm{X},\mathrm{G}_i)=\min_{1\leqslant i\leqslant k}\left\{D^2(\mathrm{X},\mathrm{G}_i)\right\}$$

在计算马氏距离时，类似地也可分协方差阵相等和不全相等两种情况。需要注意的是，距离判别只要求知道总体的数字特征，不涉及总体的分布函数，当参数和协方差未知时，就采用样本的均值和协方差矩阵来估计。

8.1.2 函数介绍

在距离判别法中，根据不同的功能需求，会经常用到 dist()、mahalanobis()和 wmd()这 3 个函数，下面分别讲解。

1．dist()函数

根据上面的介绍，进行距离判别的第一步是计算“距离”，最常用的函数为 dist()，该函数按照指定方法计算数据矩阵之间的距离，其基本书写格式为：

```
dist(x, method = "euclidean", diag = FALSE, upper = FALSE, p = 2)
```

参数介绍：

- X：指定用于计算距离的数据对象，可以为一个矩阵、数据框或者“dist”类的对象；
- Method：指定测度距离的方法，"euclidean"表示欧氏距离，"maximum"表示切比雪夫距离，"manhattan"表示绝对值距离，"canberra"表示 Lance 距离，"binary"表示定性变量距离，"minkowski" 表示明科夫斯基距离，使用时要指定 p 值，默认值为"euclidean"；
- Diag：逻辑值，为 TRUE 时表示输出距离矩阵的对角线，默认值为 FALSE；
- Upper：逻辑值，为 TRUE 时表示输出距离矩阵的上三角部分，默认值为 FALSE；
- *p*：指定明科夫斯基距离的权数，当参数 method 设置为"minkowski"时，此参数需要进行设定，默认值为 2。

2．mahalanobis()函数

不难发现，函数 dist()不能用于计算马氏距离，下面介绍一个专门用于计算马氏距离的函数：mahalanobis()，其基本书写格式为：

```
mahalanobis(x, center, cov, inverted = FALSE, ...)
```

参数介绍：

- X：指定用于计算距离的数据对象，*p* 维的数据向量或矩阵；
- Center：指定分布的均值，即总体均值；
- Cov：指定分布的协方差，即总体协方差，一般用样本的协方差进行估计；
- Inverted：逻辑值，若为 TRUE，则表示参数 cov 应该包括协方差阵的逆。

3．wmd()函数

上述介绍的两个函数均返回距离值，而不能直接判别，下面介绍一个可直接用于判别的函数：wmd()，该函数存在于程辑包 WMDR 中，可用于实现加权马氏距离的判别，它利用函数 mahalanobis()计算出马氏距离，然后进行判别分析，最终返回包含结果和准确度的表单，其基本书写格式为：

```
wmd(TrnX, TrnG, Tweight = NULL, TstX = NULL, var.equal = F)
```

参数介绍：

- TrnX：指定训练集的数据对象，可以为矩阵或数据框；
- TrnG：一个因子类的向量，用于指定已知的训练样本的分类；
- Tweight：指定权重，若没有进行指定，则软件默认使用主成分分析中的相应贡献率作为权重，默认值为 NULL，表示不进行加权，采用传统的马氏距离判别法；

- TstX：指定测试集的数据对象，可以为向量、矩阵或数据框，若为向量，则将被识别为单个案例的行向量，默认值为NULL，表示直接对训练集进行判别；
- Var.equal：指定不同类别之间是否具有相同的协方差，默认值为F。

需要注意的是，函数wmd()中训练集的样本量与测试集的样本量相等，否则R语言会报错。

8.1.3 综合案例：基于距离判别的iris数据集分类

下面利用iris数据集进行操作演练，由于该数据集中鸢尾花的种类有三种，下面将原始数据分为训练集和测试集，分别包含随机抽取的100个样本，具体操作如下：

```
> set.seed(1234)
> sa<-sample(1:150,100)
> sa
  [1]  18  93  91  92 126 149   2  34  95  73  98  76  40 127 138 114  39  36  25
 [20]  31  42 136  21   6  28 102  66 113 125 137  55  32 133  60  22  88  23  30
 [39] 112  90  61  71 143  67  35  53 109  50 132  78   8 131 104  49  15  48  47
 [58]  70  17 101 148   4 146 144 128 110  26  43   5  46  10 140  87  85   7 134
 [77]  29 121  24 142  65  33  80  37  13  59 122  20  68 120  62  54 100  58 141
 [96]  74 147 111 145  38
> dtrain<-iris[sa,1:5]
> head(dtrain)
    Sepal.Length Sepal.Width Petal.Length Petal.Width    Species
18           5.1         3.5          1.4         0.3     setosa
93           5.8         2.6          4.0         1.2 versicolor
91           5.5         2.6          4.4         1.2 versicolor
92           6.1         3.0          4.6         1.4 versicolor
126          7.2         3.2          6.0         1.8  virginica
149          6.2         3.4          5.4         2.3  virginica
> dtest<-iris[-sa,1:4]
> head(dtest)
   Sepal.Length Sepal.Width Petal.Length Petal.Width
1           5.1         3.5          1.4         0.2
3           4.7         3.2          1.3         0.2
9           4.4         2.9          1.4         0.2
11          5.4         3.7          1.5         0.2
12          4.8         3.4          1.6         0.2
14          4.3         3.0          1.1         0.1
```

上述代码表示：首先利用函数set.seed()释放随机种子，然后利用函数sample()从1到150中随机抽取100个数据，将抽取的数据对应到数据中观测样本的编号，得到训练数据集，剩下的数据集即为测试集。

下面对训练集中的观测样本按照变量Species分类：

```
> d1<-subset(dtrain,Species=="setosa");dim(d1)
[1] 38  5
> d2<-subset(dtrain,Species=="versicolor");dim(d2)
[1] 29  5
> d3<-subset(dtrain,Species=="virginica");dim(d3)
[1] 33  5
```

上述输出结果显示：在训练集中，种类为 setosa 的鸢尾花共有 38 条记录，种类为 versicolor 和 virginica 的鸢尾花分别有 29 和 33 条记录。

下面利用函数 mahalanobis()计算马氏距离：

```
> ma1<-mahalanobis(dtest,colMeans(d1[,1:4]),cov(d1[,1:4]))
> ma2<-mahalanobis(dtest,colMeans(d2[,1:4]),cov(d2[,1:4]))
> ma3<-mahalanobis(dtest,colMeans(d3[,1:4]),cov(d3[,1:4]))
> (distance<-cbind(ma1,ma2,ma3,iris[-sa,5]))
            ma1         ma2        ma3
1     0.3590061 135.3154437 271.444570 1
3     1.5544105 112.3495585 242.943354 1
9     3.4278559  86.6318539 203.172929 1
11    1.8993357 151.9381072 290.189235 1
12    1.9068175 117.1927197 235.675433 1
14    9.0397389 110.4697730 241.640736 1
16    9.8088108 211.1672458 359.672511 1
19    6.3669561 147.5440882 282.272697 1
27    4.0876272 104.1682597 226.561182 1
41    1.8477792 132.0256229 270.980300 1
44   17.8963186 102.9131186 222.375954 1
45   12.0006760 125.8813043 238.336324 1
51  519.2519291   5.8057277  26.778995 2
52  483.9369049   2.7504623  21.480586 2
56  440.2499733   3.2297851  14.484601 2
57  550.1907724   3.7024849  16.423962 2
63  314.6573331   6.6213187  26.256011 2
64  505.8581500   1.9220704  11.529449 2
69  509.6105640  14.5675407  11.236568 2
72  347.7106464   2.1919434  28.310069 2
75  406.4106931   1.7786523  25.078831 2
77  548.0360755   3.6213575  14.421208 2
79  485.3833731   0.7923886  12.021558 2
81  278.4175024   1.7677099  25.346488 2
82  246.8996580   2.8295498  30.772019 2
83  308.7761180   1.1340186  28.096945 2
84  653.7060829   8.5350447   3.495719 2
86  506.4900210   6.8295042  22.639212 2
89  358.5380439   3.0143070  26.291627 2
94  189.8000871   4.8847665  37.271789 2
96  357.0214367   5.0103361  27.493277 2
```

```
97   378.1639201  1.3599246  21.536322 2
99   169.1113735 11.7826462  52.221092 2
103 1041.4600884 22.9217779   1.827084 3
105 1041.9268906 28.4050506   2.251143 3
106 1286.1243510 36.4572358  10.796066 3
107  560.0828547 18.2689904  10.068365 3
108 1082.7402091 29.1658678   8.484063 3
115  951.7079875 57.3638916   6.100539 3
116  943.8604134 31.8419254   1.768798 3
117  814.6300092 10.5481905   1.706876 3
118 1336.8526085 31.3734151  11.353519 3
119 1489.6049927 69.4397271  29.160649 3
123 1302.1372419 44.5459977  16.435043 3
124  666.3834809 11.6169643   2.831568 3
129  948.9251799 26.6719664   1.741693 3
130  864.8827533 15.9814974   6.508066 3
135  747.0655076 29.1338728  11.601745 3
139  635.8783895  7.2968399   4.865241 3
150  708.1090088  9.5614468   3.787757 3
```

上述代码表示：分别对训练集计算三种类别的马氏距离，其中函数 colMeans()表示按列计算均值；训练集中每一个观测样本分别对应三个马氏距离，然后利用函数 cbind()将三个马氏距离值与原始数据集中测试样本对应的分类合并在一起，输出结果如上所示。对于测试集中的每一个观测样本而言，三个马氏距离中最小的那一个所对应的类别即为测试样本属于的类别，如第一条记录中，第一个马氏距离的值明显小于另外两个，故第一条记录应归为第一类，即该鸢尾花属于 setosa 类，与原始数据集中的分类一致，说明分类正确。

上述分类过程没有直接得到结果，需要比较每一个测试样本对应的三个马氏距离进行分类，如需了解该分类的效率，还要进行后续操作，分类过程较为烦琐，下面利用函数 wmd()直接得到分类结果：

```
> install.packages("WMDR")
> library(WMDR)
> dta<-iris[,1:4]
> species<-gl(3,50)
> wmd(dta,species)
      1 2 3 4 5 6 7 8 9 10 11 12 13 14 15 16 17 18 19 20 21 22 23 24 25 26 27 28
blong 1 1 1 1 1 1 1 1 1  1  1  1  1  1  1  1  1  1  1  1  1  1  1  1  1  1  1  1
      29 30 31 32 33 34 35 36 37 38 39 40 41 42 43 44 45 46 47 48 49 50 51 52 53
blong  1  1  1  1  1  1  1  1  1  1  1  1  1  1  1  1  1  1  1  1  1  1  2  2  2
      54 55 56 57 58 59 60 61 62 63 64 65 66 67 68 69 70 71 72 73 74 75 76 77 78
blong  2  2  2  2  2  2  2  2  2  2  2  2  2  2  2  3  2  2  2  3  2  2  2  2  3
      79 80 81 82 83 84 85 86 87 88 89 90 91 92 93 94 95 96 97 98 99 100 101 102
blong  2  2  2  2  2  3  2  2  2  2  2  2  2  2  2  2  2  2  2  2  2   2   3   3
      103 104 105 106 107 108 109 110 111 112 113 114 115 116 117 118 119 120 121
```

```
blong   3   3   3   3   2   3   3   3   3   3   3   3   3   3   3   3   3   3   3
    122 123 124 125 126 127 128 129 130 131 132 133 134 135 136 137 138 139 140
blong   3   3   3   3   3   3   3   3   2   3   3   3   2   2   3   3   3   3   3
      141 142 143 144 145 146 147 148 149 150
blong   3   3   3   3   3   3   3   3   3   3
[1] "num of wrong judgement"
[1]  69  73  78  84 107 130 134 135
[1] "samples divided to"
[1] 3 3 3 3 2 2 2 2
[1] "samples actually belongs to"
[1] 2 2 2 2 3 3 3 3
Levels: 1 2 3
[1] "percent of right judgement"
[1] 0.9466667
```

函数 wmd()的输出结果中，第一部分表示对 150 个观测值进行分类的结果（由于函数中没有指定测试集和训练集，故软件默认训练集和测试集均为同一个）；"num of wrong judgement"表示判别错误的样本编号，可以看到有 8 个样品错判；"samples divided to"和 "samples actually belongs to"分别表示上述样品的错误判别归类和真实类别；"percent of right judgement"表示判别结果的正确率，由（150-8）/150 得到正确率为 94.7%。

下面还可以在函数 wmn()中设定权重，由于加入了已知的条件，判别结果的正确率会有所提高：

```
> wmd(dta,species,diag(rep(0.25,4)))
    1 2 3 4 5 6 7 8 9 10 11 12 13 14 15 16 17 18 19 20 21 22 23 24 25 26 27 28
blong 1 1 1 1 1 1 1 1 1  1  1  1  1  1  1  1  1  1  1  1  1  1  1  1  1  1  1  1
    29 30 31 32 33 34 35 36 37 38 39 40 41 42 43 44 45 46 47 48 49 50 51 52 53
blong  1  1  1  1  1  1  1  1  1  1  1  1  1  1  1  1  1  1  1  1  1  1  2  2  2
    54 55 56 57 58 59 60 61 62 63 64 65 66 67 68 69 70 71 72 73 74 75 76 77 78
blong  2  2  2  2  2  2  2  2  2  2  2  2  2  2  2  2  2  3  2  3  2  2  2  2  2
    79 80 81 82 83 84 85 86 87 88 89 90 91 92 93 94 95 96 97 98 99 100 101 102
blong  2  2  2  2  2  3  2  2  2  2  2  2  2  2  2  2  2  2  2  2  2   2   3   3
    103 104 105 106 107 108 109 110 111 112 113 114 115 116 117 118 119 120 121
blong   3   3   3   3   3   3   3   3   3   3   3   3   3   3   3   3   3   3   3
    122 123 124 125 126 127 128 129 130 131 132 133 134 135 136 137 138 139 140
blong   3   3   3   3   3   3   3   3   3   3   3   3   3   3   3   3   3   3   3
      141 142 143 144 145 146 147 148 149 150
blong   3   3   3   3   3   3   3   3   3   3
[1] "num of wrong judgement"
[1] 71 73 84
[1] "samples divided to"
[1] 3 3 3
[1] "samples actually belongs to"
[1] 2 2 2
```

```
Levels: 1 2 3
[1] "percent of right judgement"
[1] 0.98
```

输出结果显示：判别错误的样本仅有 3 个，判别结果的正确率为 98%，说明距离判别分析适用于 iris 数据集的分类。

8.2 Bayes 判别法

距离判别方法简单实用，但没有考虑到每个总体出现的机会大小，即先验概率，也没有考虑到错判的损失。贝叶斯判别法正是为了解决这两个问题提出的判别分析方法。

8.2.1 理论基础：先验概率与错判损失

1．标准的 Bayes 判别

Bayes 判别的思想为：在各总体的概率分布及先验概率已知的前提下，分别计算待判对象属于各总体的后验概率，并以最大后验概率对应的总体来作为待判对象的所属总体。

下面同样利用一个例子来帮助理解：

团队中来了一位陌生人（假定为小王），小王是好人还是坏人大家都在猜测。按人们主观意识，一个人是好人或坏人的概率均为 0.5。坏人总是要做坏事，好人总是做好事，偶尔也会做一件坏事，一般好人做好事的概率为 0.9，坏人做好事的概率为 0.2，一天，小王做了一件好事，小王是好人的概率有多大，你现在把小王判为何种人。

上述问题是一个典型的贝叶斯判别问题，问题的关键之处在于计算条件概率，即计算在做好事的条件下，小王是好人的概率：

$$
\begin{aligned}
&P(\text{好人}\mid\text{做好事})\\
&=\frac{P(\text{好人})P(\text{做好事}\mid\text{好人})}{P(\text{好人})P(\text{做好事}\mid\text{好人})+P(\text{坏人})P(\text{做好事}\mid\text{坏人})}\\
&=\frac{0.5\times0.9}{0.5\times0.9+0.5\times0.2}=0.82
\end{aligned}
$$

以及在做好事的条件下，小王是坏人的概率：

$$
\begin{aligned}
&P(\text{坏人}\mid\text{做好事})\\
&=\frac{P(\text{坏人})P(\text{做好事}\mid\text{坏人})}{P(\text{好人})P(\text{做好事}\mid\text{好人})+P(\text{坏人})P(\text{做好事}\mid\text{坏人})}\\
&=\frac{0.5\times0.2}{0.5\times0.9+0.5\times0.2}=0.18
\end{aligned}
$$

由于 0.82>0.18，故判断小王为好人。

下面给出 Bayes 判别的基本准则：

设有总体 G_i（i=1,2,...，k），G_i 具有概率密度函数，根据以往的统计分析，知道 G_i 出现的概率为 q_i。即当样本 x_0 发生时，求它属于某类的概率。由贝叶斯公式计算后验概率，有：

$$P(G_i \mid x_0)=\frac{q_i f_i(x_0)}{\sum q_j f_j(x_0)}$$

$$P(G_l \mid x_0)=\frac{q_l f_l(x_0)}{\sum q_j f_j(x_0)}=\max_{1\leqslant i\leqslant k}\frac{q_i f_i(x_0)}{\sum q_j f_j(x_0)}$$

则 x_0 判到 G_i 的总体中。

下面讨论总体服从正态分布的情况：

$$\text{若 } f_i(x)=\frac{1}{\left((2\pi)^p\left|\sum_i\right|\right)^{1/2}}\exp\left[-\frac{1}{2}(x-\mu_i)'\sum_i^{-1}(x-\mu_i)\right]$$

$$\text{则：}\quad q_i f_i(x)=q_i\frac{1}{\left((2\pi)^p\left|\sum_i\right|\right)^{1/2}}\exp\left[-\frac{1}{2}(x-\mu_i)'\sum_i^{-1}(x-\mu_i)\right]$$

上式两边取对数并去掉与 i 无关的项，则等价的判别函数为：

$z_i(x)=\ln(q_i f_i(x))=\ln q_i-0.5\ln\left|\sum_i\right|-0.5(x-\mu_i)'\sum_i^{-1}(x-\mu_i)$ 问题转化为：若

$$Z_l(x)=\max_{1\leqslant i\leqslant k}[Z_i(x)]$$

则判 x 属于第 G_i 类。

2．考虑错判损失的 Bayes 判别分析

设有总体 G_i 分别具有概率密度函数 $f_i(x)$，并且根据以往的统计分析，知道 G_i 出现的概率为 q_i，并且 $q_1+q_2+...+q_k=1$，又 $D_1, D_2, ..., D_k$ 是 R^p 的一个划分，判别方法为：当样品 X 落入 D_i 时，则判 X 属于第 G_i 类。

上述问题的关键在于寻找划分 $D_1, D_2, ..., D_k$，且该划分满足平均错判率最小的原则，错判概率的估计方法有以下几种：

（1）利用训练样本作为检验集合。

（2）当训练样本足够大时，可留出一些已知类别的样品不参加判别，而作为检验集；（当检验集较小时，方差大）。

（3）舍一法，或称交叉确定法。

用 $C(j|i)$表示样品被错判所造成的损失，即：

$$ECM=\sum_{i=1}^{k}q_i\sum_{j\neq 1}C(j|i)P(j|i)=\sum_{i=1}^{k}q_t r_t(D)$$

为该判别法关于先验概率的错判平均损失，其中 $r_t(D)$ 表示实属 G_t 类的样品被错判为其他总体的损失。而 Bayes 判别分析的目标在于：寻找划分 $D_1, D_2, ..., D_k$ 使 ECM 最小，基于此，得到的 Bayes 判别准则为：

给定一个样品 x，计算 h_i（x），其中 i=1,2,...,k，计算公式为：

$$h_i(X)=\min(h_j(X)) => x\in G_i, j=1,2,...,k$$

当 k=2 时，即在两总体分类问题中，

$$h_1(X)=\sum_{i=1}^{2}q_i C(1|i)f_i(X)=q_2C(1|2)f_2(X)$$

$$h_2(X)=\sum_{i=1}^{2}q_i C(2|i)f_i(X)=q_1C(2|1)f_1(X)$$

根据划分选择，记：

$$v(x)=f_1(x)/f_2(x)$$

$$d=q_2C(2|1)/q_1C(1|2)$$

则两总体的 Bayes 判别准则为：

$$\begin{cases} x\in G_1, & 如 v(x)>d, \\ x\in G_2, & 如 v(x)<d。\\ 待判, & 如 v(x)=d \end{cases}$$

8.2.2 函数介绍

R 语言中用于进行 Bayes 判别的函数为 dbayes()，该函数同样存在于程辑包 WMDB 中，其基本书写格式为：

```
dbayes(TrnX, TrnG, p = rep(1, length(levels(TrnG))), TstX = NULL, var.equal
= FALSE)
```

参数介绍：

- TrnX：指定训练集的数据对象，可以为矩阵或数据框；
- TrnG：一个因子类的向量，用于指定已知的训练样本的分类；
- P：一个向量，用于指定先验概率；
- TstX：指定测试集的数据对象，可以为向量、矩阵或数据框，若为向量，则将被识别为单个案例的行向量，默认值为 NULL，表示直接对训练集进行判别；
- Var.equal：指定不同类别之间是否具有相同的协方差，默认值为 F。

函数 dbayes()的输出结果与 wmd 类似，均包含判别结果、被错判的样品编号、错判样品的分类结果和真实类别，以及判别结果的正确率。

8.2.3　综合案例：基于 iris 数据集的 Bayes 判别分析

下面同样利用 iris 数据集进行操作演练：

```
> library(WMDR)
> dta<-iris[,1:4]
> species<-gl(3,50)
> dbayes(dta,species)
     1 2 3 4 5 6 7 8 9 10 11 12 13 14 15 16 17 18 19 20 21 22 23 24 25 26 27 28
blong 1 1 1 1 1 1 1 1 1  1  1  1  1  1  1  1  1  1  1  1  1  1  1  1  1  1  1  1
     29 30 31 32 33 34 35 36 37 38 39 40 41 42 43 44 45 46 47 48 49 50 51 52 53
blong  1  1  1  1  1  1  1  1  1  1  1  1  1  1  1  1  1  1  1  1  1  1  2  2  2
     54 55 56 57 58 59 60 61 62 63 64 65 66 67 68 69 70 71 72 73 74 75 76 77 78
blong  2  2  2  2  2  2  2  2  2  2  2  2  2  2  2  3  2  3  2  3  2  2  2  2  3
     79 80 81 82 83 84 85 86 87 88 89 90 91 92 93 94 95 96 97 98 99 100 101 102
blong  2  2  2  2  2  3  2  2  2  2  2  2  2  2  2  2  2  2  2  2  2   2   3   3
     103 104 105 106 107 108 109 110 111 112 113 114 115 116 117 118 119 120 121
blong   3   3   3   3   3   3   3   3   3   3   3   3   3   3   3   3   3   3   3
     122 123 124 125 126 127 128 129 130 131 132 133 134 135 136 137 138 139 140
blong   3   3   3   3   3   3   3   3   3   3   3   3   3   3   3   3   3   3   3
      141 142 143 144 145 146 147 148 149 150
blong   3   3   3   3   3   3   3   3   3   3
[1] "num of wrong judgement"
[1] 69 71 73 78 84
[1] "samples divided to"
[1] 3 3 3 3 3
[1] "samples actually belongs to"
[1] 2 2 2 2 2
Levels: 1 2 3
[1] "percent of right judgement"
[1] 0.9666667
```

上述代码表示：利用 iris 数据集中全部样本进行 Bayes 判别分析，被错判的样品有 5 个，判别的正确率为 96.7%，说明 Bayes 判别适用于 iris 数据集的分类。

8.3　Fisher 判别法

8.3.1　理论基础：投影

Fisher 判别法的基本思想是投影，即将 k 组 m 元数据投影到某一方向，使得投影后组与组之间尽可能地分开，而衡量组与组之间是否分开的方法是借助于一元方差分析的思想。利用该思想导出判别函数，判别函数可以是线性的，也可以是一般的函数。

设从 k 个总体分别得到 k 组 p 维观测值如下：

$$
\begin{aligned}
&G_1: X_1^{(1)}, X_2^{(1)}, \ldots, X_{n_1}^{(1)} \\
&G_2: X_1^{(2)}, X_2^{(2)}, \ldots, X_{n_2}^{(2)} \\
&\ldots \\
&G_k: X_1^{(k)}, X_2^{(k)}, \ldots, X_{n_k}^{(k)}
\end{aligned}
$$

基于 Fisher 判别法的基本思想，下面需要将多元观测值 X 变成一元观测值 y，即 $y = a'x$。

变换后，数据组成就变成：

$$
\begin{aligned}
&G_1: y_1^{(1)}, y_2^{(1)}, \ldots, y_{n_1}^{(1)} \\
&G_2: y_1^{(2)}, y_2^{(2)}, \ldots, y_{n_2}^{(2)} \\
&\ldots \\
&G_k: y_1^{(k)}, y_2^{(k)}, \ldots, y_{n_k}^{(k)}
\end{aligned}
$$

不难发现，上述数据恰好构成一元方差分析的数据。

根据一元方差分析的思想，下面计算组间平方和 SSA 和组内平方和 SSE：

$$
\begin{aligned}
&SSA = a'\left[\sum n_i(\overline{X}^{(i)} - \overline{X})(\overline{X}^{(i)} - \overline{X})'\right]a = a'Ba \\
&SSE = a'\left[\sum\sum n_i(X_j^i - \overline{X}^{(i)})(X_j^i - \overline{X}^{(i)})'\right]a \\
&= a'\sum A_i a = a'Aa
\end{aligned}
$$

下面需要寻找 a，使得变换后的数据组之间有显著差异，使得：

$$\Delta(a) = \frac{a'Ba}{a'Aa}$$

用数学符号表示为：

$$\max \Delta(a) = \frac{a'Ba}{a'Aa}, \text{使得} a'Aa = 1$$

称 $y = \hat{a}'X$ 为线性判别函数，其中 $\hat{a}$ 为上述优化问题的解。

还可以得到如下结论：

在 Fisher 准则下，线性判别函数 $y=a'x$ 的解 a 即为特征方程 $|A^{-1}B - \lambda I| = 0$ 的最大特征根 λ_1 所对应的满足 $l_1'Al_1$ 的特征向量 l_1，且相应的判别效率为：

$$\Delta(l_1) = \lambda_1$$

1．两总体的 Fisher 判别

$$\hat{a} = \frac{1}{a}A^{-1}(\overline{X}^{(1)} - \overline{X}^{(2)})$$

其中：

$$d^2 = (\overline{X}^{(1)} - \overline{X}^{(2)})' A^{-1} (\overline{X}^{(1)} - \overline{X}^{(2)}), A = A_1 + A_2$$

A 为组内离差阵。

Fisher 判别函数为：

$$y = \hat{a}' X = \frac{1}{d} X' A^{-1} (\overline{X}^{(1)} - \overline{X}^{(2)})$$

相应的判别效率为：

$$\Delta(\hat{a}) = \frac{n_1 n_2}{n_1 + n_2} (\overline{X}^{(1)} - \overline{X}^{(2)})' \ A^{-1} (\overline{X}^{(1)} - \overline{X}^{(2)})$$

判别准则如下：

若：

$$\hat{y}_0 = \hat{a}' X_0 > \hat{m} = 0.5(\overline{y_1} + \overline{y_2}) = 0.5 \hat{a}' (\overline{X}^{(1)} + \overline{X}^{(2)})$$

则判 X_0 属于第 G_1 类；

若：

$$\hat{y}_0 = \hat{a}' X_0 < \hat{m}$$

则判 X_0 属于第 G_2 类。

2．多个总体的 Fisher 判别

当组数 K 太大，讨论的指标太多，仅用一个线性判别函数不能很好地区分 K 个总体，这时可用 $A^{-1}B$ 的第二大特征值 λ_2，它所对应的满足 $l_2' A l_2 = 1$ 的特征向量 l_2，建立第二个线性判别函数 $l_2 X$；如还不够，还可依次建立更多的线性判别函数。分别称为样本第一判别量、样本第二判别量等。

从几何角度看，判别分析就是将 p 维向量 X 进行投影，得到一维向量 y，且变换后的数据中同类别的点尽可能聚在一起，不同类别的点尽可能远离。当存在多个总体时，即有多个类别需要分离，则 Fisher 判别需要多个判别函数才能进行分析，需要注意的是，判别函数的个数往往少于向量 X 的维数。

8.3.2　函数介绍

R 语言中用于进行 Fisher 判别的最常用函数为 lda()，该函数存储于程辑包 MSAA 中，该函数有两种调用方式：公式形式和矩阵形式。

1．公式形式

语法如下：

```
lda(formula, data, ..., subset, na.action)
```

参数介绍：

- Formula：指定用于 Fisher 判别的公示对象；
- Data：指定用于 Fisher 判别的数据对象，一般为数据框，且优先采用公式中指定的变量数据；
- Subset：指定可选向量，表示选择的样本子集；
- Na.action：一个函数，指定缺失数据的处理方法，若为 NULL，则使用函数 na.omit()删除缺失数据。

2. 矩阵形式

语法如下：

```
lda(x, grouping, ..., subset, na.action)
```

数据框形式：

```
    lda(x, grouping, prior = proportions, tol = 1.0e-4,method, CV = FALSE,
nu, ...)
```

参数介绍：

- X：指定用于 Fisher 判别的数据对象，可以为矩阵、数据框和包含解释变量的矩阵；
- Grouping：因子向量，用于指定样本属于哪一类；
- Subset：指定可选向量，表示选择的样本子集；
- Na.action：一个函数，指定缺失数据的处理方法，若为 NULL，则使用函数 na.omit()删除缺失数据
- Prior：指定各个类别的先验概率，默认值为已有训练样本的计算结果；
- tol：控制精度，用于判断矩阵是否奇异；
- Method：字符串，用于指定估计方法，“mle”表示极大似然估计，“mve”表示使用 cov.mve 进行估计，“t”表示基于 t 分布的稳健估计；
- CV：逻辑值，若为 TRUE，则表示返回值中将包括舍一法的交叉验证结果；
- Nu：当参数 method 设定为“t”时，此处需要设定 t 分布的自由度。

函数 lda()的返回值包括：调用方式、先验概率、每一类样本的均值和线性判别系数（Fisher 判别属于线性判别）。此外，还可以利用函数 predict()输出 Fisher 判别的结果。

8.3.3 综合案例：基于 Fisher 判别的 iris 数据集分类

下面同样利用 iris 数据集进行操作演练，首先对数据集中分类变量列进行数据转换，将鸢尾花的三个类别分别用 1、2、3 替代：

```
> library(MASS)
```

```
> data(iris)
> diris<- data.frame(rbind(iris3[,,1], iris3[,,2], iris3[,,3]),species =
rep(c(1,2,3), rep(50,3)))
> head(diris)
  Sepal.L. Sepal.W. Petal.L. Petal.W. species
1     5.1      3.5      1.4      0.2       1
2     4.9      3.0      1.4      0.2       1
3     4.7      3.2      1.3      0.2       1
4     4.6      3.1      1.5      0.2       1
5     5.0      3.6      1.4      0.2       1
6     5.4      3.9      1.7      0.4       1
```

下面提取训练集和测试集，由于函数 lda()中要求训练集的样本量与测试集的样本量相等，故此处的训练集和测试集样本量均为 75，具体操作如下：

```
> sa<-sample(1:150, 75)
> sa
 [1]  18  93  91  92 126 149   2  34  95  73  98  76  40 127 138 114  39  36  25
[20]  31  42 136  21   6  28 102  66 113 125 137  55  32 133  60  22  88  23  30
[39] 112  90  61  71 143  67  35  53 109  50 132  78   8 131 104  49  15  48  47
[58]  70  17 101 148   4 146 144 128 110  26  43   5  46  10 140  87  85   7
>table(diris$species[sa])

 1  2  3
31 20 24
```

上述输出结果显示：测试数据集中，鸢尾花类别为 1、2、3 的样本量分别为 31、20 和 24。下面利用函数 lda()进行 Fisher 判别分析：

```
> z <- lda(species ~ ., diris, prior = c(1,1,1)/3, subset = sa)
> z
Call:
lda(species ~ ., data = diris, prior = c(1, 1, 1)/3, subset = sa)

Prior probabilities of groups:
        1         2         3
0.3333333 0.3333333 0.3333333

Group means:
  Sepal.L. Sepal.W. Petal.L.  Petal.W.
1 4.977419 3.374194 1.451613 0.2354839
2 6.005000 2.780000 4.395000 1.3900000
3 6.600000 3.033333 5.554167 2.0625000

Coefficients of linear discriminants:
               LD1        LD2
Sepal.L.  0.5115868  0.09887116
```

```
Sepal.W.  1.5793952  1.80996106
Petal.L. -2.6431775 -1.69089726
Petal.W. -3.1155503  4.24942227

Proportion of trace:
   LD1    LD2
0.9924 0.0076
```

上述输出结果中：

- Call：表示调用方法；
- Prior probabilities of groups：表示先验概率；
- Group means：表示每一类样本的均值；
- Coefficients of linear discriminants：表示线性判别系数；
- Proportion of trace：表示比例值。

下面利用函数 class()将判别结果展示出来，该函数的输出结果为一个列表，其中包括 class、posterior 和 x 三个子列表，分别表示分类结果、后验概率，由于输出量较大，故后面两个子列表只展示前 20 行记录，具体操作如下：

```
> pre<-predict(z, diris[-sa, ])
> pre$class
 [1] 1 1 1 1 1 1 1 1 1 1 1 1 1 1 1 1 1 2 2 2 2 2 2 2 2 2 2 2 2 2 2 2
2 2 2 2 2 2 2 3 2 2 2 2 2 2 2 3 3 3
[53] 2 3 3 3 3 3 3 3 2 3 3 3 3 3 3 3 2 3 3 3 3 3 3 3
Levels: 1 2 3
> head(pre$posterior,n=20)
              1            2            3
1  1.000000e+00 7.898688e-34 1.295806e-61
3  1.000000e+00 1.605465e-31 9.283001e-59
9  1.000000e+00 1.280475e-26 1.375738e-52
11 1.000000e+00 5.581368e-35 5.033120e-63
12 1.000000e+00 2.804094e-29 8.925917e-56
13 1.000000e+00 5.603557e-30 2.237921e-57
14 1.000000e+00 6.171239e-33 4.304528e-61
16 1.000000e+00 3.285620e-39 3.635503e-67
19 1.000000e+00 2.085453e-32 3.020270e-59
20 1.000000e+00 1.141858e-33 9.140292e-61
24 1.000000e+00 1.501665e-23 3.927813e-47
27 1.000000e+00 5.244767e-27 5.815169e-52
29 1.000000e+00 3.326074e-33 6.891920e-61
33 1.000000e+00 2.060554e-39 6.511995e-69
37 1.000000e+00 2.522146e-36 6.882376e-65
38 1.000000e+00 1.371548e-35 3.018459e-64
41 1.000000e+00 1.368675e-33 7.954802e-61
44 1.000000e+00 4.302393e-25 1.629275e-48
45 1.000000e+00 1.514641e-26 3.778168e-51
```

```
51 2.957431e-29 9.999930e-01 6.996510e-06
> head(pre$x,n=20)
         LD1         LD2
1   9.852989  0.40116360
3   9.438853 -0.01228345
9   8.547241 -0.75402285
11 10.058026  0.62372744
12  9.012937 -0.14767330
13  9.221370 -0.95842050
14  9.758530 -0.50058690
16 10.693968  2.77024598
19  9.529251  0.92114766
20  9.750934  1.20000442
24  7.809491  0.80672889
27  8.492145  0.72198538
29  9.746208  0.23005461
33 10.899022  0.90299540
37 10.321941  0.60980179
38 10.220166  0.13744325
41  9.754593  0.98530844
44  8.026974  1.75286594
45  8.382108  0.94858774
51 -2.109961 -0.43462375
```

下面计算 Fisher 判别结果的准确率：

```
> class<-pre$class
> diris$species[-sa]
 [1] 1 1 1 1 1 1 1 1 1 1 1 1 1 1 1 1 1 1 1 2 2 2 2 2 2 2 2 2 2 2 2 2 2 2 2
2 2 2 2 2 2 2 2 2 2 2
[46] 2 2 2 2 3 3 3 3 3 3 3 3 3 3 3 3 3 3 3 3 3 3 3 3 3 3 3 3 3 3

> sum(class==diris$species[-sa])
[1] 71
```

上述输出结果表示：在测试数据集的 75 条记录中，有 71 个样本分类正确，判别结果的正确率为 71/75=94.7%，说明 Fisher 判别分析同样适用于 iris 数据集的分类。

第 9 章

常规聚类分析

前一章介绍了用于进行分类的判别分析，本章将会介绍另外一种分类方法——聚类分析，虽然都是用于分类，但判别分析和聚类分析是两种不同目的的分类方法，它们所起的作用是不同的，且聚类分析法更为“灵活”，下面将进行详细介绍。

9.1　深入了解聚类分析

9.1.1　差异与分类

聚类分析（Cluster Analysis）是研究“物以类聚”的一种方法，以前的文献中习惯于将其称为“群分析”“点群分析”或“簇群分析”等，人类认识世界的重要步骤往往是将被识别的对象进行归类，故分类的相关知识成为人类认识世界的基础，以前的分类主要基于经验和专业知识，如今在自然科学的发展之下，分类更多地偏向于数值分析，聚类方法也因此得到极大的发展，应用十分广泛。

聚类分析与判别分析的主要区别在于：

- 判别分析（Supervised learning）方法假定组（或类）已事先分好，判别新样品应归属哪一组；
- 聚类分析（Unsupervised learning）将分类对象分成若干类，相似的归为同一类，不相似的归为不同的类。

简而言之，判别分析是在总体已知分类的情况下对样品进行划分，判定其归为哪一个总体，而聚类分析法是一般的寻求客观分类的方法。

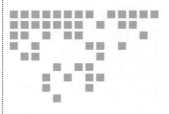

聚类分析是将个体或对象进行分类，使得同一类中的对象之间的相似性比与其他类的对象的相似性更强，其目的在于使类间对象的同质性最大化和类与类间对象的异质性最大化。

一般认为，所研究的样品或指标（变量）之间是存在着程度不同的相似性（亲疏关系）。于是根据一批样品的多个观测指标，具体找出一些能够度量样品或指标之间的相似程度的统计量，以这些统计量为划分类型的依据，把一些相似程度较大的样品（或指标）聚合为一类，把另外一些彼此之间相似程度较大的样品（或指标）又聚合为另外一类，以此类推。

关系密切的聚合到一个小的分类单位，关系疏远的聚合到一个大的分类单位，直到把所有的样品（或指标）都聚合完毕，把不同的类型一一划分出来，形成一个由小到大的分类系统。最后再把整个分类系统画成一张分群图（又称谱系图），用它把所有的样品（或指标）间的亲疏关系表示出来。

聚类分析可以用来对样品进行分类，也可以用来对变量进行分类。对样品的分类常称为 Q 型聚类分析，对变量的分类常称为 R 型聚类分析。

9.1.2　主流的聚类算法

由于聚类分析法被广泛地运用于机器学习、图像识别、信息检索等领域，派生出的聚类算法也有很多，不同的聚类算法各有所侧重，下面对其进行简单介绍。

1．从类别出发

当类别是一组数据对象或者观测的集合时，聚类算法主要有以下几种：

（1）空间中距离较近的各观测点聚成一类。

（2）空间中观测点分布非常密集的区域可视为一类。

（3）服从某特定统计分布的观测点可视为一类。

2．从聚类结果出发

基于不同聚类结果的聚类算法主要由以下几类：

（1）确定聚类和模糊聚类。若任意两类的交集为空，即一个观测点最多属于一个类别，则该聚类算法称为确定聚类；反之，若分类的界限不明朗，存在某些类的交集不为空集，对应的聚类算法为模糊聚类。

（2）基于层次的聚类和非层次的聚类。若不同类别之间，存在一个类别是另一个类别子集的情况，则对应的聚类算法为层次聚类，反之为非层次聚类。

3．从聚类模型角度出发

基于不同聚类模型的聚类算法主要由以下几种：

（1）基于质心的聚类。该聚类算法的思想在于反复寻找类别的质心，以质心为核心，将空间中距质心较近的观测点视为一类，聚类结果一般为确定性的，且不具有分层现象。

（2）基于连通性的聚类。该聚类算法的思想在于距离和连通性，将空间中距离较近的观测点视为一类，最终基于连通性完成聚类，聚类结果一般为确定性的，且具有分层现象。

（3）基于统计分布的聚类。该聚类算法的思想在于从统计分布的角度进行分析，将来自于某一特定统计分布的观测值视为一类，聚类结果一般具有不确定性，且不具有分层现象。

（4）基于密度的聚类。该聚类算法的思想在于密度的可达性，将空间中观测点分布较为密集的区域划分为一类，聚类结果一般为确定性的，且不具有分层现象。

（5）其他聚类。如两步聚类、自组织聚类、组模型聚类和子空间聚类等。

9.2 动态聚类

动态聚类算法属于基于质心的聚类，其基本思想为：选择一批凝聚点或给出一个初始的分类，让样品按某种原则向凝聚点凝聚，对凝聚点进行不断的修改或迭代，直至分类比较合理或迭代稳定为止。动态聚类法有许多种方法，本节只讨论其中比较流行的动态聚类法：k 均值法和 k 中心点法。

9.2.1 聚类的基本过程

k 均值法是由麦奎因（MacQueen，1967）提出并命名的一种算法，该算法将所收集到的 p 维数值型数据样本看成 p 维空间上的点，并以此定义某种距离，在前一章的距离定义中，已经详细介绍了马氏距离的定义，并提及了其他距离，但未给出具体公式，下面将对其进行详细介绍，如图 9.1 所示。

样品 \ 变量	x_1	x_2	……	x_p
1	x_{11}	x_{12}	……	x_{1p}
2	x_{21}	x_{22}	……	x_{2p}
……	……	……		……
n	x_{n1}	x_{n2}	……	x_{np}

图 9.1 数据矩阵展示图

距离 dij 一般应满足的以下四个条件：

① $dij \geqslant 0$，对一切 i，j；

② $dij=0$，当且仅当 $X_{\mathrm{i}} = X_{\mathrm{j}}$；

③ $dij=dji$，对一切 i, j；

④ $dij \leqslant dik+dkj$，对一切 i，j，k。

设 xij 为第 i 个样品的第 j 个指标，对于两观测点 x 和 y，若 xi 是观测样本 x 的第个变量值，yi 是观测样本 y 的第 i 个变量值，则 x 与 y 的距离有以下几种定义方式：

1. 绝对值距离和欧式距离

最常见且直观的距离就是绝对值距离和欧氏距离，其基本表达式分别为：

$$d_{ij}(1)=\sum_{k=1}^{p}|x_{ik}-x_{jk}|$$

$$d_{ij}(1)=(\sum_{k=1}^{p}(x_{ik}-x_{jk})^2)^{1/2}$$

2. 闵科夫斯基距离

还可以将上述两种距离统一成一个距离，即闵科夫斯基距离或闵式距离，其基本表达式为：

$$d_{ij}(q)=(\sum_{k=1}^{p}(x_{ik}-x_{jk})^q)^{1/q}$$

3. 切比雪夫距离

当上述表达式中的 q 趋于无穷大时，得到了新的距离表达式，即切比雪夫距离的表达式：

$$d_{ij}(\infty)=\max_{1\le k\le p}|x_{ik}-x_{jk}|$$

4. 兰氏距离

当 $xij>0$，$i=1,2,\cdots\cdots,n$，$j=1,2,\cdots\cdots,p$ 时，可以定义第 i 个样品与第 j 个样品间的兰氏距离为：

$$d_{ij}(L)=\sum_{k=1}^{p}\frac{|x_{ik}-x_{jk}|}{x_{ik}+x_{jk}}$$

上述距离与各变量的单位无关。由于它对大的异常值不敏感，故适用于高度偏斜的数据。

5. 马氏距离

对于马氏距离而言，第 i 个样品与第 j 个样品间的马氏距离定义为：

$$d_{ij}(M)=[(x_i-x_j)'S^{-1}(x_i-x_j)]^{1/2}$$

其中 $x_i=(x_i1,x_i2,\cdots\cdots,x_{ip})'$，$x_j=(x_j1,x_j2,\cdots\cdots,x_{jp})'$，$S$ 为样本协方差矩阵。

使用马氏距离的好处是考虑到了各变量之间的相关性，并且与各变量的单位无关。但马氏距离有一个很大的缺陷，就是马氏距离公式中的 S 难以确定。没有关于不同类的先验知识，S 就无法计算。因此，在实际聚类分析中，马氏距离不是理想的距离。

6．斜交空间距离

在 p 维空间中，斜交空间距离定义为

$$d_{ij}=[\frac{1}{p^2}\sum_{k=1}^{p}\sum_{l=1}^{p}(x_{ik}-x_{jk})(x_{il}-x_{jl})r_{kl}]^{1/2}$$

其中，在数据标准化处理下，r_{kl} 为变量 x_k 和 x_l 的相关系数。

此外，还需注意数据的变换，即当各变量的单位不同或测量值范围相差很大时，应先对各变量的数据作变换处理。一般而言，数据的变换分为以下几种：

（1）标准化变换；

（2）极差标准化变换（均值为 0，极差为 1，且变换后取值的绝对值不超过 1）；

（3）极差正规化变换（极差为 1，且变换后的取值范围为（0,1））。

在上述距离的定义中，k-mean 聚类算法要求事先确定聚类数目 k，并采用分割式进行分类，即先将样本空间随意为 k 个区域，对应 k 个类，并确定每一个类别的质心位置；然后计算各个观测点导致新的距离，将所有观测点分配到与之距离最近的一类，由此形成初始的聚类结果。需要注意的是，该初始分类结果是在空间随意分割的基础上产生的，不能保证该分类结果的真实性和准确性，因此需要反复多次进行操作，直到分类稳定为止，这也是 k-means 聚类算法的设计思路。

在上述设计思路的基础上，k-means 聚类算法的具体过程如下：

第一步：指定聚类数目，即确定 k 的值；

第二步：确定 k 个初始类质心；

第三步：根据距离最近的原则进行聚类；

第四步：重新确定 k 个类质心；

第五步：判断聚类结果是否满足要求，即判断聚类结果是否稳定，是则算法终止，否则返回第三步进行反复迭代，直到聚类结果稳定为止。

需要注意的是，在第二步中，初始类质心的确定方式一般有经验选择法、随机选择法和最小最大值法，其中最小最大值法的具体实现步骤为：先选择所有观测点中相聚最远的两个点作为初始类质心，然后选择剩下点中与已确定的类质心距离最远的点，同理确定其他的类质心。

聚类算法终止的条件通常有两个，即迭代次数和类质心点偏移程度，基于前者，当目前的迭代次数等于指定的迭代次数时算法终止；基于后者，新确定的类质心点与上次迭代确定的类质心点的最大偏移量不超过某一确定值时算法终止。

由此可见，k-means 聚类过程是一个反复迭代的过程，在聚类过程中样本点所属的类别往往会不断变化，即进行调整，直到聚类结果稳定为止。

K-medoids 聚类算法与 k-means 聚类算法的原理基本一致，不同之处在于，原始的 k-means 聚类算法容易受到异常值的影响，k-medoids 聚类算法则针对该缺点进行改进，在确定各类质心点时不采样本均值点，而在类别内选取到其他样本点距离之和最小的样本作为质心点。

9.2.2 函数介绍

在 R 语言中，用于实现 k-means 聚类的函数为 kmeans()，其函数的基本书写格式为：

```
kmeans(x, centers, iter.max = 10, nstart = 1,algorithm = c("Hartigan-Wong",
"Lloyd", "Forgy","MacQueen"), trace=FALSE)
```

参数介绍：

- X：指定用于聚类的数值型矩阵或可以转换为矩阵的对象；
- Centers：可以为整数或数值向量，整数用于指定聚类数目 k，数值向量用于指定初始类质心；
- iter.max：用于指定最大迭代次数，默认值为 10；
- nstart：当参数 centers 为整数时，本参数用于指定随机抽取的数据集的个数；
- Algorithm：指定用于聚类的算法，可供选择的算法有："Hartigan-Wong","Lloyd","Forgy"和"MacQueen"；
- Trace：可以为逻辑值或整数，目前仅用于默认方法，即"Hartigan-Wong"，若为 TRUE，则指定生成关于算法进度的跟踪信息，当为整数时，更高的值将会指定生成更多的跟踪信息。

函数 K-means()的返回结果是一个列表，包括：

- cluster 表示存储各观测值所属的类别编号；
- centers 表示存储最终聚类结果的各个类别的质心点；
- tots 表示所有聚类变量的离差平方和；
- withiness 表示每个类别中所有聚类变量的离差平方和，该参数用于刻画各个类别中样本观测点的离散程度；
- tot.withiness 表示每个类别中所有聚类变量的离差平方和的总和，即对上一个参数结果求和；
- betweenss 表示各类别间的聚类变量的离差平方和之和；size 表示各个类别的样本量。

在 R 语言中，用于实现 k-medoids 聚类的函数为 pam()，该函数存储在程辑包 cluster 中，其函数的基本书写格式为：

```
pam(x, k, diss = inherits(x, "dist"), metric = "euclidean",medoids = NULL,
stand = FALSE, cluster.only = FALSE,do.swap = TRUE,keep.diss = !diss
&& !cluster.only && n < 100,keep.data = !diss && !cluster.only,pamonce = FALSE,
```

```
trace.lev = 0)
```

参数介绍：

- X：指定用于聚类的数据对象；
- K：指定类别数；
- Diss：逻辑值，若为 TRUE，则 x 将被视为不相似矩阵。若为 FALSE，则 x 将被视为变量的观测矩阵，默认值为“dist”或不相似对象；
- Metric：指定样本间距离测算的方式，可供选择的有"euclidean"和"manhattan"，默认值为"euclidean"；
- Medoids：取值为 NULL 或一个 k 维向量，当取值为 NULL 时，指定初始中心点样本由软件自行选择，默认值为 NULL；
- Stand：指定进行聚类前是否对数据机型标准化；
- cluster.only：逻辑值，指定聚类结果是否仅包括各样本点所归属的类别，若取值为 TRUE，则算法的效率更高，默认值为 FALSE；
- do.swap：逻辑值，用于指定交换阶段是否应发生，若为 TRUE，则指定原始算法，若为 FALSE，则表示交换阶段的计算机密集程度远大于构建阶段，所以可以通过 do.swap = FALSE 跳过，默认值为 TRUE；
- keep.diss：逻辑值，指定相似性和或者输入数据 x 是否应该是逻辑值，默认值为!diss && !cluster.only && n < 100；
- keep.data：逻辑值，指定是否在聚类结果中保留数据集，默认值为!diss && !cluster.only；
- Pamonce：逻辑值或为 0 到 2 之间的整数，指定由 Reynolds 等人提出的算法快捷方式，默认值为 FALSE；
- trace.lev：一个整数，指定在算法的构建和交换阶段期间的跟踪级别，更高的值将会指定生成更多的跟踪信息，默认值为 0，即不打印任何东西。

9.2.3 综合案例：基于随机生成序列的动态聚类

means 聚类，具体操作如下：

```
> set.seed(1234)
> dat <- rbind(matrix(rnorm(100, mean=0,sd = 0.2), ncol = 2),matrix(rnorm(100,
mean = 1, sd = 0.3), ncol = 2))
> colnames(dat) <- c("x", "y")
> plot(dat)
```

上述代码表示：随机生成两列正态分布数据，第一列的均值为 0，标准差为 0.2，第二列的均值为 1，标准差为 0.3，散点分布的结果如图 9.2 所示。不难发现，样本点大致地分为 2 类，下面对其进行 k-means 聚类。

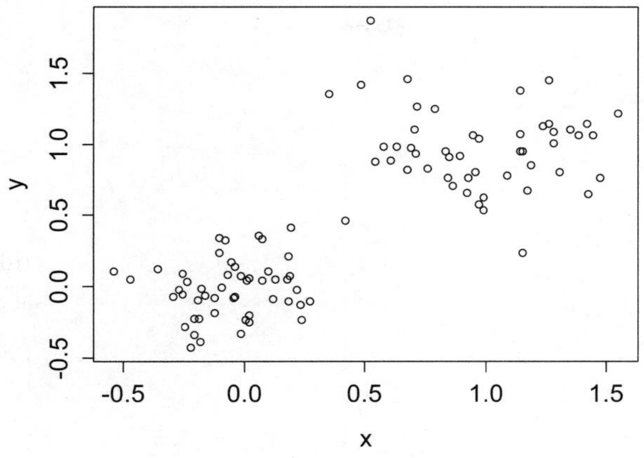

图 9.2　dat 数据的散点图展示

```
> (kmeans.1 <- kmeans(dat, 2))
K-means clustering with 2 clusters of sizes 51, 49

Cluster means:
           x            y
1 -0.04586472 -0.007707405
2  0.98543375  0.975926025

Clustering vector:
  [1] 1 1 1 1 1 1 1 1 1 1 1 1 1 1 1 1 1 1 1 1 1 1 1 1 1 1 1 1 1 1 1 1 1 1 1 1 1 1 1 1 1 1 1
 [44] 1 1 1 1 1 1 1 2 2 2 2 2 2 1 2 2 2 2 2 2 2 2 2 2 2 2 2 2 2 2 2 2 2 2 2 2 2 2 2 2 2 2 2
 [87] 2 2 2 2 2 2 2 2 2 2 2 2 2 2

Within cluster sum of squares by cluster:
[1] 4.089404 8.206873
 (between_SS / total_SS =  80.5 %)

Available components:

[1] "cluster"     "centers"     "totss"       "withinss"     "tot.withinss"
[6] "betweenss"   "size"        "iter"        "ifault"
> plot(dat, col = kmeans.1$cluster,main="聚成2类")
> points(kmeans.1$centers, col = 3:4, pch = 8, cex = 2)
```

上述代码表示：将原始数据聚成 2 类，将聚类结果绘制出来，利用不用颜色区分类别，最后标注出类质心点，结果如图 9.3 所示。

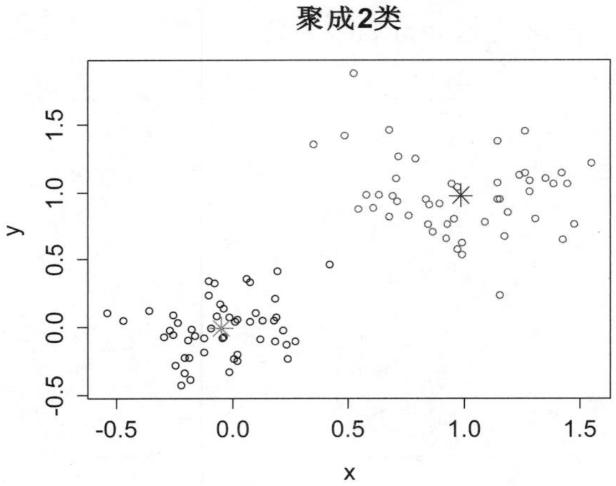

图 9.3 k-means 聚类展示（1）

此外，还可以尝试将原始数据聚成 3 类，具体操作如下：

```
> (kmeans.2 <- kmeans(dat, 3))
K-means clustering with 3 clusters of sizes 49, 26, 25

Cluster means:
            x          y
1  0.98543375  0.9759260
2 -0.18459949 -0.1251178
3  0.09841944  0.1143994

Clustering vector:
  [1] 2 3 3 2 2 2 2 2 3 3 3 3 3 2 2 3 3 3 2 3 2 2 2 3 3 2 3 2 2 2 2 3 2 2
2 2 3 2 3 3 3 3 2
 [44] 2 2 2 3 3 3 3 1 1 1 1 1 1 3 1 1 1 1 1 1 1 1 1 1 1 1 1 1 1 1 1 1 1 1
1 1 1 1 1 1 1 1 1
 [87] 1 1 1 1 1 1 1 1 1 1 1 1 1 1

Within cluster sum of squares by cluster:
[1] 8.206873 1.098066 1.239293
 (between_SS / total_SS =  83.3 %)

Available components:

[1] "cluster"      "centers"      "totss"        "withinss"
"tot.withinss"
[6] "betweenss"    "size"         "iter"         "ifault"
> plot(dat, col = kmeans.2$cluster,main="聚成3类")
> points(kmeans.2$centers, col = 3:5, pch = 8, cex = 2)
```

聚类结果如图 9.4 所示。可以看到，在聚成 2 类的基础上，将左下角的样本点再细分为 2 类，两种聚类结果看似都合理，为比较两者的优劣，下面引入一个新的指标进行衡量：

$$\frac{\text{betweenss}}{\text{k-1}} / \frac{\text{tot.withiness}}{\text{n-k}}$$

计算每次聚类结果的指标值，比值越大的聚类越合理。

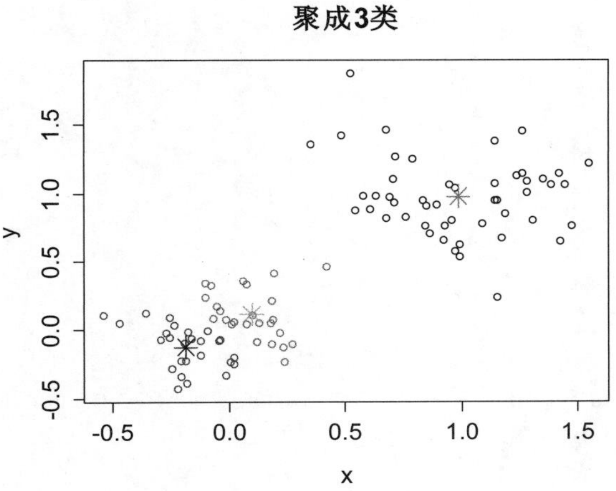

图 9.4　k-means 聚类展示（2）

```
> cbind(kmeans.1[c("betweenss", "tot.withinss", "totss")], # the same two
                                                                  columns
+       c(ss(fitted.x), ss(resid.x),    ss(x)))
            [,1]     [,2]
betweenss    50.75747 51.29054
tot.withinss 12.29628 16.48766
totss        63.05375 663.6342
> cbind(kmeans.2[c("betweenss", "tot.withinss", "totss")], # the same two
                                                                  columns
+       c(ss(fitted.x), ss(resid.x),    ss(x)))
            [,1]     [,2]
betweenss    52.50952 51.29054
tot.withinss 10.54423 16.48766
totss        63.05375 663.6342
> kmeans.1$betweenss/1/(kmeans.1$tot.withinss/98)
[1] 404.5316
>kmeans.2$betweenss/1/(kmeans.2$tot.withinss/98)
[1] 488.033
```

根据输出结果，将原始数据聚成 3 类更加合理。下面同样利用 dat 数据集进行 k-medoids 聚类，具体操作为：

```
> library(cluster)
> pam1<-pam(dat,2)
> summary(pam1)
Medoids:
```

```
   ID           x            y
[1,] 23 -0.09253846 -0.004286135
[2,] 56  0.89251726  0.914943993
Clustering vector:
  [1] 1 1 1 1 1 1 1 1 1 1 1 1 1 1 1 1 1 1 1 1 1 1 1 1 1 1 1 1 1 1 1 1 1 1 1 1 1 1 1 1 1 1 1
 [44] 1 1 1 1 1 1 1 2 2 2 2 2 2 2 2 2 2 2 2 2 2 2 2 2 2 2 2 2 2 2 2 2 2 2 2 2 2 2 2 2 2 2 2 2
 [87] 2 2 2 2 2 2 2 2 2 2 2 2 2 2
Objective function:
    build      swap
0.5237844 0.3115907

Numerical information per cluster:
     size  max_diss   av_diss  diameter separation
[1,]   50 0.5040846 0.2468127 0.9383303  0.2338278
[2,]   50 1.0294240 0.3763687 1.7561912  0.2338278

Isolated clusters:
 L-clusters: character(0)
 L*-clusters: character(0)

Silhouette plot information:
    cluster neighbor  sil_width
34        1        2  0.8315900
23        1        2  0.8292088
38        1        2  0.8287333
21        1        2  0.8285865
33        1        2  0.8285569
26        1        2  0.8244096
31        1        2  0.8234215
19        1        2  0.8174038
12        1        2  0.8109933
40        1        2  0.8109777
35        1        2  0.8099539
32        1        2  0.8086491
17        1        2  0.8054107
30        1        2  0.8053747
4         1        2  0.8045420
43        1        2  0.8029866
7         1        2  0.8010947
5         1        2  0.7995492
36        1        2  0.7985780
29        1        2  0.7941786
16        1        2  0.7922062
9         1        2  0.7869232
46        1        2  0.7856693
15        1        2  0.7855639
```

```
13        1        2  0.7836827
45        1        2  0.7798803
47        1        2  0.7737832
8         1        2  0.7701217
14        1        2  0.7681808
11        1        2  0.7645853
49        1        2  0.7585699
1         1        2  0.7559988
20        1        2  0.7505801
44        1        2  0.7467307
25        1        2  0.7384109
22        1        2  0.7372829
10        1        2  0.7372441
48        1        2  0.7248618
6         1        2  0.7243980
42        1        2  0.7215610
37        1        2  0.7215610
2         1        2  0.7012794
50        1        2  0.6930546
28        1        2  0.6898806
3         1        2  0.6772783
39        1        2  0.6664932
18        1        2  0.6537706
27        1        2  0.6277142
24        1        2  0.6102285
41        1        2  0.4664381
54        2        1  0.7418717
60        2        1  0.7403666
74        2        1  0.7392696
68        2        1  0.7361686
72        2        1  0.7312755
86        2        1  0.7306886
52        2        1  0.7275494
89        2        1  0.7271803
63        2        1  0.7265300
95        2        1  0.7179838
75        2        1  0.7141956
56        2        1  0.7136375
70        2        1  0.7064667
65        2        1  0.7002570
55        2        1  0.7001306
82        2        1  0.6993972
51        2        1  0.6984513
78        2        1  0.6934108
59        2        1  0.6904050
69        2        1  0.6877009
```

```
79       2       1  0.6844523
96       2       1  0.6728785
64       2       1  0.6696287
91       2       1  0.6618691
92       2       1  0.6533639
87       2       1  0.6522647
94       2       1  0.6519591
62       2       1  0.6428707
84       2       1  0.6409060
93       2       1  0.6407665
99       2       1  0.6394995
61       2       1  0.6353223
90       2       1  0.6334307
58       2       1  0.6231406
81       2       1  0.6151152
88       2       1  0.6129511
66       2       1  0.6085083
77       2       1  0.6018833
71       2       1  0.5895449
67       2       1  0.5737560
80       2       1  0.5725309
73       2       1  0.5599932
97       2       1  0.5517401
100      2       1  0.5422492
98       2       1  0.5130506
53       2       1  0.4918729
76       2       1  0.4575369
85       2       1  0.4379390
83       2       1  0.3430229
57       2       1 -0.1486819
Average silhouette width per cluster:
[1] 0.7591626 0.6269660
Average silhouette width of total data set:
[1] 0.6930643

Available components:
 [1] "medoids"   "id.med"    "clustering" "objective"  "isolation"  "clusinfo"
 [7] "silinfo"   "diss"      "call"       "data"
> par(mfrow=c(1,2))
> plot(pam1)
```

上述代码表示：利用函数 pam()将 dat 数据集的聚成 2 类，聚类结果的展示如图 9.5 所示，左图展示了每一类的样本点分布，右边的图像显示了两个簇的阴影，当 si 的值较大即接近于 1 时，表明相应的观测点能够正确的划分到相似性较大的簇中，图 9.5 中两个簇的 si 值分别为 0.75 和 0.63，说明划分结果较好。

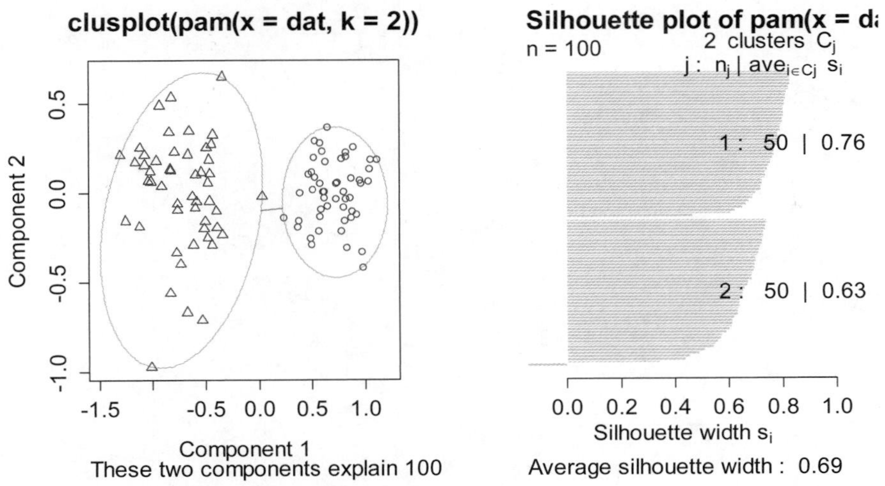

图 9.5　k-medoids 聚类展示（1）

同样地，还可以将原始数据集聚成 3 类，具体操作如下：

```
> pam2<-pam(dat,3)
> summary(pam2)
Medoids:
     ID          x            y
[1,] 23 -0.09253846 -0.004286135
[2,] 55  0.84803159  0.911988165
[3,] 52  1.28445309  1.086423685
Clustering vector:
  [1] 1 1 1 1 1 1 1 1 1 1 1 1 1 1 1 1 1 1 1 1 1 1 1 1 1 1 1 1 1 1 1 1 1 1 1 1 1 1 1 1 1 1 1
 [44] 1 1 1 1 1 1 1 2 3 2 3 2 2 2 2 3 3 3 2 3 2 2 3 2 2 3 3 2 2 2 3 3 2 2 3 3 2 2 2 2 2 2 2 3
 [87] 2 2 3 2 3 3 2 2 3 2 2 2 2 2
Objective function:
    build      swap
0.3018144 0.2592091

Numerical information per cluster:
     size  max_diss   av_diss  diameter separation
[1,]   50 0.5040846 0.2468127 0.9383303  0.2338278
[2,]   32 1.0171698 0.3132144 1.7561912  0.1238675
[3,]   18 0.4580370 0.1976339 0.8151647  0.1238675

Isolated clusters:
 L-clusters: character(0)
 L*-clusters: character(0)

Silhouette plot information:
   cluster neighbor   sil_width
34       1        2  0.81258320
```

```
21    1    2  0.80918910
38    1    2  0.80910498
33    1    2  0.80871144
23    1    2  0.80867900
31    1    2  0.80407373
26    1    2  0.80396266
19    1    2  0.79833957
35    1    2  0.78887890
12    1    2  0.78683853
40    1    2  0.78657836
32    1    2  0.78375416
43    1    2  0.78325201
4     1    2  0.78243803
30    1    2  0.78239017
7     1    2  0.78118270
17    1    2  0.78018713
5     1    2  0.77772613
36    1    2  0.77758953
29    1    2  0.77329383
16    1    2  0.76536534
15    1    2  0.76412584
46    1    2  0.75955176
45    1    2  0.75881756
13    1    2  0.75859570
9     1    2  0.75789510
8     1    2  0.74882210
14    1    2  0.74634427
47    1    2  0.74242804
1     1    2  0.73408366
11    1    2  0.73366813
49    1    2  0.72516536
20    1    2  0.72230973
44    1    2  0.71658884
22    1    2  0.71444944
10    1    2  0.70245834
25    1    2  0.70107031
6     1    2  0.69425773
48    1    2  0.69110634
42    1    2  0.69066453
37    1    2  0.68363079
2     1    2  0.67163937
50    1    2  0.65838453
28    1    2  0.65600736
3     1    2  0.62784065
39    1    2  0.61561949
18    1    2  0.59989974
27    1    2  0.56582763
24    1    2  0.54449374
41    1    2  0.36496594
97    2    3  0.49681722
```

```
67        2        3  0.48839966
53        2        3  0.48618959
77        2        3  0.48026175
73        2        3  0.47882966
84        2        3  0.47742261
99        2        3  0.47114916
90        2        3  0.46088125
62        2        3  0.39515432
94        2        3  0.38889667
65        2        3  0.37156124
58        2        3  0.36884421
55        2        3  0.36709938
85        2        3  0.32222694
81        2        3  0.29066273
56        2        3  0.28996771
98        2        3  0.28563534
96        2        3  0.28527251
93        2        3  0.27128939
80        2        3  0.22127218
51        2        3  0.21063632
64        2        3  0.20038134
88        2        3  0.19592441
71        2        3  0.18330406
100       2        3  0.18240244
76        2        3  0.09662126
57        2        1  0.03136360
72        2        3  0.02691659
83        2        3  0.01646247
68        2        3 -0.03299589
82        2        3 -0.13611698
87        2        3 -0.20131800
75        3        2  0.67784255
70        3        2  0.67673402
52        3        2  0.66072322
59        3        2  0.65916797
78        3        2  0.65551621
89        3        2  0.63895438
63        3        2  0.63250283
86        3        2  0.61893702
92        3        2  0.58201954
61        3        2  0.48601676
54        3        2  0.48477295
69        3        2  0.48089339
74        3        2  0.44400908
60        3        2  0.43181248
91        3        2  0.42365996
95        3        2  0.39721922
66        3        2  0.38043192
79        3        2  0.36901336
Average silhouette width per cluster:
[1] 0.7290966 0.2647317 0.5389015
Average silhouette width of total data set:
```

```
[1] 0.5462647

Available components:
 [1] "medoids"   "id.med"    "clustering" "objective"  "isolation"  "clusinfo"
 [7] "silinfo"   "diss"      "call"      "data"
> plot(pam2)
```

聚类结果如图 9.6 所示，可以明显地看出，第三类是在左边的大类中划分出来的，各个类别之间的距离用直线标注；右图中的 si 值显示，当原始数据集聚成 3 类时，其中一类的 si 值较小，说明划分结果不是很理想，比较 k-medoids 聚类的两次操作，认为聚成 2 类是更加合理的，需要注意的是，此处得出的结论与 k-means 聚类的结论不一致，说明原始样本中含有极端值，对 k-means 聚类结果的影响较大。

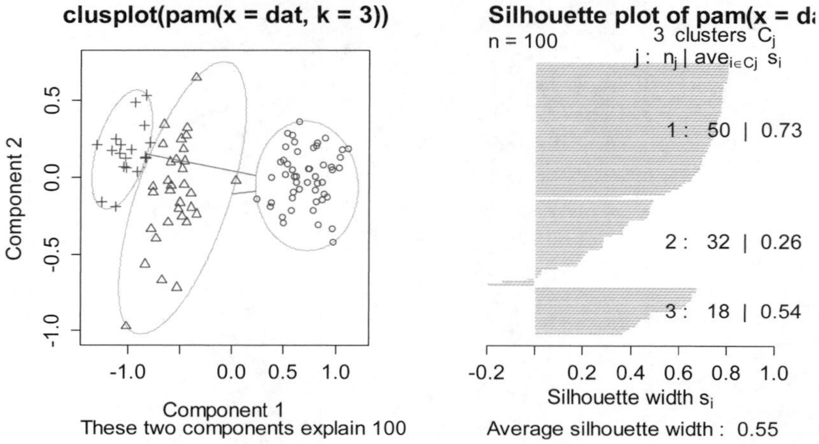

图 9.6 k-medoids 聚类展示（2）

9.3 层次聚类

层次聚类也称为系统聚类，算法的设计主要从距离和连通性角度考虑，是一种非常直观的聚类算法，通过一层一层地进行聚类，可以从下而上地把小的 cluster 合并聚集，也可以从上而下地将大的 cluster 进行分割。较为常用的是从下而上地聚集，最终得到一个层次树或系谱图。

9.3.1 聚类的基本过程

层次聚类是将各个观测点逐步合并成不同的小类别，再将这些小类别逐步合并成中类或更大的类，算法的具体过程如下：

第一步，将每个样本观测点自成一类，得到 n 类；

第二步，计算所有观测点两两之间的距离，并将当前距离最近的两个观测点聚为一个小类，得到 n-1 类；

第三步，再次度量剩余观测点和小类别之间的距离，将距离最近的观测点或小类聚成新的一类；

第四步，重复第三步的操作，直到所有观测点形成一类。

上述步骤可以通过图 9.7 直观展示，先将距离最近的观测点两两聚为一类，再将距离最近的小类和观测点再聚为一类，以此类推，最终所有的观测点将会聚为一类。可以看出，随着聚类过程的推进，各个类别中的相似程度在逐渐降低。

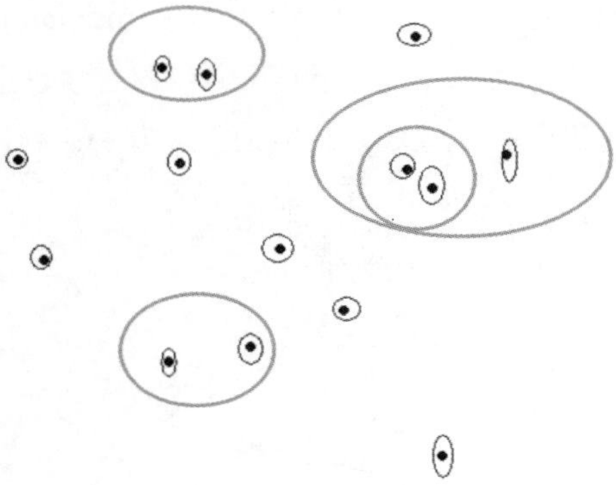

图 9.7　层次聚类的过程展示

从上述聚类过程可以看出，层次聚类算法涉及两个方面的度量，即观测点与观测点的距离度量和观测点与小类间的距离度量，前者与 k-means 聚类中涉及的度量方法一致，后者需要新的度量方法，具体如下：

1. 最短距离法

定义类与类之间的距离为两类最近样品间的距离，即：

$$D_{KL} = \min_{i \in G_K, j \in G_L} d_{ij}$$

如图 9.8 所示。类 G_K 与类 G_L 之间的距离为 d_{23}，即观测点 2 和 3 之间的距离。

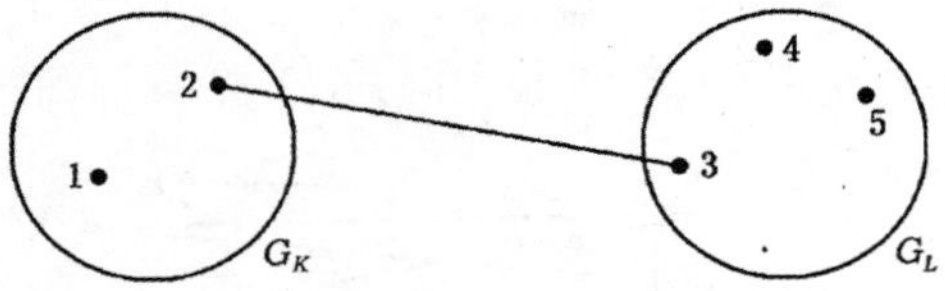

图 9.8　最短距离法的图解

2. 最长距离法

同理，最长距离法的定义为类与类之间的距离定义为两类最远样品间的距离，即：

$$D_{KL} = \max_{i \in G_K, j \in G_L} d_{ij}$$

如图 9.9 所示。类 G_K 与类 G_L 之间的距离为 d_{15}，即观测点 1 和 5 之间的距离。

图 9.9　最长距离法的图解

3. 中间距离法

当类与类之间的距离既不取两类最近样品间的距离，也不取两类最远样品间的距离，而是取介于两者中间的距离，称为中间距离法（median method）。

设某一步将 G_K 和 G_L 合并为 G_M，对于任一类 G_J，考虑由 D_{KJ}、D_{LJ} 和 D_{KL} 为边长组成的三角形，如图 9.10 所示。取 D_{KL} 边的中线作为 D_{MJ}。D_{MJ} 的计算公式为：

$$D_{KL}^2 = \frac{1}{2}D_{KJ}^2 + \frac{1}{2}D_{LJ}^2 + \frac{1}{2}D_{KL}^2$$

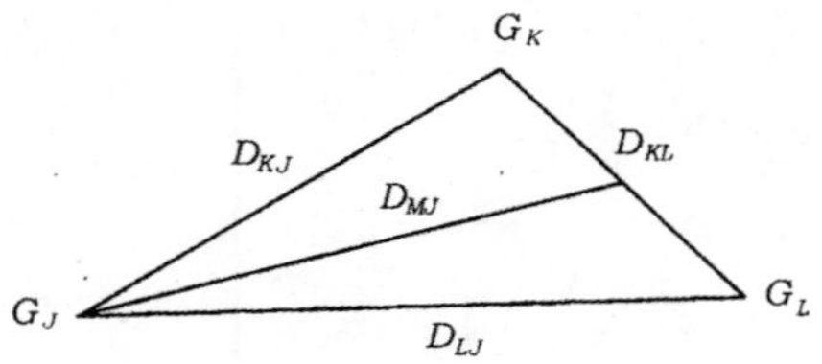

图 9.10　中间距离法的图解

4. 类平均法

类平均法（average linkage method）有两种定义，一种是把类与类之间的距离定义为所有样品对之间的平均距离，即定义 G_K 和 G_L 之间的距离为：

$$D_{KL} = \frac{1}{n_K n_L}\sum_{i \in G_K, j \in G_L} d_{ij}$$

其中 n_K 和 n_L 分别为类 G_K 和 G_L 的样品个数，d_{ij} 为 G_K 中的样品 i 与 G_L 中的样品 j 之间的距离。

如图 9.11 所示，类 G_K 与类 G_L 之间的距离为 $D_{KL}=(d_{13}+d_{14}+d_{15}+d_{23}+d_{24}+d_{25})/6$

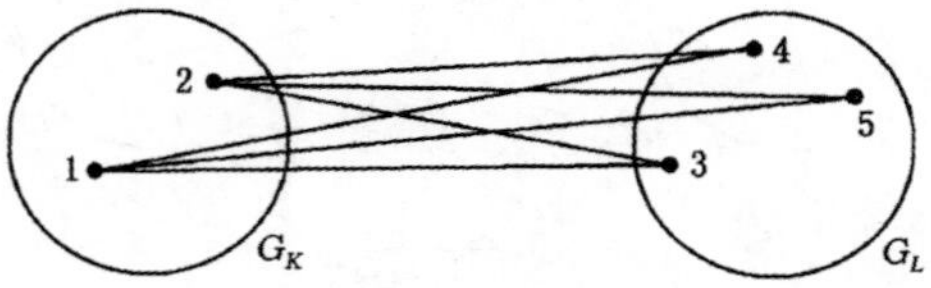

图 9.11　类平均法的图解

另一种定义方法是定义类与类之间的平方距离为样品对之间平方距离的平均值，即：

$$D_{KL}^2 = \frac{1}{n_K n_L}\sum_{i \in G_K, j \in G_L} {d_{ij}}^2$$

类平均法较好地利用了所有样品之间的信息，在很多情况下它被认为是一种比较好的系统聚类法。

5．重心法

类与类之间的距离定义为它们的重心（均值）之间的欧氏距离。设 G_K 和 G_L 的重心分别为 $\overline{x_K}$ 和 $\overline{x_L}$，则 G_K 与 G_L 之间的平方距离为

$$D_{KL}^2 = d^2_{\overline{X}_K \overline{X}_L} = (\overline{x_K} - x_L)'(\overline{x_K} - x_L)$$

如图 9.12 所示，类 G_K 与类 G_L 之间的距离为 $D_{KL} = d_{\overline{x_K}\,\overline{x_L}}$

图 9.12　重心法的图解

6．Ward 离差平方和法

类中各样品到类重心（均值）的平方欧氏距离之和称为（类内）离差平方和。设类 G_K 和 G_L 合并成新类 G_M，则 G_K，G_L 和 G_M 的离差平方和分别是：

$$W_K = \sum_{i \in G_K} (x_i - \overline{x}_k)'(x_i - \overline{x}_k)$$

$$W_L = \sum_{i \in G_L} (x_i - \overline{x}_L)'(x_i - \overline{x}_L)$$

$$W_M = \sum_{i \in G_K} (x_i - \overline{x}_M)'(x_i - \overline{x}_M)$$

它们反映了各自类内样品的分散程度。

定义 G_K 和 G_L 之间的平方距离为：

$$D_{KL}^2 = W_M - W_K - W_L$$

这种系统聚类法称为离差平方和法或 Ward 方法（Ward’s minimum variance method）。

上述距离也可以表示为：

$$D_{KL}^2 = \frac{n_K n_L}{n_M}(\overline{x}_K - \overline{x}_L)'(\overline{x}_K - \overline{x}_L)$$

9.3.2　函数介绍

在 R 语言中，用于实现层次聚类的函数是 hclust()，其基本书写格式为：

```
hclust(d, method = "complete", members = NULL)
```

参数介绍：

- D：指定用于系统聚类的数据集样本间的距离矩阵，可以利用函数dist()计算得到；
- Method：指定用于聚类的算法，可供选择的有："ward.D"和 "ward.D2"均表示采用ward离差平方和法，"single"表示最短距离法，"complete"表示最长距离法，"average" 表示类平均法， "median" 表示中间距离法，"centroid" 表示重心法，默认值为"complete"；
- Members：取值为NULL或长度为d的向量，用于指定每个待聚类的小类别是由几个单样本点组成的。

此外还需介绍几个相关的函数：dist()、cutree()和rect.hclust()，

（1）函数dist()

首先介绍计算距离的函数dist()，其基本书写格式为：

```
dist(x, method = "euclidean", diag = FALSE, upper = FALSE, p = 2)
```

参数介绍：

- X：指定用于计算距离的数据对象，可以是矩阵、数据框或dist对象；
- Method：指定计算距离的方法，可用选择的有："euclidean"表示欧氏距离，"maximum"表示最大距离，"manhattan"表示绝对值距离，"canberra"表示兰氏距离，"binary"，"minkowski"表示闵科夫斯基距离，默认值为"euclidean"；
- Diag：逻辑值，指定是否将距离矩阵的对角元素输出；
- Upper：逻辑值，指定是否将距离矩阵的上对角元素输出；
- P：指定闵科夫斯基距离的范数。

（2）函数cutree()

该函数用于将hcluster()的输出结果进行剪枝，最终得到指定类别数的聚类结果，其基本书写格式为：

```
cutree(tree, k = NULL, h = NULL)
```

参数介绍：

- Tree：指定函数hcluster()的聚类结果；
- K：一个整数或向量，用于指定聚类数目；
- H：数字标量或向量，用于指定需要剪枝的树的高度。

（3）函数rect.hclust()

用于将聚类系谱图中指定类别的样本分支用方框标注出来，便于更加直观地分析聚类结果，其基本书写格式为：

```
rect.hclust(tree, k = NULL, which = NULL, x = NULL, h = NULL,border = 2)
```

参数介绍：

- Tree：指定函数 hcluster()的聚类结果；
- *k* 和 *h*：均为标量，指定切割树状图，最终产生精确的 *k* 个簇被产生或通过在某一高度 *h* 处对聚类系谱进行切割，默认值均为 NULL；
- Which：一个向量，用于指定需要绘制的矩阵的簇，默认值为 NULL；
- X：指定包含相应水平坐标的簇，默认值为 NULL；
- Border：一个向量，用于指定边框颜色，默认颜色为红色。

9.3.3　综合案例：基于 UScitiesD 数据集的层次聚类

下面采用 R 语言中内置数据集 UScitiesD 进行操作演练，该数据集收集了美国 Atlanta 、Chicago、 Denver、 Houston、 LosAngeles、 Miami 、NewYork、SanFrancisco、Washington.DC 和 Seattle10 个城市之间的距离，类似的数据集还有 eurodist，收集了欧洲 21 个城市间的距离。

```
> data(UScitiesD)
> UScitiesD
          Atlanta Chicago Denver Houston LosAngeles Miami NewYork SanFrancisco
Seattle
Chicago    587
Denver     1212     920
Houston    701      940     879
LosAngeles 1936     1745     831     1374
Miami      604     1188     1726      968        2339
NewYork    748      713     1631     1420        2451  1092
SanFrancisco2139    1858    949      1645        347     2594     2571
Seattle     2182     1737    1021     1891        959    2734     2408    678
Washington.DC 543    597     1494     1220        2300    923      205     2442  2329
> class(UScitiesD)
[1] "dist"
```

下面对 UScitiesD 中的数据进行比例尺缩放，并将 10 个城市的地理位置绘制出来，结果如图 9.13 所示。

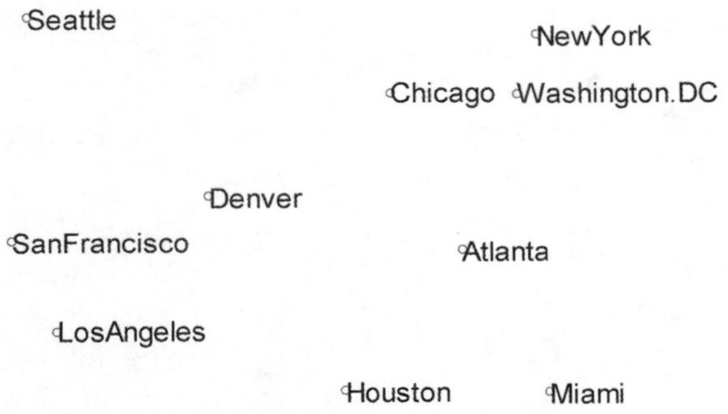

图 9.13　美国 10 个城市的区位展示

```
> mds2 <- -cmdscale(UScitiesD)
> plot(mds2, type="p",col=2, axes=FALSE, ann=FALSE)
>text(mds2, labels=rownames(mds2), xpd = NA)
```

下面将利用函数 hclust()进行层次聚类，并将聚类结果进行可视化展示：

```
> hcity.A  <- hclust(UScitiesD, "average") # "wrong"
> plot(hcity.A,col="#487AA1",col.main="#45ADA8",col.lab="#7C8071",col.
axis="#F38630",
+ lwd=3,lty=1,sub="",axes=FALSE,hang=-1)
> axis(side=2,at=seq(0,8000,2000),col="#F38630",lwd=2,labels=FALSE)
> mtext(seq(0,8000,2000),side=2,at=seq(0,8000,2000),line=1,col="#A38630",
las=2)
```

上述代码中，第一条命令表示选用类平均法进行聚类分析，后续代码将聚类结果进行可视化展示，需要注意的是，此处将系谱图进行了美化，结果如图 9.14 所示。不难发现，10 个城市被聚为 2 大类，其中右边的大类还可细分为 2 小类或者 3 小类。

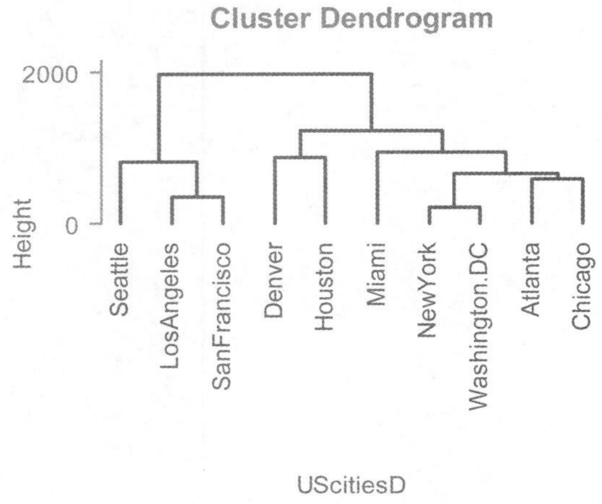

图 9.14　层次聚类的结果展示（1）

此外，还可以利用程辑包 RColorBrewer 中的函数 heatmap()直观地观察样本与变量的聚类情况，具体操作如下：

```
> library(RColorBrewer)
> heatmap(as.matrix(UScitiesD),col=brewer.pal(9,"RdYlGn"),scale="column",
margins=c(4,8))
```

结果如图 9.15 所示。聚类结果与前文一致。

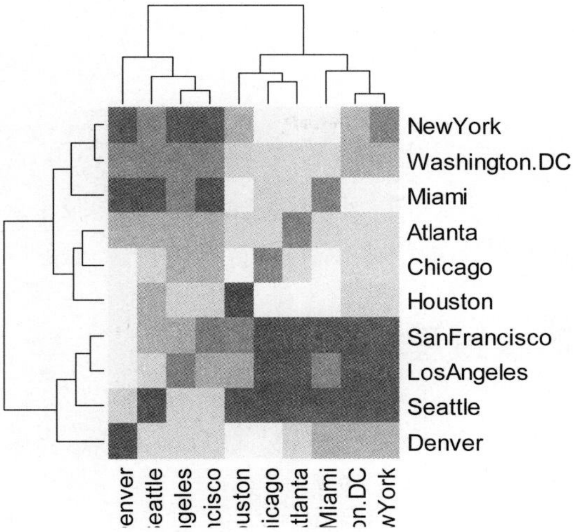

图 9.15 层次聚类的结果展示（2）

还可以利用程辑包 ape 对聚类系谱图进行一定的改进，具体操作如下：

```
> library(ape)
> mypal<-c("#556270","#4ECDC4","#1B676B","#FF6B6B")
> hcity.D2 <- hclust(UScitiesD, "ward.D2")
> clus4<-cutree(hcity.D2,4)
> par(bg="#E8DDCB",mar=rep(2.4,4),cex=1.3)
>plot(as.phylo(hcity.D2),type="fan",edge.width=2,edge.color="darkgrey"
,tip.color=mypal[clus4])
```

结果如图 9.16 所示。根据颜色不同（彩色图片参照二维码下载包），10 个城市被聚成 4 类。

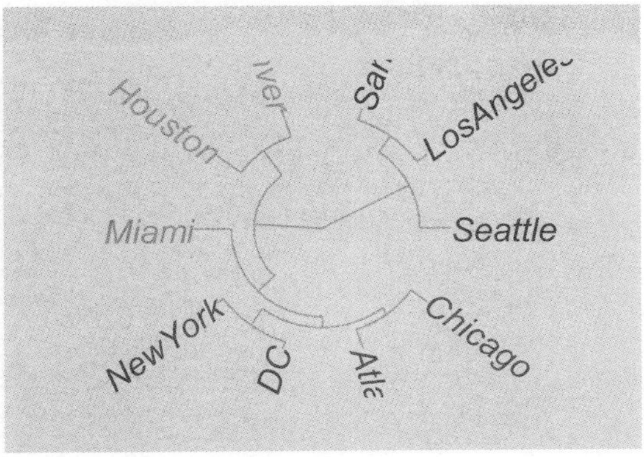

图 9.16 层次聚类的结果展示（3）

9.4 密度聚类

基于密度的聚类算法较之前面介绍的聚类算法有一定的优势，该算法从多维空间入手进行算法设计，基于样本点的“密度”进行聚类，克服了 k-means 聚类、k-medoids 聚类和层次聚类等“平面”聚类的缺陷，下面将进行详细介绍。

9.4.1 聚类的基本过程

密度聚类的常用算法有 DBSCAN 算法、OPTICS 算法以及 DENCLUE 算法，下面以 DBSCAN 算法为例进行简单介绍。

从数据集当中选择一个未处理的样本 P，以这个样本为中心，半径 E 做圆，如果圈入点个数为 3，满足阈值 MinPts，将圈内 4 个点形成一个簇，称该对象为核心对象。圈内的 3 个点与该对象 P 为直接密度可达，标记为类 1。同样的道理，考察其他样本点，递归该对象 P 直接密度可达的所有对象代替 P 回到第一步。

如果圈入点个数为 2，不满足阈值 MinPts，将其设定为边界对象，然后继续考察其他点。如果还有没被标记的对象，则从中任选一个作为 p，回到第一步。当所有的点都被考察后，这个过程就结束了。

最后一步将各点归类，类中的所有对象都是密切相连的。得到一个类后，同样我们可以得到另一个类。

该算法的优点在于：对噪声不敏感，即异常数据对聚类结果的影响不大，能发现任意形状的聚类；缺点在于：参数的选择对聚类结果有很大影响，该算法利用固定的参数进行聚类，但样本点的不同分布导致稀疏程度不同，固定的判断标准会显得不够灵活，且破坏了聚类的自然结构，即样本点分布比较稀疏的地方会被划分为多个类，而分布密度较大的地方会被识别为同一类。

9.4.2 函数介绍

R 语言中用于进行密度聚类的函数为 dbscan()，该函数存储于程辑包 fpc 中，基本书写格式为：

```
dbscan(data, eps, MinPts = 5, scale = FALSE, method = c("hybrid", "raw",
"dist"), seeds = TRUE, showplot = FALSE, countmode = NULL)
```

参数介绍：

- Data：指定待聚类数据集或距离矩阵；
- Eps：考察样本点是否满足密度要求时所指定的考察领域的半径；

- MinPts：指定密度阈值，即当考察点领域内的样本点数不小于该参数的数值时，考察点才被识别为核心对象，否则为边缘点，默认值为 5；
- Scale：指定在进行聚类前是否对数据进行标准化，默认值为 FALSE；
- Method：指定数据集的类型，"hybrid"表示距离矩阵，"raw"表示原始数据集，"dist"表示距离矩阵；
- Showplot：指定是否输出聚类结果展示图，默认值为 FALSE；
- Countmode：可以填一个向量，用来显示计算进度，默认值为 NULL。

9.4.3 综合案例：基于随机生成序列的密度聚类

下面进行操作演练，函数 dbscan()的帮助文件中涉及的例子来进行分析，先生成随机序列，具体操作为：

```
> set.seed(12345)
> n <- 600
> x <- cbind(runif(10, 0, 10)+rnorm(n, sd=0.2), runif(10, 0, 10)+rnorm(n,sd=0.2))
> dim(x)
[1] 600   2
> head(x)
         [,1]      [,2]
[1,] 6.845448 0.8396787
[2,] 8.883752 2.7551430
[3,] 7.554586 5.0263787
[4,] 8.804414 6.3038110
[5,] 4.380945 3.5144641
[6,] 1.640468 9.8281004
```

上述代码生成了 600 行 2 列的服从不同正态分布的随机数，下面对其进行密度聚类：

```
> ds <- dbscan(x, 0.2)
> ds
dbscan Pts=600 MinPts=5 eps=0.2
        0   1   2   3   4   5   6   7   8   9
border 16   4   7   5   4   5   4   3   6   6
seed    0  53 112  53  54  54  53  56  52  53
total  16  57 119  58  58  59  57  59  58  59
```

上述输出结果显示：原始数据被聚成 9 类，分别用第一行中的数字 1 到 9 表示，每一列代表一类，输出结果中的第一列包含三个参数，分别是 border、seed 和 total，分别用于统计每一类中被识别为异常点（噪声）的样本量、各个类别的样本量以及上述两种样本量的总和，如第 1 行的数字“1”对应的列中，被识别为异常点的样本量为 4，被识别为第一类的样本量为 53，上述样本量总计 57；而在第一行数字“0”对应的列中，数字 16 表示全量数据中被识别为异常值的样本共有 16 个。可以将上述聚类结果进行可视化展示，具体操作如下：

```
> plot(ds, x)
```

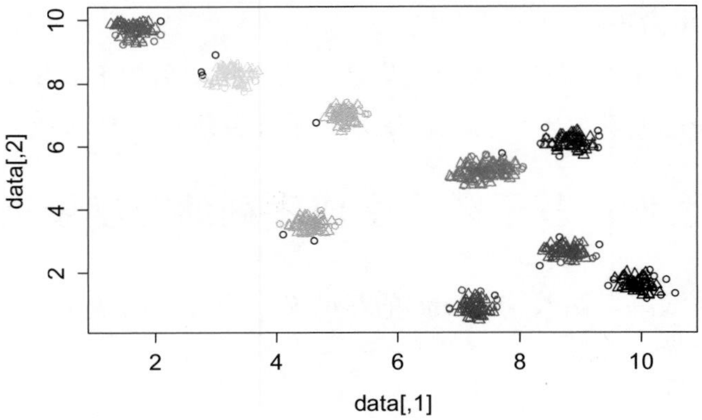

图 9.17 密度聚类的可视化展示

利用聚类结果还可以对新数据集进行预测，预测集同样采用随机数，具体操作为：

```
> train <- matrix(0,nrow=4,ncol=2)
> train[1,] <- c(5,2)
> train[2,] <- c(8,3)
> train[3,] <- c(4,4)
> train[4,] <- c(9,9)
> train
     [,1] [,2]
[1,]    5    2
[2,]    8    3
[3,]    4    4
[4,]    9    9
> predict(ds, x, train)
[1] 4 9 0 0
```

上述代码表示：在训练集 train 中，前两条记录分别被归为第 4 类和第 9 类，剩下两条记录被识别为异常值。

9.5 EM 聚类

本节将介绍一种特殊的聚类方式，即 EM 聚类，也称为期望最大化聚类，该聚类算法的基本思想在于：若样本数据存在自然小类，则每一小类中所包含的观测样本全部来自于同一个总体，或从某一特定的统计分布，也就是说，全量样本观测数据是来自于多个统计分布的有限维混合分布的随机样本。

9.5.1 聚类的基本过程

EM 聚类的算法核心是：使用该算法聚类时，将数据集看作一个有隐形变量的概率模型，并实现模型最优化，即获取与数据本身性质最契合的聚类方式为目的，通过‘反复估计’模型参数找出最优解，同时给出相应的最优类别级数 k。

一般情况下，EM 算法的步骤分为两大步：第 E 步和第 M 步，本节将给出比较通俗化的解释，在聚类数目 k 确定的情况下，EM 聚类算法的具体步骤如下：

第一步：为各观测数据随机指派一个类别，根据 EM 聚类的含义，每一小类的数据来自于有限维混合分布的一个成分，故需计算各个成分的分布参数，如某一小类的数据来自于二维联合分布，则需要计算其均值、协方差阵等；

第二步：在当前各成分参数已知的情况下，计算某一观测数据 xi 来自于第 1 类到第 k 类的概率，并将该样本观测值重新归为概率最大的类别中；

第三步：重新计算各个成分的分布参数。

在上述步骤中，第二步和第三步分别代表了 EM 算法中的第 E 步和第 M 步，不断重复这两步，直到分类稳定且成分参数收敛为止，最后每一个样本观测值都归为概率最大的一类，故称为期望最大化聚类。

与前面介绍的动态聚类算法不同的是，EM 聚类的类别识别依据为概率的大小，而动态聚类的分类依据为距离的远近，由此可见，两种聚类得到的结果可能有所偏差。

需要注意的是，在进行 EM 聚类之前，需要先确定聚类数目 k，该数目的确定也有一定的理论依据，通常采用 BIC 信息准则进行确定，使 BIC 值最大的 k 即为所求。

9.5.2 函数介绍

R 语言中用于实现 EM 聚类的函数为 Mclust()，该函数存储于程辑包 mclust 中，基本书写格式为：

```
    Mclust(data, G = NULL, modelNames = NULL, prior = NULL, control = 
emControl(),
    initialization = NULL, warn = mclust.options("warn"), x =  NULL, ...)
```

参数介绍：

- Data：指定用于聚类的数据对象，可以为向量、矩阵和数据框；
- G：指定聚类数目；
- modelNames：一个字符串向量，表示要在聚类的 EM 阶段拟合的模型，默认值为 NULL；
- Prior：通过函数 beforeControl( )在方法和方差之前指定共轭，默认值为 NULL；

- Control：指定 EM 的控制参数列表，默认值由调用函数 emControl（）设置。
- Initialization：一个列表，子列表中包含 hcPairs、subset 和 noise 中的 0 个、1 个或多个，其中 hcPairs 代表用于层次聚类的合并矩阵，subset 代表初始聚类阶段中使用的数据的子集，noise 表示对数据集中噪声数据的猜测；
- Warm：指定是否发出某些警告（通常与奇点有关）的逻辑值，默认值由 mclust.options 控制；
- X：一个'mclustBIC'类的对象，若对该参数赋值，则不重新计算已经计算并在 x 中可用的模型的 BIC 值。

该函数的返回值包含多个成分：

- G 表示最优的聚类数目；
- BIC 表示最优聚类数目下的 BIC 值；
- Loglik 表示最优聚类数目下的对数似然值；
- z 表示 n 行 k 列的矩阵，表示不同观测值属于各个类别的概率值；
- classfication 表示各观测值的所属类别；
- uncertity 表示不同观测值不属于所属类别的概率。

9.5.3 综合案例：基于 iris 数据集的 EM 聚类

下面利用 iris 数据集进行操作演练，具体操作为：

```
> library(mclust)
> mod1 <- Mclust(iris[,1:4])
> summary(mod1)
----------------------------------------------------
Gaussian finite mixture model fitted by EM algorithm
----------------------------------------------------

Mclust VEV (ellipsoidal, equal shape) model with 2 components:

 log.likelihood   n df       BIC       ICL
       -215.726 150 26 -561.7285 -561.7289

Clustering table:
  1   2
 50 100
```

上述输出结果显示：在没有指定聚类数目时，软件自行聚类的结果为 2 类，分别包含 50 和 100 个样本，还可以查看不同聚类数目下的 BIC 值的变化情况，具体如下：

```
> plot(mod1,"BIC")
```

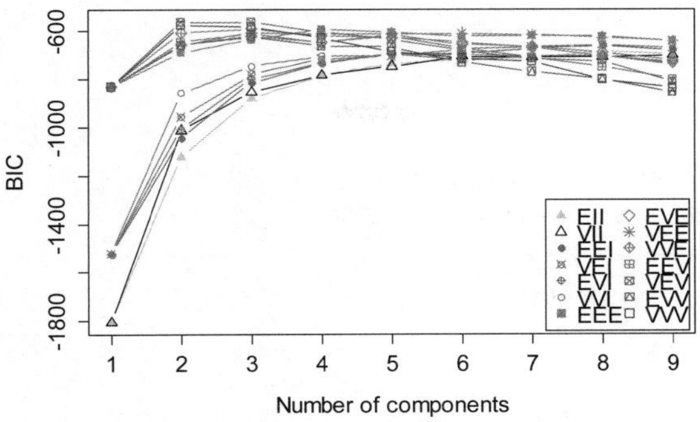

图 9.18　不同聚类数目 k 和对应的 BIC 值

图 9.18 展示了不同模型下聚类数目 k 与 BIC 值的折线图，其中不同的模型以大写的英文字母代表，具体的含义如下：

- EII：各小类的分布形状为球形，同时要求各个类别的样本容量相同；
- VII：各小类的分布形状为球形，样本容量可不相同；
- EEI：各小类的分布形状为斜状，形状和样本量均相等；
- VEI：各小类的分布形状为斜状，形状相同，样本容量可不相同；
- EVI：各小类的分布形状为斜状，样本量相同，形状可不相同；
- VVI：各小类的分布形状为斜状，样本量和形状均可不相同；
- EEE：各小类的分布形状为椭球状，要求椭球的形状、方向和包含的样本量相同；
- EEV：类似 EEE，但椭球体的方向可不相同；
- VEV：类似 EEE，但仅要求椭球体的形状相同；
- VVV：类似 EEE，但仅要求形状为椭球体。

由前文介绍的知识可知，需要选择使 BIC 值最大的模型，在本例中，采用 VEV 模型的 BIC 值最大，此时聚类数目为 2 类，且各个小类的形状均为椭球体，具体结果如图 9.19 所示。

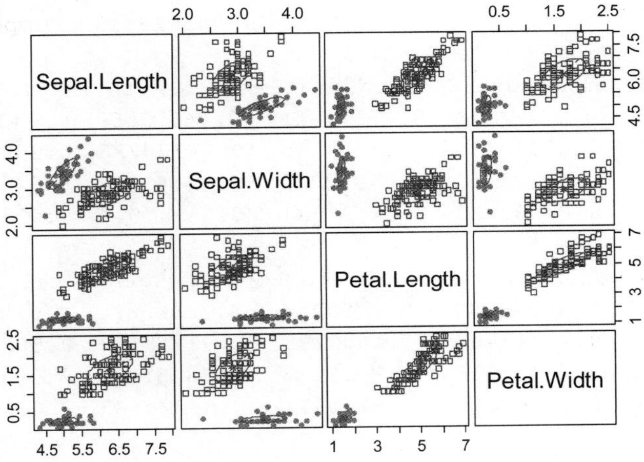

图 9.19　mod1 的聚类结果展示

```
> plot(mod1, what = "classification")
```

若预先指定聚类数目为 3 时，聚类结果如下：

```
> mod2 <- Mclust(iris[,1:4], G = 3)
> summary(mod2, parameters = TRUE)
----------------------------------------------------
Gaussian finite mixture model fitted by EM algorithm
----------------------------------------------------

Mclust VEV (ellipsoidal, equal shape) model with 3 components:

 log.likelihood   n df       BIC       ICL
      -186.0736 150 38 -562.5514 -566.4577

Clustering table:
 1  2  3
50 45 55

Mixing probabilities:
        1         2         3
0.3333333 0.3003844 0.3662823

Means:
              [,1]     [,2]     [,3]
Sepal.Length 5.006 5.914879 6.546670
Sepal.Width  3.428 2.777504 2.949495
Petal.Length 1.462 4.203758 5.481901
Petal.Width  0.246 1.298819 1.985322

Variances:
[,,1]
             Sepal.Length Sepal.Width Petal.Length Petal.Width
Sepal.Length   0.13322911  0.10940214  0.019196013 0.011587928
Sepal.Width    0.10940214  0.15497824  0.012098300 0.010011682
Petal.Length   0.01919601  0.01209830  0.028276976 0.005819438
Petal.Width    0.01158793  0.01001168  0.005819438 0.010693650
[,,2]
             Sepal.Length Sepal.Width Petal.Length Petal.Width
Sepal.Length   0.22561867  0.07613421   0.14679059  0.04331622
Sepal.Width    0.07613421  0.08020281   0.07370230  0.03435034
Petal.Length   0.14679059  0.07370230   0.16601076  0.04947014
Petal.Width    0.04331622  0.03435034   0.04947014  0.03335458
[,,3]
             Sepal.Length Sepal.Width Petal.Length Petal.Width
Sepal.Length   0.42946303  0.10788462   0.33465810  0.06547643
Sepal.Width    0.10788462  0.11602293   0.08918583  0.06141314
Petal.Length   0.33465810  0.08918583   0.36451484  0.08724485
Petal.Width    0.06547643  0.06141314   0.08724485  0.08671670
```

输出结果显示：聚类数目为 3，样本量分别为 50，45 和 55，占比依次为 0.33，0.30

和 0.37；三个小类均服从参数不同的正态分布，均值向量分别为：（5.00，3.42，1.46，0.25），（5.91，2.78，4.20，1.30）和（6.55，2.95，5.48，1.99），可将其视为三个类别的类质心，同样将聚类结果进行可视化展示，结果如图 9.20 所示。

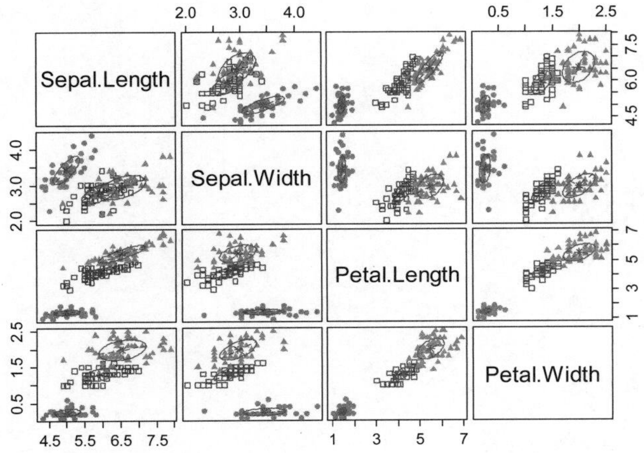

图 9.20　mod2 的聚类结果展示

此外，还可以绘制聚类的不确定性图以及核密度估计等高线图，具体命令如下：

```
> plot(mod2, what = "uncertainty")
```

结果如图 9.21 所示，每个小图中均有 3 个椭球体，分别用不同颜色表示，椭球体中的虚线长度和方向代表各个聚类变量的方差大小和相关性情况，椭球体外的观测点属于相应类别的概率较低，分别以颜色的深浅和点的大小来区分不确定性的程度，颜色越深、点越大的观测样本属于相应类别的不确定性越大。

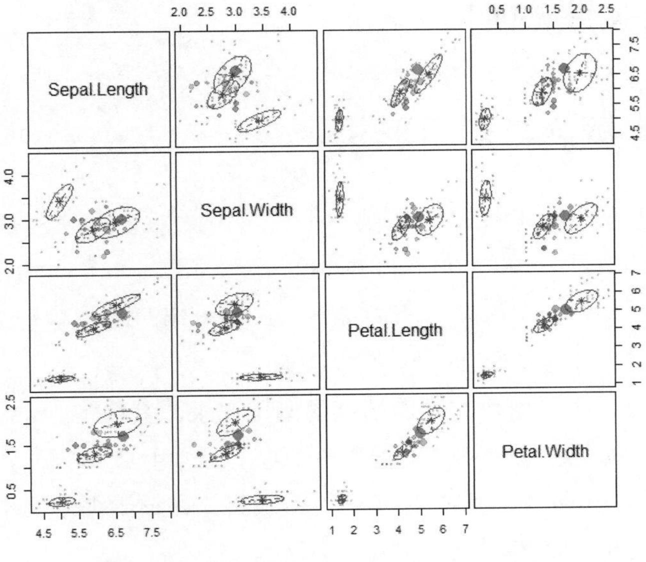

图 9.21　mod2 的所属类别不确定性图

第 10 章

关联规则

数据挖掘的另一个常见问题是，从海量的数据中挖掘各个变量之间的关系，经典的案例就是“购物篮分析”，如“啤酒与纸尿布”“飓风和蛋挞”“鸡蛋和牛奶”。在该类案例的分析中，数据挖掘人员发现购买了啤酒的人会有很大可能性购买纸尿布，购买鸡蛋的同时也往往购买牛奶，收入水平较高的女性往往选择知名品牌的护肤品。这就是事物间关联性的体现。在本章，我们将介绍简单关联规则及其算法实现，序列关联规则及其算法实现。

10.1　简单关联规则

10.1.1　基本概念与表示形式

首先，我们需要理解几个基本概念：

1．事务和项集（Transaction and Item）

事务是一种行为，如超市顾客的购买行为，网页用户的浏览行为等；项集就是一组项目的集合，项目可能是商品，网页链接等。

如表 10.1 所示。4 名用户在某网站上的浏览记录，其中 a，b，c，d，e 分别代表不同浏览页面。显然，这里一共有 4 个事务，对于 1 号用户（第一个事务），他浏览了 a，c，d 页面后离开该网站，其项集为一个 3-项集。在该数据示例中，一共有两个 2-项集，两个 3-项集和一个 4-项集。

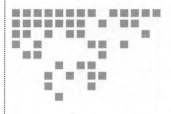

表 10.1　网页用户页面浏览数据示例

事　务	项　集	事　务	项　集
1	acd	3	be
2	abce	4	bce

2．简单关联规则(Association Rule)

简单关联规则的一般表示形式为：X→Y（S=s%,C=c%）。称关联规则左边的 X 为先决条件，也称为规则的前项，可以是一个项目，项集或者是一个包含项目和逻辑操作符号的逻辑表达式。右侧的 Y 是相应的关联结果，也称为规则的后项，一般为一个项目，用于表示出数据内部隐含的关联性。如关联规则鸡蛋→牛奶（S=80%,C=85%）成立，则表示购买了鸡蛋的顾客往往也会购买牛奶，即这两个购买行为之间存在一定的关联性，且规则的置信度为 85%，应用普适度为 80%。

括号中，S=s%表示规则的支持度为 s%，C=c%表示规则的置信度为 c%。

简单关联规则的含义为：有 c%的把握相信前项存在则后项也存在，该关联规则的适用性为 s%，规则的支持度和置信度均为关联规则的评价测度，我们将在后面给出它们的具体含义。

10.1.2　评价简单关联规则的有效性和实用性

我们可以从各类数据中找到很多的关联规则，但并不是所有的关联规则都有效，有的规则置信度不高，即不能让人信服，有的规则适用性范围有限，此类规则都不具备有效性。判断一条规则是否有效，常用的测度是：关联规则的置信度和支持度。

1．支持度(Support)

支持度是数据集中既包含项目 X 又包含项目 Y 的实例所占的百分比，即在所有项集中 $\{X,Y\}$ 出现的可能性，也就是所有项集中同时含有项目 X 和 Y 的概率：

$$\sup port(X \Rightarrow Y) = P(X \cup Y)$$

该测度是对简单关联规则应用的普遍性，如果规则的支持度太低，则说明规则不具有一般性，反之则说明规则具有一般性。其意义在于通过设定最小阈值（下限）来剔除那些不具有一般性的无意义规则，保留普适性较高的规则。阈值的设定满足：

$$\sup port(Z) \geqslant \min\sup$$

在简单关联规则中，规则支持度以 S 表示，出现在括号内。如上例的鸡蛋→牛奶（S=80%,C=85%）关联规则中，规则支持度为 80%。

2．置信度(Confidence)

规则置信度是对简单关联规则准确度的测量，定义为在关联规则的先决条件 X 发生的情况下，关联结果 Y 发生的概率，即含有 X 的项集中，同时含有 Y 的可能性：

$$confidence(X \Rightarrow Y) = P(Y \mid X) = \frac{P(XY)}{P(X)}$$

其中，$P(X)$为包含项集 X 的实例所占的百分比（或概率）。简单关联规则中，规则置信度以 C 表示，出现在括号中。如上例的鸡蛋→牛奶（S=80%,C=85%）这一关联规则中，规则置信度为 85%。

简单关联规则的实用性体现在两个方面：一方面，该规则应具有实际意义；另一方面，该规则应具有指导意义。然而，规则置信度和支持度只能测度简单关联规则的有效性，不能衡量其实用性，故我们需要引入提升度这一概念来刻画规则的实用性。

3．提升度(Lift)

提升度表示在含有 X 的条件下同时含有 Y 的可能性，与没有 X 条件下项集中含有 Y 的可能性之比：

$$Lift(X \Rightarrow Y) = \frac{confidence(X \Rightarrow Y)}{P(X)} = \frac{P(XY)}{P(X)P(Y)}$$

该测度与置信度同样用于衡量规则的可靠性，从统计学角度，如果项目 X 对项目 Y 没有影响，则该规则的提升度为 1。因此，有实际意义的简单关联规则的提升度应当大于 1，即 X 的出现对 Y 有促进作用，且提升度越大越好。

除此以外，还有一些其他有趣的测度，如卡方检验（Chi-quare）,确定度（Conviction），基尼系数（Gini）以及杠杆值（Leverage）,在此我们不作详细叙述。

10.2 序列关联规则

简单关联规则的挖掘没有考虑事务间的顺序，然而在很多应用中这样的顺序极其重要。比如：在购物篮分析中，了解顾客购买商品的顺序很有用意义，一般来说，如果顾客购买了一张床，将有很大可能再购买床单；在 Web 数据挖掘中，根据用户浏览网页的顺序挖掘网站的浏览模式也是很有用的。序列关联分析的出现就为此类问题的挖掘提供了极大的便利。

10.2.1 差异与基本概念

序列关联分析，也称为时序关联分析，与简单关联规则的不同之处在于，序列关联挖掘注重事务间的顺序，也就是时序性。其研究目的是，从所收集到的众多事务序列中，发现数据间的顺序，找到事物发展的先后关联性，而这种先后关联性一般与时间有关。

序列关联研究的对象是事务序列，一个事务序列是由多个事务按照时间先后排序的集合，简称序列。我们举一个简单的例子来说明序列。表 10.2 是某超市顾客的购买记录数据：

表 10.2　序列关联的简单数据

会员卡号	时间戳 1	时间戳 2	时间戳 3
001	{牛奶，面包}	{面包，奶酪}	{啤酒，花生米}
002	{牛奶}	{牛奶，面包}	{饮料}
003	{饮料}	{啤酒，花生米}	{面包，奶酪}
004	{面包}	{啤酒，奶酪}	

表 10.2 给出了 4 个顾客在三个时间段内的购买记录，花括号内是同次购买的商品，构成关于该商品的项集，也称为事务。每个事务都有唯一的标识，成为事务号 Eid，本例中时间 1、时间 2 和时间 3 可看作是事务号；每一行记录，也就是同一个顾客的不同次购买记录组成了一个事务序列，每个事物序列对应一个序列号 Sid，本例中可将会员卡号看作序列号。本例中，Sid=001 的事务序列为：{牛奶，面包}→{面包，奶酪}→{啤酒，花生米}。

序列大小是序列包括的项目数，也是描述事务序列的重要指标。如果一个序列共有 k 个项目，则该序列称为 k-序列。如 Sid=002 序列是一个 4-序列。序列也可以被拆分成若干个子序列，子序列可被拆分成若干个事务，事务就是最小的子序列。本例中，Sid=003 序列可拆分成 2 个 3-序列：{饮料}→{啤酒，花生米}、{饮料}→{面包，奶酪}，一个 4-序列：{啤酒，花生米}→{面包，奶酪}，3 个最小子序列：{饮料}、{啤酒，花生米}、{面包，奶酪}。

序列关联分析的一般表达形式为：（X）→Y（S=s%,C=c%），其中，X 称为序列关联规则的先决条件，也称为前项。它可以是一个序列、事务或者包含序列和事务的逻辑表达式；Y 是关联的结果，也称为序列关联规则的后项；括号里面是规则的支持度和置信度。其中：

序列关联规则的支持度=同时包含序列前项、序列后项的事务序列数在总序列数中的比例；

序列关联规则的置信度=同时包含序列前项、序列后项的事务序列数/只包含序列前项的事务序列数。

整个序列关联规则的含义为：有 c%的把握相信如果规则前项存在则规则后项一定存在，且该规则的适用性是 s%。和简单关联规则类似的是：有效的关联规则必须满足支持度和置信度均不小于用户指定的最小阈值。

10.2.2　生成序列关联规则

生成序列关联规则的步骤主要分为以下两步：

（1）搜索频繁事务序列，该频繁事务序列的支持度不小于用户指定的最小阈值；

（2）根据第一步中产生的序列生成关联规则。

搜索频繁事务序列基于一个类似递进的原则：只有频繁 1-序列才有可能组成频繁 2-序列，故我们应该先找到频繁 1-序列。同理依次找到频繁 k-序列。而我们需要的序列关联规则就是在频繁 k-序列的基础之上生成的。

不难发现，生成序列关联规则的过程相似于生成简单关联规则的过程，其关键点在于怎样提高搜索频繁 k-序列的效率，有很多成熟的算法从不同的角度解决该问题，在本书中，我们提出一种具有代表性的算法：SPADE 算法，该算法将在后面进行详细叙述。

10.3 Apriori 算法

简单关联分析的目标是发现兼具有效性和实用性的简单关联规则。在样本量较少的情况下，该问题的实现算法很简单，但是随着样本量的增加，怎样在海量数据中快速有效地找到关联规则，就显得较为复杂。

目前，已经存在一些高效的算法来实现复杂样本情况下的问题，下面我们将介绍其中的一个经典算法：Apriori 算法。

10.3.1 算法介绍：挖掘频繁项集

Apriori 算法是一种挖掘关联规则的频繁项集算法，其核心思想是通过候选集生成和情节的向下封闭检测两个阶段来挖掘频繁项集。Apriori 算法应用广泛，可用于消费市场价格分析，猜测顾客的消费习惯；网络安全领域中的入侵检测技术；可用于高校管理中，根据挖掘规则可以有效地辅助学校管理部门有针对性地开展贫困助学工作；也可用在移动通信领域中，指导运营商的业务运营和辅助业务提供商的决策制定。

最早的 Apriori 算法是由 Agrawal 和 Srikant 在 1994 年提出来的一种广度优化的逐层搜索算法，通过对事务计数找到频繁项集，然后从中推导出关联规则。

1．搜索频繁项集

搜索频繁项集是 Apriori 算法提高寻找关联规则效率的关键步骤，通过迭代，检索出事务数据库中的所有频繁项集，即支持度不低于用户设定的阈值的项集。具体过程为：

（1）扫描；

（2）计数；

（3）比较；

（4）产生频繁项集；

（5）连接、剪枝产生候选项集；

（6）重复步骤（1）~（5），直到不能发现更大的频率。

2．依据频繁项集推导关联规则

根据置信度的定义，关联规则的产生如下：

（1）对于每个频繁项集 L，产生 L 的所有非空子集；

（2）对于 L 的每个非空子集 S，如果：

$$\frac{P(L)}{P(S)} \geqslant \text{minconf}$$

则输出规则“L-S”，其中 L-S 表示在项集 L 中除去 S 子集的项集。

我们利用表 10.1 中的数据来说明这个迭代过程，如图 10.1 所示。

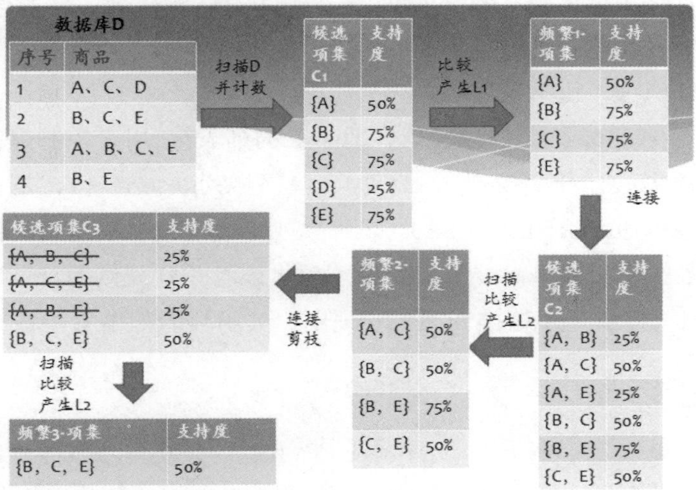

图 10.1　Apriori 产生频繁项集的迭代过程示例

10.3.2　函数介绍

在 R 语言软件中，用于实现 Apriori 算法的函数存在于 arules 包当中，首次使用时应先下载安装，并加载到 R 的工作空间中。

```
> install.packages("arules")    #下载安装arules程辑包
> library(arules)               #加载arules程辑包
```

Arules 程辑包中实现 Apriori 算法的是函数 apriori()，其函数的基本书写格式为：

```
apriori(data, parameter = NULL, appearance = NULL, control = NULL)
```

参数介绍：

- Data：transactions 类对象，可转换成 transactions 类的矩阵或数据框；
- Parameter：用于挖掘的 ASParameter 类对象（或含元素名的列表），包括：support，

指定最小支持度阈值（默认值为 0.1）；confidence：指定最小置信度阈值（默认值为 0.8）；minlen，指定关联规则所包含的最小项目数（默认值为 1）；maxlen，指定关联规则所包含的最大项目数（默认值为 10）；target：指定最终给出怎样的搜索结果，其中“rules”表示给出简单关联规则，“frequent itemsets”表示给出所有的频繁项集，“maximally frequent itemsets”表示给出最大频繁项集和最大频繁 k 项集。

- Appearance：Appearance 类对象（或含元素名的列表），用于描述规则挖掘中的限制，其中 lhs 表示输出规则前项中符合指定特征的规则；rsh 表示输出规则后项中符合指定特征的规则；items 表示输出包含某些项的频繁项集；none 表示输出不包含某些特征的项集或者规则；default 表示对关联约束列表中没有明确指定特征的项，按默认输出。
- Control：APcontrol 类对象（或含元素名的列表），用来控制算法的性能。如可设定对项集进行升序排列（sort=1）、降序排列（sort=-1）、是否向使用者报告进程（verbose=TRUE/FALSE）等。

Apriori 函数的返回结果是一个关于频繁项集或者关联规则的特殊的类，我们可以利用 sort 函数浏览按指定顺序排列的关联规则，其函数的基本书写格式为：

```
Sort（x=关联规则类对象名称，decreasing=TRUE/FALSE,by=排序依据）
```

其中，by 可以取“support”“confidence”“lift”，分别表示按照规则的支持度、置信度和提升度排序；decreasing 取 TRUE/FALSE 分别表示按照降序或者升序排序。

10.3.3 综合案例：基于 Titanic 数据集的关联规则挖掘

下面，我们将通过案例分析来进行算法演练，数据来自于 R 语言软件的内置数据，是包含在 datasets 包中的一个 4 维数据表，我们先来对数据进行初步认识：

```
> attributes(Titanic)  #查看Titanic数据集的外在属性
$dim
[1] 4 2 2 2

$dimnames
$dimnames$Class
[1] "1st"  "2nd"  "3rd"  "Crew"

$dimnames$Sex
[1] "Male"   "Female"

$dimnames$Age
[1] "Child" "Adult"

$dimnames$Survived
```

```
[1] "No"  "Yes"


$class
[1] "table"
```

由输出我们可以看到，Titanic 数据集一共有 4 个属性，分别为：class（社会地位）、sex（性别）、Age（年龄），Survived（是否幸存），数据以列表形式存储。

首先，我们需要对数据进行预处理：

```
> str(Titanic)
table [1:4, 1:2, 1:2, 1:2] 0 0 35 0 0 0 17 0 118 154 ...
 - attr(*, "dimnames")=List of 4
  ..$ Class   : chr [1:4] "1st" "2nd" "3rd" "Crew"
  ..$ Sex     : chr [1:2] "Male" "Female"
  ..$ Age     : chr [1:2] "Child" "Adult"
  ..$ Survived: chr [1:2] "No" "Yes"
>data1= as.data.frame(Titanic)  #将数据转存为数据框的形式并命名为data1
> head(data1)                               #查看数据前6行
Class   Sex   Age Survived Freq
1  1st   Male Child      No    0
2  2nd   Male Child      No    0
3  3rd   Male Child      No   35
4  Crew  Male Child      No    0
5  1st Female Child      No    0
6  2nd Female Child      No    0
> titanic.raw = NULL
> for(i in 1:4) {
titanic.raw = cbind(titanic.raw,
rep(as.character(data1[,i]),data1$Freq))}        #将Freq>0的记录按列追加到变量中
> data2=as.data.frame(titanic.raw)               #得到新数据框
> names(data2)=names(data1)[1:4]                 #为新数据框加列名
> head(data2)                                    #查看前6行
Class  Sex  Age Survived
1  3rd Male Child      No
2  3rd Male Child      No
3  3rd Male Child      No
4  3rd Male Child      No
5  3rd Male Child      No
6  3rd Male Child      No
> summary(data2)                                 #查看新数据框的描述性统计
Class        Sex          Age        Survived
 1st :325   Female: 470   Adult:2092   No :1490
 2nd :285   Male  :1731   Child: 109   Yes: 711
 3rd :706
 Crew:885
```

不难发现，该数据集一共有 2201 行记录，每一行记录代表一个乘客的信息；接下

来我们需要挖掘乘客是否幸存与社会地位、性别、年龄之间的关联性。

```
> library(arules)                                   #加载arules程辑包
> rules.1=apriori(data2)
Apriori

Parameter specification:
 confidence minval smax arem  aval originalSupport maxtime support
        0.8    0.1    1 none FALSE            TRUE       5     0.1
 minlen maxlen target   ext
      1     10  rules FALSE

Algorithmic control:
 filter tree heap memopt load sort verbose
    0.1 TRUE TRUE  FALSE TRUE    2    TRUE

Absolute minimum support count: 220

set item appearances ...[0 item(s)] done [0.00s].
set transactions ...[10 item(s), 2201 transaction(s)] done [0.00s].
sorting and recoding items ... [9 item(s)] done [0.00s].
creating transaction tree ... done [0.00s].
checking subsets of size 1 2 3 4 done [0.00s].
writing ... [27 rule(s)] done [0.00s].
creating S4 object  ... done [0.00s].
```

上述代码表示，利用 apriori 算法进行关联分析，由于我们没有对 apriori 函数的参数进行设定，故默认参数值，即最小支持度阈值为 0.1，最小置信度阈值为 0.8，关联规则的最大长度为 10。

以上输出结果中包括：

- 指明支持度、置信度最小值的参数详解部分：
- Parameter specification；记录算法执行过程相关参数的算法控制部分：Algorithmic control；
- 算法的基本信息和执行细节：apriori 函数的版本、各步骤程序运行时间等。

```
> plot(rules.1, method="grouped")             #规则的可视化
```

Rules.1 的关联规则可视化如图 10.2 所示。图中一共有 27 个圆圈，分别表示生成的 27 个关联规则，圆圈的大小分别表示规则的支持度大小，颜色深浅代表提升度的高低。如：{Surived=No，Sex=Male}的规则支持度较高（圆圈较大），提升度较高（颜色较深）。

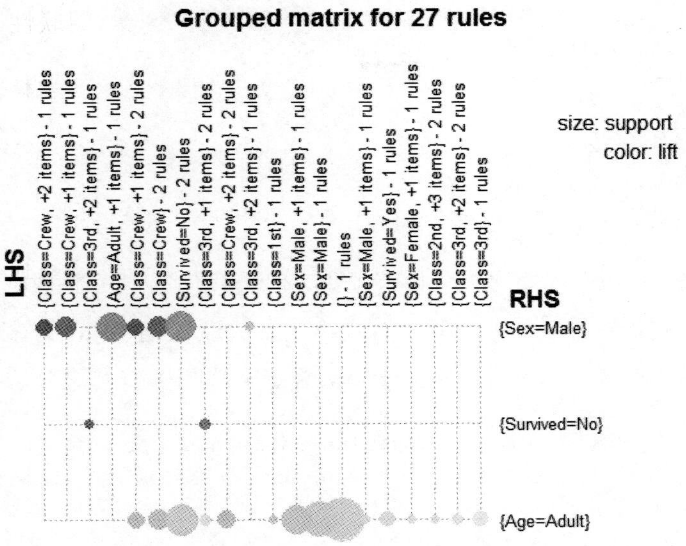

图 10.2　rules.1 的关联规则可视化

```
> rules.1                        #共生成了27个频繁项集
set of 27 rules
> summary(rules.1)               #对生成的频繁项集进行描述性分析
set of 27 rules

rule length distribution (lhs + rhs):sizes
 1  2  3  4
 1 10 11  5

   Min. 1st Qu.  Median    Mean 3rd Qu.    Max.
  1.000   2.000   3.000   2.741   3.000   4.000

summary of quality measures:
    support          confidence           lift
 Min.   :0.1186   Min.   :0.8130   Min.   :0.9344
 1st Qu.:0.1838   1st Qu.:0.9107   1st Qu.:0.9671
 Median :0.3044   Median :0.9242   Median :1.0327
 Mean   :0.3506   Mean   :0.9364   Mean   :1.0650
 3rd Qu.:0.3969   3rd Qu.:0.9779   3rd Qu.:1.1696
 Max.   :0.9505   Max.   :1.0000   Max.   :1.2659

mining info:
  data ntransactions support confidence
 data2          2201     0.1        0.8

> inspect(rules.1)                #浏览频繁项集
lhs                 rhs              support confidence      lift
[1]  {}              => {Age=Adult}   0.9504771  0.9504771 1.0000000
[2]  {Class=2nd}     => {Age=Adult}   0.1185825  0.9157895 0.9635051
```

```
[3]  {Class=1st}    => {Age=Adult}  0.1449341  0.9815385 1.0326798
[4]  {Sex=Female}   => {Age=Adult}  0.1930940  0.9042553 0.9513700
[5]  {Class=3rd}    => {Age=Adult}  0.2848705  0.8881020 0.9343750
……
[27] {Class=Crew,
     Age=Adult,
     Survived=No}  => {Sex=Male}   0.3044071  0.9955423 1.2658514
```

由输出可知，一共产生了 27 个频繁项集，但是我们只对关联规则中指定是否幸存（Survived=Yes or No）的 rsh 感兴趣，而且第一条关联规则中 lhs 为空，这样的规则没有实际意义，故需剔除。下面我们对 apriori 函数中的相关参数进行设定：

```
> rules.2 = apriori(data2,parameter=list(minlen= 2,supp =0.005,conf =0.8),
appearance= list(rhs=c("Survived=No", "Survived=Yes"), default="lhs"),control=
list(verbose=F))
> plot(rules.2, method="graph",control=list(arrowSize=2))     #可视化
```

在上面的代码中，我们设定关联规则中所包含的最小项目数为 2（minlen=2），设定最小的支持度阈值为 0.005，设定最小置信度阈值为 0.8，设定 verbose=F 用于压缩过程的细节信息，设定 lift 提升度按照降序方式进行排序。

rules.2 的关联规则的可视化如图 10.3 所示，圆圈的大小表示支持度，本图中的支持度取值区间为：0.006~0.192；颜色深浅表示提升度高低。不同项目通过有向箭头指向不同支持度，指向同一个支持度的不同项目组成一个项集。如 Class=2nd，Age=Child 两个项目指向右下角的同一个小圆圈，该圆圈的颜色比较深，说明组成的项集支持较小，但提升度较大。

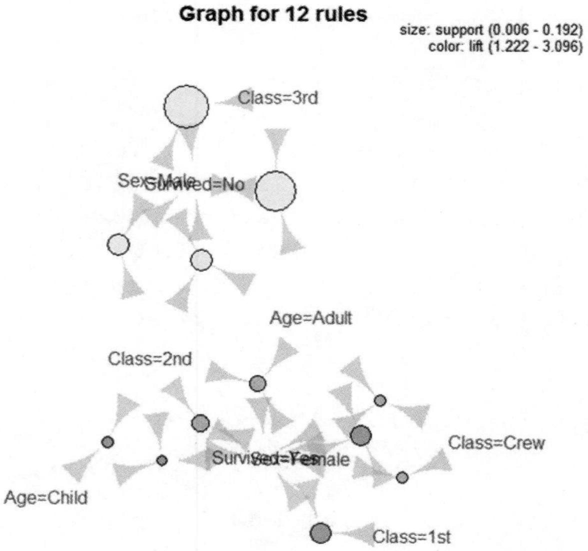

图 10.3　rules.2 的关联规则可视化

```
> rules.3 = sort(rules.2, by="lift")        #根据提升度对rules.2进行排序
> inspect(rules.3)                          #查看排序结果
lhs                                  rhs               support
[1]  {Class=2nd,Age=Child}              => {Survived=Yes} 0.010904134
[2]  {Class=2nd,Sex=Female,Age=Child}  => {Survived=Yes} 0.005906406
[3]  {Class=1st,Sex=Female}             => {Survived=Yes} 0.064061790
[4]  {Class=1st,Sex=Female,Age=Adult}  => {Survived=Yes} 0.063607451
[5]  {Class=2nd,Sex=Female}             => {Survived=Yes} 0.042253521
[6]  {Class=Crew,Sex=Female}            => {Survived=Yes} 0.009086779
[7]  {Class=Crew,Sex=Female,Age=Adult} => {Survived=Yes} 0.009086779
[8]  {Class=2nd,Sex=Female,Age=Adult}  => {Survived=Yes} 0.036347115
[9]  {Class=2nd,Sex=Male,Age=Adult}     => {Survived=No}  0.069968196
[10] {Class=2nd,Sex=Male}               => {Survived=No}  0.069968196
[11] {Class=3rd,Sex=Male,Age=Adult}     => {Survived=No}  0.175829169
[12] {Class=3rd,Sex=Male}               => {Survived=No}  0.191731031
     confidence lift
[1]  1.0000000  3.095640
[2]  1.0000000  3.095640
[3]  0.9724138  3.010243
[4]  0.9722222  3.009650
[5]  0.8773585  2.715986
[6]  0.8695652  2.691861
[7]  0.8695652  2.691861
[8]  0.8602151  2.662916
[9]  0.9166667  1.354083
[10] 0.8603352  1.270871
[11] 0.8376623  1.237379
[12] 0.8274510  1.222295
> plot(rules.3, method="paracoord", control=list(reorder=T))  #可视化
```

由上述输出，我们可关联信息，如规则 1 表明 class=2，且 Age=Child 的人群全部幸存。然而，我们还可以发现，在规则 2 中，class=2，Sex=Female，Age=Child 的人群也全部幸存，不难发现这两个人群是包含关系，即规则 2 从属于规则 1，这就出现了冗余现象。需要对生成的规则进行剪枝，以剔除冗余规则。

Rules.3 的关联规则可视化如图 10.4 所示，图中从左到右的带箭头折线表示关联规则的前项和后项，折线的粗细表示规则支持度的大小，颜色深浅表示提升度的高度。如右下方的箭头（Class=3rd→Sex=Male→Survied=No），颜色较深，折线较粗，说明该规则的支持度和提升度都较高。

```
> matrix.1 = is.subset(rules.3, rules.3)
#检查rules.3中属于其他项的子集的项集，并赋值给matrix.1
> matrix.1[lower.tri(matrix.1, diag=T)] = NA
#将matrix.1中的下三角和对角线上的元素赋值为NA
> redundant =colSums(matrix.1, na.rm=T) >= 1
#返回结果中含有TRUE的规则，即被判断为冗余的规则，并赋值给redundant
> which(redundant)                          #检查所有冗余规则的下标
{Class=2nd,Sex=Female,Age=Child,Survived=Yes}
                                            2
{Class=1st,Sex=Female,Age=Adult,Survived=Yes}
```

```
                                              4
{Class=Crew,Sex=Female,Age=Adult,Survived=Yes}
                                              7
{Class=2nd,Sex=Female,Age=Adult,Survived=Yes}
                                              8
> rules.4 = rules.3[!redundant]             #剔除冗余规则后得到的新规则
> inspect(rules.4)
lhs                              rhs             support     confidence lift
[1] {Class=2nd,Age=Child}         => {Survived=Yes} 0.010904134 1.0000000
3.095640
[2] {Class=1st,Sex=Female}        => {Survived=Yes} 0.064061790 0.9724138
3.010243
[3] {Class=2nd,Sex=Female}        => {Survived=Yes} 0.042253521 0.8773585
2.715986
[4] {Class=Crew,Sex=Female}       => {Survived=Yes} 0.009086779 0.8695652
2.691861
[5] {Class=2nd,Sex=Male,Age=Adult} => {Survived=No}  0.069968196
0.9166667  1.354083
[6] {Class=2nd,Sex=Male}          => {Survived=No}  0.069968196 0.8603352
1.270871
[7] {Class=3rd,Sex=Male,Age=Adult} => {Survived=No}  0.175829169
0.8376623  1.237379
[8] {Class=3rd,Sex=Male}          => {Survived=No}  0.191731031 0.8274510
1.222295
>plot(rules.4, method="graph", control=list(arrowSize=2,type="items"))
#规则可视化
```

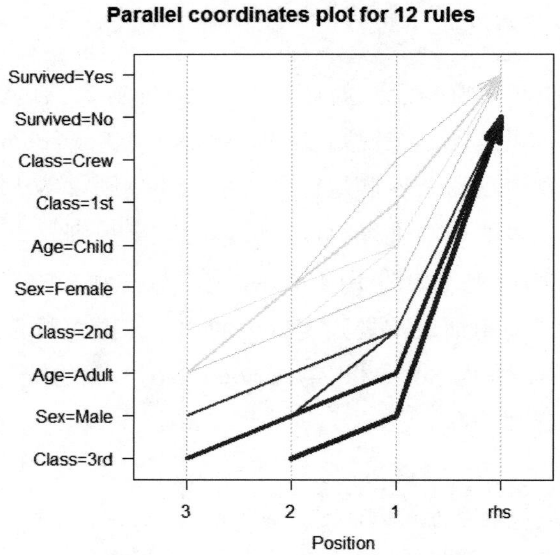

图 10.4 rules.3 的关联规则可视化

Rules.4 的规则可视化如图 10.5 所示。得到了新的规则后，我们就可以对其进行解释，如规则 1 表示所有的 class=2nd 的孩子全部幸存，基于其规则的置信度为 1；那么我们很自然的会提出一个问题：class 为其他的孩子的存活情况怎么样，甚至是其他的关联规则是怎样的？下面我们将对 apriori 函数的阈值进行重新设定，得到新的关联规则。

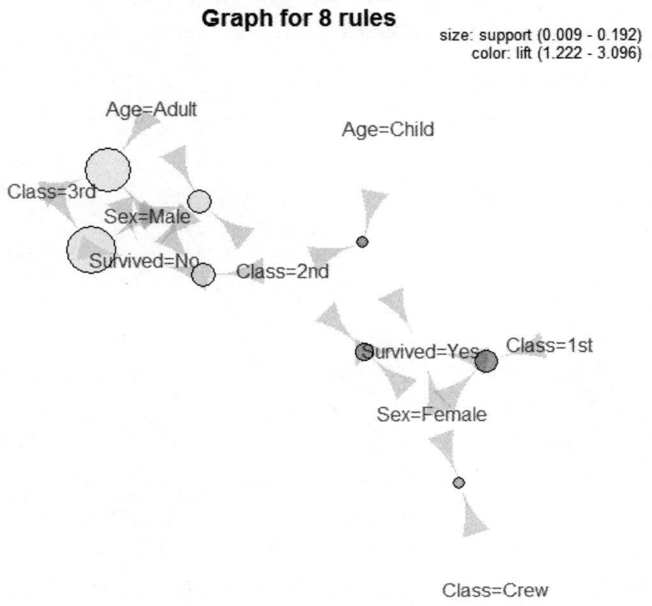

图 10.5 rules.4 的关联规则可视化

```
>rules.5=apriori(data2,parameter=list(minlen=3,supp=0.002,conf=0.2),ap
pearance=list(rhs=c("Survived=Yes"),lhs=c("Class=1st","Class=2nd","Class=3r
d","Age=Child","Age=Adult"),default="none"),control= list(verbose = F))
```

我们设定关联规则中所包含的最小项目数为 2（minlen=2）,设定最小的支持度阈值为 0.002，设定最小置信度阈值为 0.2，设定 verbose=F 用于压缩过程的细节信息，设定 lift 提升度按照降序方式进行排序。与前面不同的是，我们将挑选出 Survived=Yes、属于不同社会等级（class）的成人和孩子来比较相应规则的置信度，为不同人群的幸存率做比较提供参考依据。

```
> rules.6 = sort(rules.5, by = "confidence") #生成的新规则按照置信度降序排列
>  plot(rules.6, method="paracoord", control=list(reorder=T))
> inspect(rules.6)                                  #查看排序后的新规则
 lhs                       rhs              support     confidence lift
[1] {Class=2nd,Age=Child} => {Survived=Yes} 0.010904134 1.0000000  3.0956399
[2] {Class=1st,Age=Child} => {Survived=Yes} 0.002726034 1.0000000  3.0956399
[3] {Class=1st,Age=Adult} => {Survived=Yes} 0.089504771 0.6175549  1.9117275
[4] {Class=2nd,Age=Adult} => {Survived=Yes} 0.042707860 0.3601533  1.1149048
[5] {Class=3rd,Age=Child} => {Survived=Yes} 0.012267151 0.3417722  1.0580035
[6] {Class=3rd,Age=Adult} => {Survived=Yes} 0.068605179 0.2408293  0.7455209
```

由输出结果基于置信度的比较，在同样的 class 人群中，孩子的幸存率比成人更高；分别在孩子和成人的人群中进行比较，Class=1st，Class=2nd 的孩子全部幸存（规则 1 和规则 2 的置信度均为 1）；class=3rs 的孩子幸存率较前两个等级低；不同等级的成人

群体具有不同的幸存率，按照等级依次降低。Rules.6 的规则可视化如图 10.6 所示。

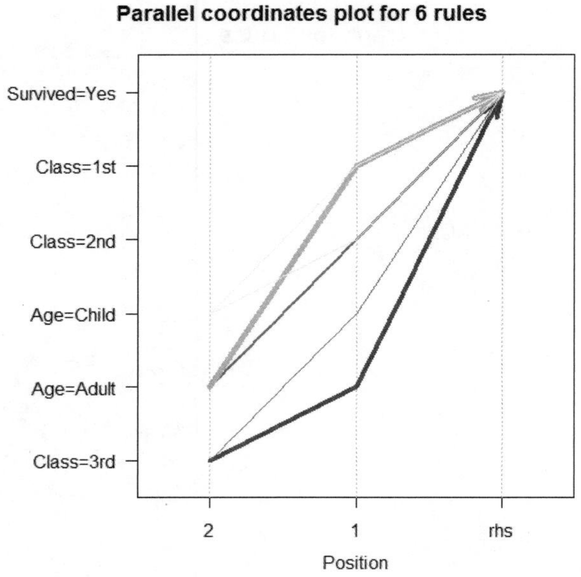

图 10.6　rules.6 的关联规则可视化

10.4　Eclat 算法

Apriori 算法是最经典的关联挖掘算法，比较容易实现，但是该算法搜索频繁项集的过程是分步进行的，需要对数据集进行多次扫描，因此效率较低，在数据量很大的情况下不易执行。接下来，我们介绍另外一个效率较高的关联挖掘的算法：Eclat 算法。由于 Eclat 算法在运行效率方便更具有优势，故该算法适用于大数据情况下的关联分析。

10.4.1　算法介绍：自底向上的搜索

Eclat 算法是 Zaki 等人在 1997 年提出来的一种快速搜索频繁项集的算法，其思路和 Apriori 算法类似，不同之处在于：Eclat 算法的实现过程没有分步骤，而是基于对等类（equivalence class），采用自底向上的搜索方法，也就是倒序排列的搜索方式，一次性找到最大频繁项集的所有候选项集，极大地减少了访问数据集的次数。

10.4.2　函数介绍

与 Apriori 算法一样，Eclat 算法的 R 语言函数也是存在于 arlues 程辑包当中，在使用之前需要先加载该程辑包。Eclat 算法的 R 语言函数是 eclat()，函数的基本书写格式为：

```
eclat(data,parameter=NULL,control=NULL)
```

参数介绍：

- Data：transactions 类对象，可转换成 transactions 类的矩阵或数据框。
- Parameter：用于挖掘的 ASParameter 类对象（或含元素名的列表），包括 support，指定最小支持度阈值（默认值为 0.1）；confidence：指定最小置信度阈值（默认值为 0.8）；minlen，指定关联规则所包含的最小项目数（默认值为 1）；maxlen，指定关联规则所包含的最大项目数（默认值为 10）；target：指定最终给出怎样的搜索结果，其中“frequent itemsets”表示给出所有的频繁项集，“maximally frequent itemsets”表示给出最大频繁项集和最大频繁 k 项集。

值得注意的是，与 Apriori 函数的用法相比，Eclat 函数不含有 appearance 参数，且 parameter 参数的设定中也不含有 target 项，即 parameter 中的输出结果中 target 项不能设置为 rules。

Eclat 函数的返回结果是关于频繁项集的特殊的类，同样地，也可利用 str 函数查看类的属性定义等。

我们还可以利用 ruleInducton()函数在频繁项集的基础上生成简单的关联规则，其函数的基本书写格式为：

```
ruleInduction(x, transactions, confidence = 0.8, control = NULL)
```

参数介绍：

- X：频繁项集对象；
- Transactions：指定为存放事务数据的 transactions 类对象；
- confidence ：指定的最规则置信度，默认值为 0.8。

10.4.3 综合案例：基于美国人口调查数据的关联规则挖掘

接下来，我们将通过实例分析来进行算法演练，选用 arules 包中的 Adult 数据集，该数据取自于 1994 年美国人口调查局数据库，最初是用于预测人均年收入是否超过五万美元；该数据集包括 15 个变量：age（年龄）、workclass（工作类型）、education（教育）、race（种族）、sex（性别）、occupation（职业）、relationship（关系）等，一共有 48842 条观测记录，我们将对这个数据集运用 eclat 算法挖掘出一些有意义的关联规则。

```
> library(arules)          #加载arules包
> library(arulesViz)
> data(Adult)              #加载Adult数据集
> summary(Adult)           #使用summary函数查看Adult数据集的概览信息
transactions as itemMatrix in sparse format with
 48842 rows (elements/itemsets/transactions) and
```

```
 115 columns (items) and a density of 0.1089939

most frequent items:
          capital-loss=None            capital-gain=None
                     46560                        44807
native-country=United-States                   race=White
                     43832                        41762
          workclass=Private                      (Other)
   33906                       401333

element (itemset/transaction) length distribution:
sizes
    9    10    11    12    13
   19   971  2067 15623 30162

   Min. 1st Qu.  Median    Mean 3rd Qu.    Max.
   9.00   12.00   13.00   12.53   13.00   13.00

includes extended item information - examples:
          labels variables      levels
1       age=Young       age       Young
2 age=Middle-aged       age Middle-aged
3      age=Senior       age      Senior

includes extended transaction information - examples:
  transactionID
1             1
2             2
3             3

> inspect(Adult[1:3])  #使用inspect函数查看前3条观测数据
    items                               transactionID
[1] {age=Middle-aged,
     workclass=State-gov,
     education=Bachelors,
     marital-status=Never-married,
     occupation=Adm-clerical,
     relationship=Not-in-family,
     race=White,
     sex=Male,
     capital-gain=Low,
     capital-loss=None,
     hours-per-week=Full-time,
     native-country=United-States,
     income=small}                                  1
[2] {age=Senior,
     workclass=Self-emp-not-inc,
     education=Bachelors,
     marital-status=Married-civ-spouse,
```

```
     occupation=Exec-managerial,
     relationship=Husband,
     race=White,
     sex=Male,
     capital-gain=None,
     capital-loss=None,
     hours-per-week=Part-time,
     native-country=United-States,
     income=small}                              2
[3]  {age=Middle-aged,
     workclass=Private,
     education=HS-grad,
     marital-status=Divorced,
     occupation=Handlers-cleaners,
     relationship=Not-in-family,
     race=White,
     sex=Male,
     capital-gain=None,
     capital-loss=None,
     hours-per-week=Full-time,
     native-country=United-States,
     income=small}
> itemFrequencyPlot(Adult,support = 0.2, cex.names =0.8,col="red")#对Adult
数据集画频繁项的图
```

由于 Adult 数据集中每个变量包含有很多项，因此我们利用 itemFrequencyPlot 函数画出该数据集的频繁项的图，设定支持度最小值为 0.2，纵坐标标注的最大值为 0.8，图形颜色为红色，画出满足条件的频繁项，结果如图 10.7 所示。

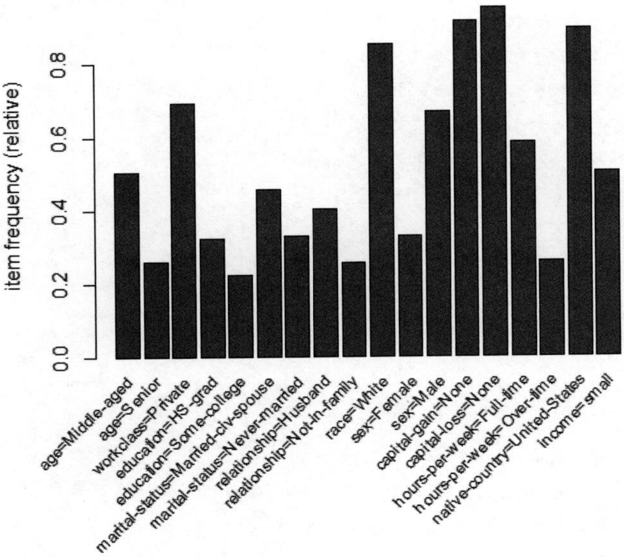

图 10.7　Adult 数据集频繁项的可视化

结合前面 summary 函数输出的结果我们可以发现，在所有项集中，capital-loss=

None（46560 条记录）、capital-gain=None（44807 条记录）、native-country=United-States（43832 条记录）、race=White（41762 条记录），workclass=Private（33906 条记录）是最大频繁项集。

```
> myrules=eclat(Adult,parameter=list(supp=0.5,target="maximally frequent
itemsets"))
#搜索最大频繁k-项集，一共产生了11个最大频繁k-项集
Eclat

parameter specification:
 tidLists support minlen maxlen                      target   ext
    FALSE     0.5      1     10 maximally frequent itemsets FALSE

algorithmic control:
 sparse sort verbose
      7   -2    TRUE

Absolute minimum support count: 24421

create itemset ...
set transactions ...[115 item(s), 48842 transaction(s)] done [0.04s].
sorting and recoding items ... [9 item(s)] done [0.01s].
creating bit matrix ... [9 row(s), 48842 column(s)] done [0.00s].
writing  ... [11 set(s)] done [0.00s].
Creating S4 object  ... done [0.00s].

> inspect(myrules)#查看产生的频繁项集
     items                            support
[1]  {capital-gain=None,
      capital-loss=None,
      hours-per-week=Full-time}     0.5191638
[2]  {hours-per-week=Full-time,
      native-country=United-States} 0.5179559
[3]  {race=White,
      sex=Male,
      capital-loss=None,
      native-country=United-States} 0.5113632
[4]  {race=White,
      sex=Male,
      capital-gain=None}            0.5313050
[5]  {sex=Male,
      capital-gain=None,
      capital-loss=None,
      native-country=United-States} 0.5084149
[6]  {workclass=Private,
      race=White,
      capital-loss=None,
      native-country=United-States} 0.5181401
```

```
[7]  {workclass=Private,
     race=White,
capital-gain=None,
     capital-loss=None}          0.5204742
[8]  {workclass=Private,
     capital-gain=None,
     capital-loss=None,
     native-country=United-States} 0.5414807
[9]  {race=White,
     capital-gain=None,
     capital-loss=None,
     native-country=United-States} 0.6803980
[10] {income=small}              0.5061218
[11] {age=Middle-aged}            0.5051185
> plot(myrules,method="graph",control=list(arrowSize=2))#关联规则可视化
```

由于我们设定参数 target="maximally frequent itemsets"，即搜索最大频繁项集和最大频繁 k-项集，由上述输出可知，一共产生了 11 个频繁项集，其规则的可视化如图 10.8 所示。本图中的支持度取值区间为：0.505~0.68；由于圆圈颜色都不够深，说明产生的规则的提升度都不够高。

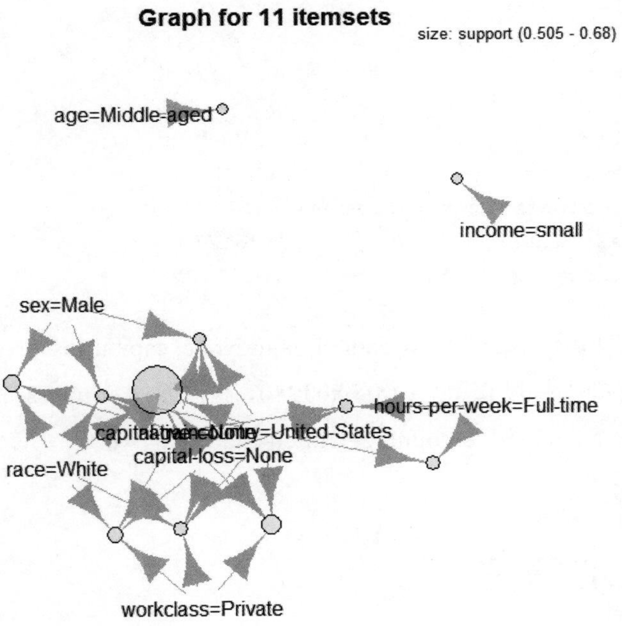

图 10.8　myrules 的关联规则可视化

```
> inspect(sort(myrules,by="support")) #根据支持度对求得的关联规则子集排序并查看
    items                          support
[1]  {race=White,
     capital-gain=None,
     capital-loss=None,
```

```
     native-country=United-States} 0.6803980
[2]  {workclass=Private,
     capital-gain=None,
     capital-loss=None,
     native-country=United-States} 0.5414807
[3]  {race=White,
     sex=Male,
     capital-gain=None}            0.5313050
[4]  {workclass=Private,
     race=White,
     capital-gain=None,
     capital-loss=None}            0.5204742
[5]  {capital-gain=None,
     capital-loss=None,
     hours-per-week=Full-time}     0.5191638
[6]  {workclass=Private,
     race=White,
     capital-loss=None,
     native-country=United-States} 0.5181401
[7]  {hours-per-week=Full-time,
     native-country=United-States} 0.5179559
[8]  {race=White,
     sex=Male,
     capital-loss=None,
     native-country=United-States} 0.5113632
[9]  {sex=Male,
     capital-gain=None,
     capital-loss=None,
     native-country=United-States} 0.5084149
[10] {income=small}                0.5061218
[11] {age=Middle-aged}             0.5051185
```

由上面的输出可知，race=White，capital-gain=None, capital-loss=None，native-country=United-States}的规则支持度最高，为 0.6803980，其次是 workclass=Private,capital-gain=None, capital-loss=None,native-country=United-States} 的规则，该规则的支持度为 0.5414807。

10.5 SPADE 算法

Apriori 算法的主要缺点在于需要多次扫描数据库和采用哈希树作为主要存储结构，为了克服这一缺点，Mohammed J，Zaki 在 2001 年提出一种快速生成频繁事务序列的算法，即 SPADE 算法，SPADE 是 Sequential PAttern Discovery use Equivalence class 的缩写，该算法主要适用于序列关联分析。

10.5.1　算法介绍：基于序列格的搜索和连接

SPADE 算法的主要思想在于：利用组合性质将原始问题分解为能够在主内存中解决的子问题，采用了基于序列格的搜索技术和简单的连接操作；该算法的主要特色为：

（1）采用垂直 ID-List 数据库格式，将序列与序列发生所在的对象和时间戳清单进行关联；

（2）采用序列方法，将原始搜索空间（格）分解为较小的块（子格），子格能够独立的进行处理；

（3）将问题分解与搜索模式分开，对每一个子格提供深度额广度搜索两种策略来枚举频繁事务序列。

垂直 ID-List 数据库格式的优势在于可以方便地计算每一个 1-序列的支持度，进而找到频繁 1-序列。垂直数据库的格式如图 10.9 所示。

搜索频繁 1-序列的步骤为：首先对数据库汇总的每一项 ID-List 进行读取存入内存（水平数据库转换为垂直数据库）；其次扫描垂直数据库一边，存入内存，为遇到的每一个新对象增加支持度。搜索频繁 2-序列的步骤为：把频繁 1-序列进行字链接操作；转换数据库，将垂直数据库恢复为水平结构（水平结构的数据库只需要扫描一次，提高了扫描效率）；使用新的格式计算频繁 2-序列。当前频繁 k-1 序列构成了频繁 k-序列的原子项，通过频繁 k-1 序列间的连接操作产生频繁 k-序列候选集。

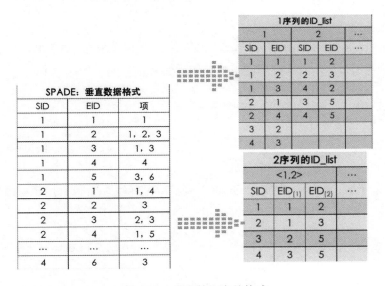

SPADE：垂直数据格式

SID	EID	项
1	1	1
1	2	1，2，3
1	3	1，3
1	4	4
1	5	3，6
2	1	1，4
2	2	3
2	3	2，3
2	4	1，5
…	…	…
4	6	3

1序列的ID_list

1		2		…
SID	EID	SID	EID	…
1	1	1	2	
1	2	2	3	
1	3	4	2	
2	1	3	5	
2	4	4	5	
3	2			
4	3			

2序列的ID_list

<1,2>			…
SID	$EID_{(1)}$	$EID_{(2)}$	…
1	1	2	
2	1	3	
3	2	5	
4	3	5	

图 10.9　垂直数据存储格式

SPADE 算法的规则为：

（1）事务原子项：若事务 PA，PD 连接，则结果是 PAD；

（2）事务与序列：若事务 PA 与序列 P->B 连接，则结果是 PA->B；

（3）事务与事件：若序列 P->B 和序列 P->F 相连接，则结果是 P->B->F 或者 P->BF；若序列 P->B 和自己相连接，则结果是 P->B->B。

基于上述算法规则，SPADE 可以一次性找到全部的连接结果，连接过程的示例如图 10.10 所示。对 P 的两个对等类（序列）P->A 和 P->F，所有可能的连接结果为：P->A->F,P->F->A,P->AF，接下来需要计算各个序列的支持度，就可以得到频繁 k-项集。

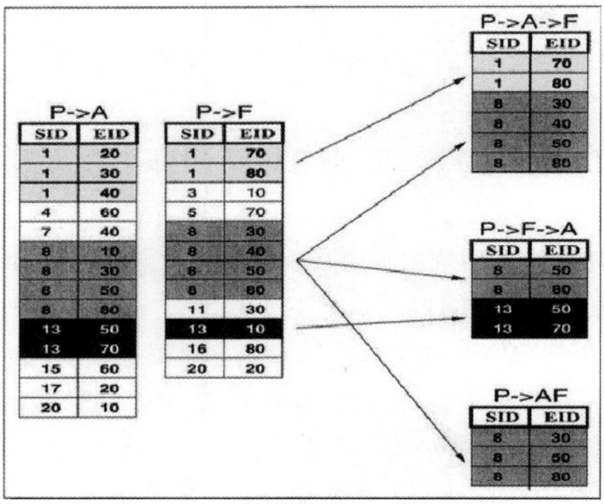

图 10.10　SPADE 序列连接示意图

10.5.2　函数介绍

首先，我们需要下载相关的 R 语言程辑包，序列关联分析的 R 语言函数存在于 arulesSequence 程辑包中，首次使用应下载并加载到 R 语言的工作环境中。

```
>install.packages(arulesSequences)
> library(Matrix)
> library(arules)
> library(arulesSequences)
```

ArulesSequenecs 程辑包中实现 SPADE 算法的是函数 cspade()，其函数的基本书写格式为：

```
cspade(data, parameter = NULL, control = NULL, tmpdir = tempdir())
```

参数介绍：

- Data：是一个 transaction 类对象，该对象包含 Sid 和 Eid 的标志；
- Parameter：一个关于参数的列表，包含 support：指定最小支持度阈值（默认值为 0.1）；maxisize，指定关联规则所包含的最大项目数（默认值为 10）；maxwin：指定最大的时间窗宽，该数值为大于 0 的整数；maxgap（mingap）：指定时间间隔的最大（小）值，该数值为大于 0 的整数；当不指定 maxwin、maxgap、mingap 的具体数值时，每一个 Eid 就对应一个事务；

- Control：cspade 函数的控制参数是一个列表，包含 memsize：指定最大的存储值，默认值为 32MB；numpart：指定数据库分区的数量；bfstype：逻辑值，指定是否执行宽度优先的搜索，默认值为 FALSE；verbose：逻辑值，指定运行过程中的信息是否被展现，默认值为 FALSE；summary：逻辑值，指定摘要信息是否被保存，默认值为 FALSE；tidLists：指定事务 id 的列表是否应该包含在输出结果中，默认值为 FALSE；
- Tmpdir：非空的向量，指定临时文件编写的目录名称。

还可以利用 ruleInducton。函数在频繁序列的基础之上生成序列关联规则，其函数的基本书写格式为：

```
ruleInduction(x, confidence = 0.8)
```

参数介绍：

- X：频繁序列对象；
- confidence ：指定的最小规则置信度，默认值为 0.8。

10.5.3　综合案例：基于 zaki 数据集的序列关联规则挖掘

下面我们将进行案例分析，选用 arules 包中 cspade 函数自带的 zaki 数据集，该数据集的结构如图 10.11 所示。每一行代表一个事务，第一列是序列的 Sid，意思是该行代表的事务属于哪一个序列；第二列是时间戳（Eid），即事物发生的时刻；后面的列表示的是事务。首先我们先了解该数据集的描述性统计。

```
$ cat /usr/local/lib/R/site-library/arulesSequences/misc/zaki.txt
1 10 2 C D
1 15 3 A B C
1 20 3 A B F
1 25 4 A C D F
2 15 3 A B F
2 20 1 E
3 10 3 A B F
4 10 3 D G H
4 20 2 B F
4 25 3 A G H
```

图 10.11　zaki 数据集的数据展示

```
> summary(zaki)#zaki、数据集的描述性统计
transactions as transactions as itemMatrix in sparse format with
 10 rows (elements/itemsets/transactions) and
 8 columns (items) and a density of 0.3375
```

```
most frequent items:
      A       B       F       C       D (Other)
      6       5       5       3       3       5

element (itemset/transaction) length distribution:
sizes
1 2 3 4
1 2 6 1

itemMatrix in sparse format with
 10 rows (elements/itemsets/transactions) and
 8 columns (items) and a density of 0.3375

most frequent items:
      A       B       F       C       D (Other)
      6       5       5       3       3       5

element (itemset/transaction) length distribution:
sizes
1 2 3 4
1 2 6 1

   Min. 1st Qu.  Median    Mean 3rd Qu.    Max.
   1.00    2.25    3.00    2.70    3.00    4.00

includes extended item information - examples:
  labels
1      A
2      B
3      C

includes extended transaction information - examples:
  sequenceID eventID SIZE
1          1      10    2
2          1      15    3
3          1      20    3
   Min. 1st Qu.  Median    Mean 3rd Qu.    Max.
   1.00    2.25    3.00    2.70    3.00    4.00

includes extended item information - examples:
  labels
1      A
2      B
3      C

includes extended transaction information - examples:
  sequenceID eventID SIZE
```

```
1           1      10    2
2           1      15    3
3           1      20    3
```

由于该数据集的格式中含有 Sid 和 Eid 的标志，故我们在读取数据的时候需要用到 read_baskets 函数，具体代码如下：

```
> dzaki = read_baskets(con = system.file("misc", "zaki.txt", package = "arulesSequences"), info = c("sequenceID","eventID","SIZE"))#用read_baskets函数读取zaki数据集，命名为dzaki
> as(dzaki, "data.frame")       #将dzaki数据集转化为数据框的形式
items sequenceID eventID SIZE
1      {C,D}          1      10    2
2    {A,B,C}          1      15    3
3    {A,B,F}          1      20    3
4  {A,C,D,F}          1      25    4
5    {A,B,F}          2      15    3
6        {E}          2      20    1
7    {A,B,F}          3      10    3
8    {D,G,H}          4      10    3
9      {B,F}          4      20    2
10   {A,G,H}          4      25    3
> s1= cspade(x, parameter = list(support = 0.5), control = list(verbose = TRUE))
parameter specification:
support : 0.5
maxsize :  10
maxlen  :  10

algorithmic control:
bfstype  : FALSE
verbose  :  TRUE
summary  : FALSE
tidLists : FALSE

preprocessing ... 1 partition(s), 0 MB [0.14s]
mining transactions ... 0 MB [0.11s]
reading sequences ... [0.02s]

total elapsed time: 0.27s
```

上述代码表示用 cspade 函数进行序列关联规则挖掘，指定最小支持度为 0.5、运行过程中的信息展现出来，由输出可知，挖掘过程一共用时 0.27 秒。接下来，我们查看 s1 的摘要信息。

```
> summary(s1)                #查看s1的摘要信息
set of 18 sequences with
```

```
most frequent items:
      A       B       F       D (Other)
     11      10      10       8      28

most frequent elements:
    {A}     {D}     {B}     {F}   {B,F} (Other)
      8       8       4       4       4       3

element (sequence) size distribution:
sizes
1 2 3
8 7 3

sequence length distribution:
lengths
1 2 3 4
4 8 5 1

summary of quality measures:
  support
 Min.   :0.5000
 1st Qu.:0.5000
 Median :0.5000
 Mean   :0.6528
 3rd Qu.:0.7500
 Max.   :1.0000

includes transaction ID lists: FALSE

mining info:
 data ntransactions nsequences support
    x            10          4     0.5
```

从摘要信息中可以看出，最常出现单独的项为 A、B、F、D，在事务中最常出现的项为：{A},{D},{B},{F},{B,F}，还有项集的大小分布、在序列中事务数量的分布，支持度的最大值为 1、最小值为 0.5、均值为 0.6528 等。接下来，我们查看生成的每一个规则的支持度：

```
> as(s1, "data.frame")  #查看每一个规则的支持度
  sequence support
1        <{A}>    1.00
2        <{B}>    1.00
3        <{D}>    0.50
4        <{F}>    1.00
5      <{A,F}>    0.75
6      <{B,F}>    1.00
```

```
7        <{D},{F}>    0.50
8      <{D},{B,F}>    0.50
9        <{A,B,F}>    0.75
10         <{A,B}>    0.75
11       <{D},{B}>    0.50
12       <{B},{A}>    0.50
13       <{D},{A}>    0.50
14       <{F},{A}>    0.50
15   <{D},{F},{A}>    0.50
16     <{B,F},{A}>    0.50
17 <{D},{B,F},{A}>    0.50
18   <{D},{B},{A}>    0.50
```

也可以用 inspect(s1)查看上述结果。由上述输出可知，频繁 1-序列{A}的支持度为 1，说明四个事务序列中全部都有 A 的存在。同理，频繁 2-序列{B,F}的支持度也为 1，则四个事务序列中都有{B,F}的存在；频繁 2-序列{A,F}的支持度为 0.75，说明四个事务序列中有三个出现了{A,F}；频繁 2-序列{B}->{A}的支持度为 0.5，说明四个事务序列中先出现 B 再出现 A 和先出现 A 再出现 B 的次数相等，均为 2；其他的规则同理分析。

下面我们根据生成的频繁序列来生成序列关联规则，利用 ruleInduction 函数，具体如下：

```
> rules1=ruleInduction(s1, confidence = 0.5)#设置最小规则置信度为0.5
> (rules2=as(rules1,"data.frame"))#将挑选出的规则设置为数据框的形式，以便查看
rule support confidence lift
1        <{D}> =><{F}>    0.5        1.0  1.0
2      <{D}> =><{B,F}>    0.5        1.0  1.0
3        <{D}> =><{B}>    0.5        1.0  1.0
4        <{B}> =><{A}>    0.5        0.5  0.5
5        <{D}> =><{A}>    0.5        1.0  1.0
6        <{F}> =><{A}>    0.5        0.5  0.5
7    <{D},{F}> =><{A}>    0.5        1.0  1.0
8      <{B,F}> =><{A}>    0.5        0.5  0.5
9  <{D},{B,F}> =><{A}>    0.5        1.0  1.0
10   <{D},{B}> =><{A}>    0.5        1.0  1.0
> rules2[rules2$lift>=1,]  #从上述生成的规则中挑选出提升度大于等于1的规则
        rule support confidence lift
1        <{D}> =><{F}>    0.5          1    1
2      <{D}> =><{B,F}>    0.5          1    1
3        <{D}> =><{B}>    0.5          1    1
5        <{D}> =><{A}>    0.5          1    1
7    <{D},{F}> =><{A}>    0.5          1    1
9  <{D},{B,F}> =><{A}>    0.5          1    1
10   <{D},{B}> =><{A}>    0.5          1    1
```

由上面的输出可知，共有 10 条规则满足置信度不小于 0.5，在这 10 条规则中共有 7 条规则的提升度不小于 1（且全部都等于 1）。如基于频繁 3-序列<{D},{F}> =><{A}>生成的关联规则为({D},{F})->{A}(S=0.5，C=1)。

第 11 章

神经网络

近年来，随着互联网+时代的到来，经常可以在网络媒体上看到对神经网络知识的介绍和普及，勾起人们对其的好奇之心继而前赴后继地去探索和扩大这一算法的强大力量。已故科幻作家阿瑟•克拉克（ArthurC.Clarke）曾写道："任何足够先进的技术都是与魔法难以区分的。"作为强大的机器学习算法之一的神经网络，在很多科技领域中基于这一神奇的算法所研发出的产品或应用程序第一眼看上去似乎真的是魔法，本章将对这一神奇的"魔法"进行详细介绍。

11.1　深入了解人工神经网络

人工神经网络已经融入我们日常生活中，举一些比较熟悉的例子，便于读者更能深刻地感受。在金融领域中，构建人工神经网络训练历史股票数据预测股票的价格变动及涨跌趋势；支付宝登录首页中的刷脸登录涉及人脸识别技术，应用人工神经网络算法对人脸的五官进行定位及五官之间几何距离的特征提取对人脸进行判断识别；人工智能领域中轰动业内人士的 Alphago 人机大战，人工神经网络基于过去人工输入的信息，进行大数据的模拟计算的经验总结，判断未来问题的最近似的答案。总而言之，它的应用已普及到许多领域，从广义上讲，人工神经网络可以应用到几乎所有学习任务的多功能学习、分类、数值预测甚至是无监督的模式识别。在一些科技业界，人工神经网络普遍适用于下列问题：输入数据和输出数据比较好理解或相对简单，但其涉及输入到输出的过程却很复杂。这几年许多业内人士对其的研究和创新如火如荼，在不久的将来，或许这一算法的衍生品将带给我们更多惊喜。

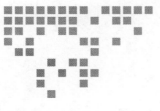

目前，人工神经网络的应用研究正在从人工智能逐渐跨入以数据分析、数据挖掘为核心的领域之中，并且被大规模应用于数据的分类和预测中，有时也应用于聚类分析中。本章主要讨论神经网络的分类及预测问题。

11.1.1 生物神经元

人工神经网络对一组输入信号和一组输出信号之间的关系进行建模，使用的模型来源于人类大脑对来自感觉输入的刺激是如何反应的理解。就像大脑使用一个称为神经元（neuron）的相互连接的细胞网络来创建一个巨大的并行处理器一样，人工神经网络使用人工神经元或者节点（node）的网络来解决学习问题。

人脑大约由 850 亿个神经元构成，产生一个能够存储巨量知识的网络体系，相比于人和其他生物，许多人工神经网络包含的神经元要少得多，通常也就几百个，所以随时创建一个人工大脑还是比较可行的。

因为人工神经网络的灵感源自于人脑活动的概念模型，所以首先大致理解生物的神经元的结构及其运作机制对于更好地理解人工神经网络是有帮助的。神经细胞与我们人身上任何其他类型细胞都很不相同，如图 11.1 所示，每个神经细胞由一些树突（dendrite）、一根很长的轴突（axon）、一个细胞体（soma）（是一颗星状球形物，里面有一个核（nucleus））构成。其中长着一根像电线一样的称为轴突的东西，它的长度有时可以伸展，将信号传递给其他的神经细胞。树突由细胞体向各个方向长出，本身有分支，它通过一个允许神经冲动根据其相对重要性或频率加权的生化过程来接收输入的信号。简单来说，树突就是神经细胞用来接收信号的。轴突也有许多分支，轴突通过各个分支的末梢（terminal）和其他神经细胞的树突相接触，形成突触（Synapse）（图中未画出）。神经细胞利用电化学过程来交换信号，来源于其他神经细胞的信号从树突上的突触进入本细胞。信号在大脑中怎样传输其实是一个极其复杂的过程，这里不再深究，重要的是应该把它看成和现代计算机程序一样，利用一系列的 0 和 1 来进行操作。换言之，大脑的神经细胞也只有两种状态：兴奋（fire）和不兴奋（即抑制）。发射信号的强度不变而变化的仅是频率。神经细胞利用一种目前来说我们还不熟悉的方法，把所有从树突突触上进来的信号进行相加，如果全部信号的总和超过某个并阈值，就会激发神经细胞进入兴奋状态，这时就会有一个电信号通过轴突发送出去给其他神经细胞。如果信号总和没有达到阈值，神经细胞就不会兴奋。简单概括一下，由于细胞体开始积累输入信号，所以当达到一个阈值时，细胞便会充满活力被击破，然后输出信号通过一个电化过程传送至轴突。在轴突末端，该电信号会再次被处理为一种化学信号穿过突触的微小间隙传递到相邻神经元。以上关于生物神经元的解释虽有点过分简单化，但已能满足我们学习的目的。

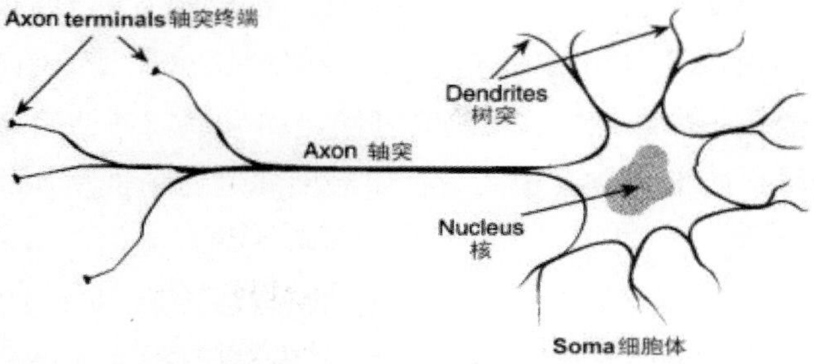

图 11.1　生物神经元

11.1.2　人工神经元模型

一个单独的人工神经元模型可以用类似于生物神经元模型的术语来理解。如图 11.2 所示。一个有向网络图定义了树突接收的输入信号（变量 x）与输出信号（变量 y）之间的关系。与生物神经元类似，每一个树突的信号都根据其相对的重要性被加权（赋予 w 值）。现在暂时忽略如何确定权重，后面会具体讲述。输入的信号先由细胞体求和，然后该信号由一个用 F 表示的激活函数（activation function）来传递。

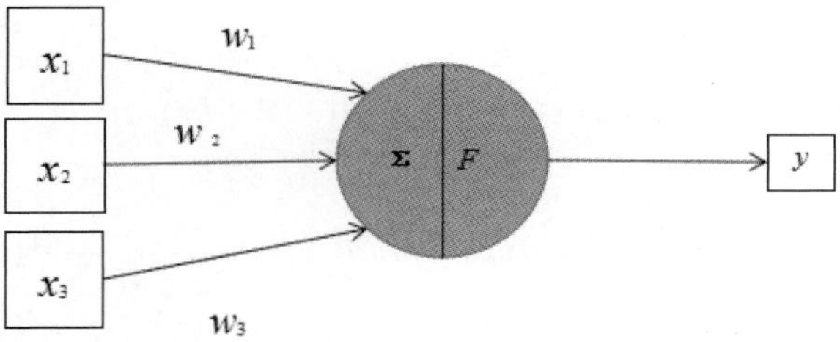

图 11.2　一个简单的人工神经元模型

通常一个典型的有 n 个树突的神经细胞可以用下面的公式表示。其中权重 w 控制每个输入（x）对输入信号之和所做的贡献大小。激活函数 $F(x)$ 使用净总和，输出的结果信号 $y(x)$ 就是输出轴突。

$$y(x) = F(\sum_{i=1}^{n} w_i x_i)$$

通常神经网络应用上述公式定义的神经元来构造复杂的数据模型。而激活函数是人工神经元处理信息然后将信息传达至整个神经网络的机制。之所以使用激活函数是由于它有以下一些特殊性质：

- 非线性：当激活函数是线性的时候，一个两层的神经网络就可以逼近基本上所有函数了。但是如果激活函数是恒等激活函数的时候（即 $F(x)=x$），就不满足这个性质了，而且如果多层神经网络使用的是恒等激活函数，那么整个网络和单层神经网络是等价的。

- 可微性：当优化方法是基于梯度的时候，这个性质是必需的。
- 单调性：当激活函数是单调的时候，单层网络能够保证是凸函数。
- $F(x) \approx x$：当激活函数满足这个性质的时候，如果参数的初始化是随机且很小的值，那么神经网络的训练将会很高效；如果不满足这个性质，那么就需要很用心的去设置初始值。
- 输出值的范围：当激活函数输出值是有限的时候，基于梯度的优化方法会更加稳定，因为输入信息的表示受有限权值的影响更显著；当激活函数的输出是无限的时候，模型的训练会更加高效，不过在这种情况下，一般需要更小的参数（learning rate）。

激活函数的选择是构建神经网络过程中的重要环节，了解了激活函数的性质，下面介绍几种常见的激活函数。

（1）S 形函数

S 形函数主要包括 Sigmoid 函数（ Sigmoid function ）、双极 Sigmoid 函数(Bipolar Sigmoid function)及双曲正切函数（Hyperbolic tangent function）。

它们的函数表达式分别为：

$$Sigmoid(x) = \frac{1}{1+e^{-x}}(0 < F(x) < 1)$$

$$Bsigmoid(x) = \frac{2}{1+e^{-x}} - 1(-1 < F(x) < 1)$$

$$\tanh(x) = \frac{e^{x}-e^{-x}}{e^{-x}+e^{x}} = 2sigmoid(2x) - 1 = \frac{2}{1+e^{-2x}} - 1$$

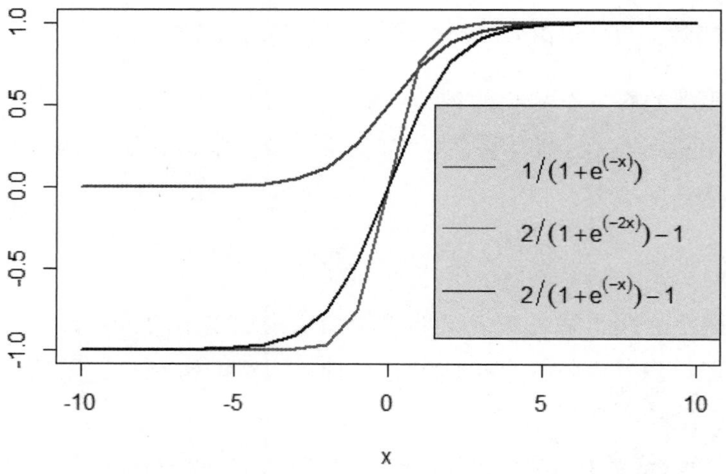

图 11.3　几中常用的 S 形函数

以上三个激活函数的图像如图 11.3 所示。它们的图像都类似于一条 S 形曲线，因此被统称作 S 形函数。S 形函数是在神经网络最常用的激活函数之一，其输出的信号限制在-1 到 1 之间，可以取到这个区间的任何值。且 S 形函数对中间区域的信号有增益，对两侧区的信号有抑制。这样的特点和生物神经元类似，因此可以认为 S 形函数比较符合生物神经元的特性。

（2）高斯函数（Gaussian function）

$$F(x)=e^{-\frac{d2}{2\sigma^2}},d=x-w,$$

高斯函数产生通常定义为空间任意点到某一中心之间欧氏距离的单调函数。它是以输入向量（x）和权值向量（w）之间的距离为自变量（d）的。随着权值和输入向量之间距离的减少，网络输出信号是递增的，当输入向量和权值向量一致时，神经元输出 1。σ 为阈值，用于调整神经元的灵敏度。如图 11.4 所示。σ 的值越大，函数图像越平滑，反之，函数图像的平滑度则越小。

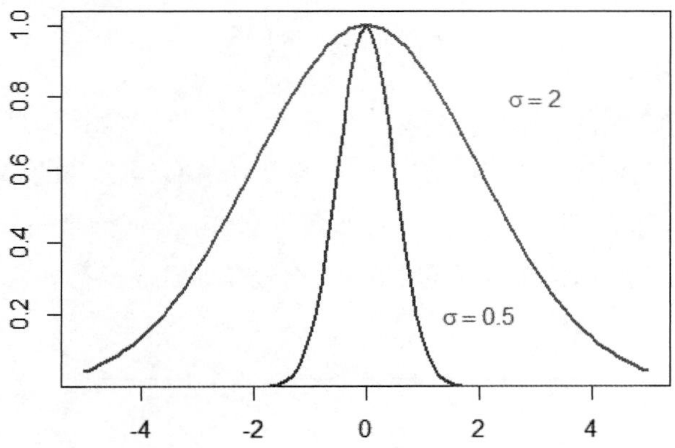

图 11.4　高斯函数

（3）ReLu 函数（Rectified linear units function）

$$\mathrm{Re}Lu(x)=\max(0,x)$$

在二维情况下，使用 ReLu 函数当输入信号 $\leqslant 0$ 时，输出信号的结果都是 0；输入信号 >0 时，输出的信号的结果即为输入信号。无论输入信号的值是正还是负，ReLu 函数的输出结果永远都是非负的。

2001 年，神经科学家 Dayan、Abott 从生物学角度，模拟出了脑神经元接收信号更精确的激活模型，该模型如图 11.5 所示。方框中图像的前端有一部分完全没有激活，呈现出水平直线的状态。所谓的稀疏激活性，是指神经元只对少数输入信号选择性地响应，大量信号被刻意屏蔽了。因为随机初始化的原因，S 形函数同时有近乎 50%的神经元被激活，这一点并不符合神经科学的研究，而且会给深度网络训练带来巨大问题。而 ReLu 函数具备很好的稀疏性，且整个网络只有比较、加、乘操作，因此计算上更加高效。

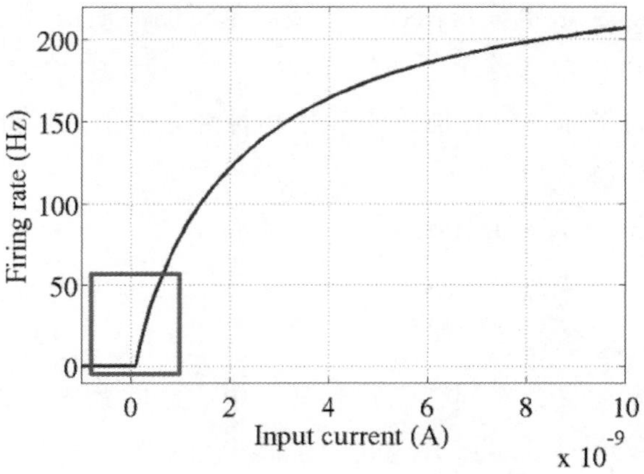

图 11.5　精确的 ReLu 函数

（5）Softplus 函数

$$softplus(x) = \log(1 + e^x),$$

我们从直观的指数函数公式上可以看出，指数函数的增长梯度较大，这加大了人工神经网络的训练难度，于是复合一个 log 函数可以减缓上升的趋势。同时在指数函数前加上数值 1 是为了保证输出的结果的非负性。Softplus 函数可以看作是 ReLu 函数的平滑版本。Softplus 没有稀疏激活性，因此相较于 ReLu 函数，在生物解释性上有一定的缺陷。

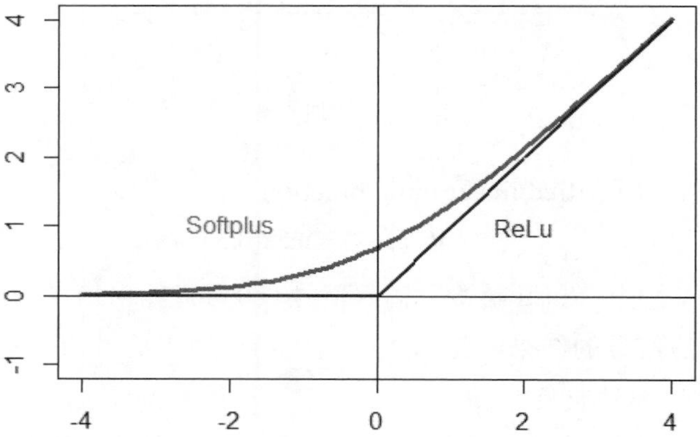

图 11.6　Softplus 函数

11.1.3　人工神经网络种类

与生物的脑组织类似，人工神经网络由相互连接的神经元也被称为处理单元（Processing element）组成。若将人工神经网络看作一张图，处理单元也被称为节点

（Node）。节点之间的连接称为边，边反映了各节点之间的关联性，而关联的强弱体现在边的连接权重上。

人工神经网络模型主要考虑连接的拓扑结构、神经元的特征等，种类繁多。目前已有 40 多种神经网络模型，其有反传网络、感知器、自组织映射、Hopfied 网络、波耳兹曼机、适应谐振理论等。为方便读者由浅入深地理解神经网络种类，本书将从拓扑结构和连接方式等角度去划分。

1. 从拓扑结构角度划分

人工神经网络中的一个组织部分也叫作拓扑结构，与计算机类似，它是一种相互连接的神经元的模式或结构，神经网络的学习能力也来源于它。人工神经网络拓扑结构的形式有很多种，可以通过 3 个关键的特征来区分它们：

- 层的数目。
- 网络中的信息是否被允许向后传播。
- 网络中每一层内的节点（node）数。

根据人工神经网络的层次数，可分为：两层神经网络、三层神经网络和多层神经网络。图 11.7 和 11.8 分别所示的是典型的两层神经网络和三层神经网络。

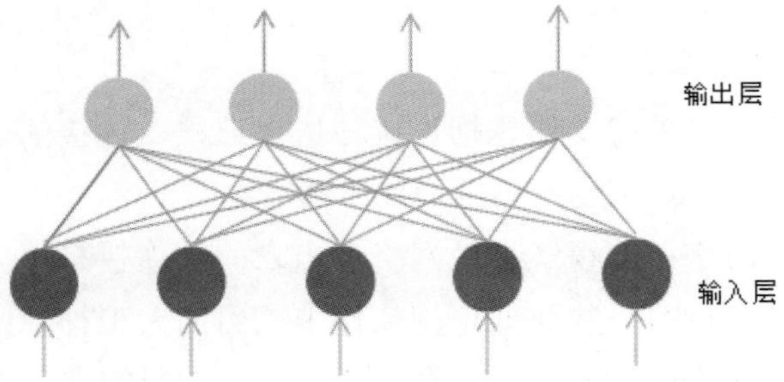

图 11.7　两层神经网络

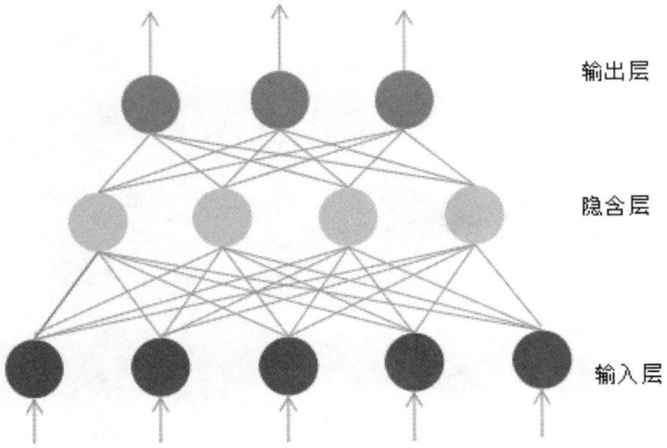

图 11.8　三层神经网络

在图 11.8 中，神经网络的底层为输入层，顶层为输出层，中间层被称为隐含层。神经网络的层数及每层节点的数量决定了下整个网络的复杂程度，这也表明拓扑结构决定了可以通过网络进行学习任务的复杂性。为防止混淆，以后对于多层神经网络，把接近输入层的层统称为上层，接近输出层的层统称为下层。

人工神经网络中的神经元通常按照层次分布于神经网络的输入层、隐含层、输出层中，因此分别被称为输入节点（Input node）、隐含节点（Hidden layer）及输出节点（Output layer）。其中：

- 输入节点主要负责接收与处理训练样本集之间的各输入变量值。输入节点的个数决定了输入变量的个数。
- 隐节点主要负责实现非线性样本的线性变化，隐含层的层数和节点个数可根据需要自行设定。有时在一些实际项目中，我们需要创建更加复杂的网络，添加额外的层。比如在多层网络中，需要添加更多的隐含层，它们在信号到达输出节点之前处理来自于输入节点的信号。
- 输出节点给出关于输出变量的分类或者预测结果。输出节点的个数根据具体问题而定，且不同软件的处理策略也不尽相同。在 R 语言中，对于预测问题，一般只有一个输出节点；对于二分类即输出变量只有两个类别值的问题，输出节点也有一个；对于多分类即输出变量有两个以上的类别值的问题，输出节点的个数等于输出变量的类别数。

2．从连接方式角度划分

人工神经网络的连接方式主要包括连接与层内连接，连接的强度用权重表示。根据层间连接方式，可把人工神经网络分为以下两种：

（1）前馈式神经网络：前馈式神经网络节点之间的连接是单向的，上层节点的输出即下层节点的输入。目前一些数据挖掘软件中应用的人工神经网络大多是前馈式神经网络。B-P（Back-propagation）反向传播网络就是典型的常用的前馈式神经网络。图 11.9 所示是一个 B-P 反向传播网络，箭头表示输入信号从一个节点到另一个节点连续连续地单向传播，到达输出层。

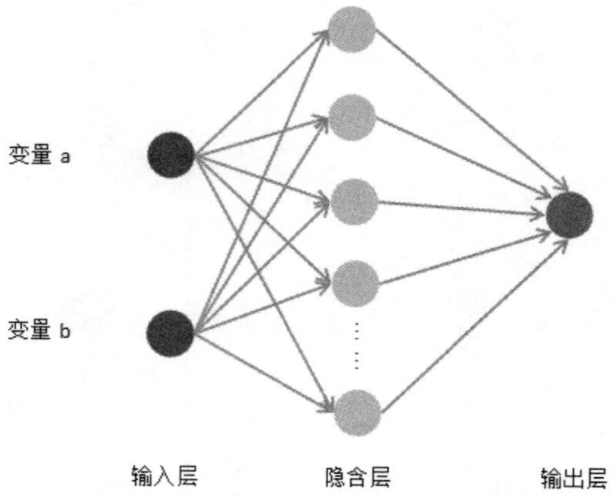

图 11.9 B-P 反向传播网络

（2）反馈式神经网络：输出节点的输出结果又可作为输入节点的输入。像 Elman 网络和 Hopfield 网络就是典型的反馈式神经网络。与前馈式神经网络不同的是，反馈式神经网络允许信号循环在两个方向上传播。反馈式神经网络经过数据的模拟训练，能够具备理解经过一段时间的事件序列的能力。因此，它可用于股市预测（Stock market prediction）、天气预报（Weather forecasting）等。

11.1.4 建立模型的一般步骤

建立人工神经网络的基本步骤依次是数据准备、确定网络结构和连接权重的确定。

1. 数据准备

在数据准备阶段应对数据进行归一化处理。在神经网络中，为了不影响权重的确定及最终的预测，输入变量的取值范围通常限定在 0~1 之间。

2. 网络结构的确定

神经网络的复杂程度通常取决于隐含层的层数和每层的隐节点数。所以，在建立神经网络模型时，需要权衡结构的复杂度与模型训练效率。

在隐含节点的个数选择上，并没有绝对权威的确定准则。它需要使用者在训练模型之间确定。合适的隐含节点数需要根据输入节点的个数、训练数据的数量及其他因素综合考虑后决定。通常情况下，隐含节点越多的神经网络结构越复杂，使得更加复杂的数据任务被训练。但过多的隐含节点有过度拟合的风险。比较好的做法是根据验证数据集，用较少的隐含节点产生足够的性能。

3. 连接权重的确定

神经网络能通过对现有样本数据的重复学习和分析，掌握到输入与输出数据间的关系规律，将其运用到连接权重中。所以，神经网络的结构确定后，接下来的核心任务便是确定连接权重。

连接权重的确定可分为三个基本步骤：

第一步：对连接权重向量进行初始化。

通常连接权重向量的初始值来自均值为 0、范围在-0.5~0.5 之间的服从均匀分布的一组随机数。

第二步：计算各处理单元激活函数值，得到样本预测值。

第三步：比较样本的预测值与实际值之间的差异并计算预测误差，基于误差值重新调整各部分的连接权重。

确定连接权重的过程其实是一个不断向样本学习的过程，然后获得一个相对较小的预测误差。样本信息中的每条观测会提供输入变量与输出变量之间的关系，神经网络需向每条观测学习。完成第一轮学习任务后若不能给出理想的预测准确度就需要进行第二轮甚至是第三轮、第四轮的学习任务，依次迭代下去，直到能给出理想的预测精度为止。

11.2 B-P 反向传播网络

人工神经网络中最典型的一种是 B-P（Back-Propagation）反向传播网络，是一种前馈式多层感知器模型。

11.2.1 B-P 反向传播网络模型

感知器是由美国计算机科学家罗森布拉特（F.Roseblatt）于 1957 年提出的，可谓是最早的人工神经网络。一般的感知器模型是一种基本的前馈式双层神经网络，单层感知机是一个具有一层处理节点、采用阈值激活函数的前馈式神经网络。通过对网络权值的训练，可以使感知器对一组输入变量的响应达到二分类的目标输出或单个输出变量的回归预测。如图 11.10 所示为一个两层感知器模型，只含输入层和输出层。

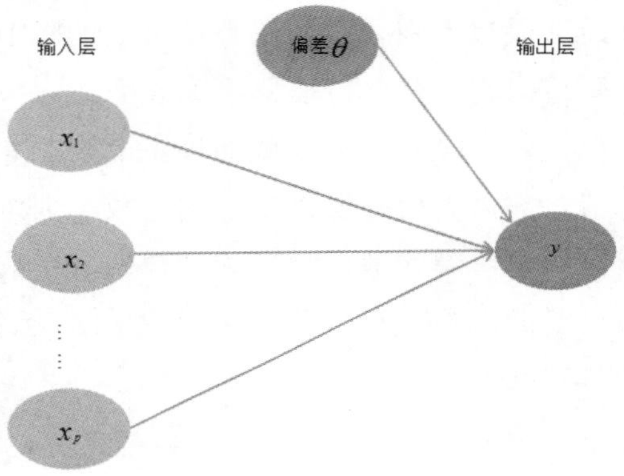

图 11.10 感知器模型

B-P 神经网络不仅包括输入层和输出层，还具有一层或多层隐层，如图 11.11 所示。是一个常见的含有两层隐含层的 B-P 神经网络。

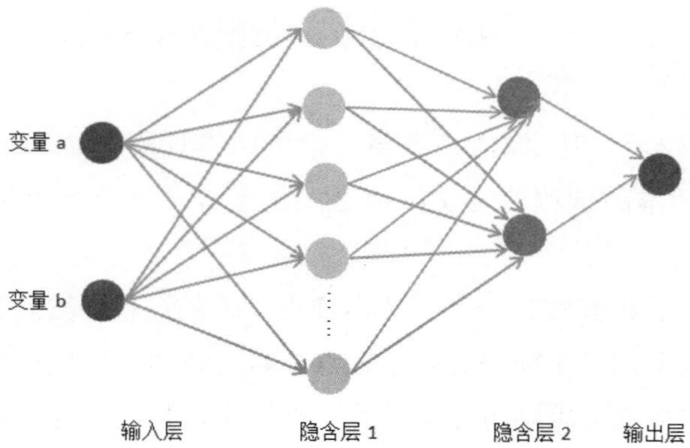

图 11.11 含两层隐含层 B-P 神经网络

前面我们提到 B-P 反向传播模型是多层的感知机结构，含有一个甚至多个含隐层，又称为多层感知机模型（MLP）。

B-P 神经网络的特点：

（1）包含隐含层

B-P 反射传播模型中，隐含层起着相当大的作用，其作用是将线性不可分的样本转化为线性可分的样本。所谓线性可分，是指能使用一个超平面将两者分开，则为线性可分，否则为线性不可分。关于超平面的详细知识读者可自行查阅相关资料和文献，这里不再赘述。

（2）激活函数采用 Sigmoid 函数

前面讲到 Sigmoid 函数作为激活函数是（0，1）型函数，即输出被约束在 0~1 取值区间内。当输出变量为数值型时，输出节点给出的是标准化处理的预测值，只需要还原处理即可。当输出变量为分类型时，输出节点给出的是类别的概率值。Sigmoid 函数较好地体现了网络可能会从线性到非线性的渐进转变过程。

（3）反向传播

所谓反向传播，是指 B-P 神经网络模型通过输出节点的测量误差，来逐层估计隐节点的误差，即反方向传播误差，从而调整网络权值，以实现输出值的精准化。

11.2.2　算法介绍

B-P 反向传播网络算法包括正向反馈和反向传播两个阶段。前向反馈即从输入层到隐含层再到输出层，反馈期间权值不变；预测误差计算出来后，便进入反向传播过程，即误差被反方向传回给输入节点。传播期间所有的网络都可能会得到调整。这种正向反馈和反向传播过程不断重复，直到输出结果满足条件为止。B-P 反向传播网络正是得名于此。

B-P 算法主要的学习过程如下：

（1）选择一组训练样本，每一个样本由输入信息和实际的输出结果两部分组成。

（2）从训练样本集中取一样例，把输入信息输入网络中。

（3）分别计算经神经元处理后的各层节点的输出。

（4）计算网络的实际输出和期望输出的误差。

（5）从输出层反向计算到第一个隐层，并按照某种能使误差向减小方向发展的原则，调整网络中各神经元的连接权值。

（6）对训练样例集中的每一个样例重复（3）~（5）的步骤，直到对整个训练样例集的误差达到要求为止。

B-P 反向传播网络算法的主要特点是采用梯度下降法，本着使损失函数减小得最快的原则不断调整连接权重。有兴趣的读者可以自行查阅梯度下降法和损失函数的相关资料，这里不再细述。

11.2.3 函数介绍

通常在大多数神经网络的应用案例中采用的是 B-P 反向传播网络算法建模。R 语言中有关 B-P 反向传播网络的程辑包主要有 AMORE 包、nnet 包、neuralnet 包。下面分别对它们进行更为详细的介绍。

1. AMORE 包

AMORE 包中主要有三个函数，即 newff()函数、tain()函数和 sim()函数。其中 newff()函数主要用于人为构建一个多层前馈式神经网络；train 函数针对一个事先给定的数据集或训练集，修改之前构建的神经网络的权重使得其更加准确地刻画出变量之间的关系；sim()函数针对一个测试集根据训练的神经网络模型输出结果。这里主要介绍函数 neff()，其基本书写格式为：

```
newff(n.neurons, learning.rate.global, momentum.global,
error.criterium, hidden.layer, output.layer, method)
```

参数介绍：

- n.neurons：是一个数值型向量，包含每层神经网络的节点数。向量中第一个数值是输出/输入层的节点数，最后一个数值是向量中输出层的节点数，中间的数值即为不同隐含层的节点数；
- learning.rate.global：给出模型的学习速率；
- momentum.global：根据训练的方法给出模型的势头；
- error.criterium：设定一个标准，用来测量神经网络的预测误差。其中包括 LMS（最小均方误差），LMLS（最小对数均方误差）和 TAO Error；
- hidden.layer：给定隐含层的激活函数；
- output.layer：给定最靠近输出层的隐含层的激活函数；
- Method：给定优先的训练方法，其中包括 ADAPTgd（自适应梯度下降法），BATCHgd（BATCH 梯度下降法）。

2. Nnet 包

程辑包 nnet 里的主要函数是 nnet()函数，该函数负责拟合一个只含一个隐含层的三层神经网络。其可实现 B-P 反向传播网络的回归预测和分类。其基本书写格式如下：

```
Nnet(formula, data, weights, size... ,subset, na.action)
```

参数介绍：

- Formula：指定输出变量与输入变量，其格式为输出变量~输入变量；

- Data：指定需要模拟的数据框；
- Weights：用于设定权重；
- Size：用于设定隐含层节点数；
- Linout：用于设定输出节点的激活函数是否为非线性函数。默认为非线性函数；
- Entropy：设定损失函数是否采用熵拟合。默认为最小均方误差；
- Maxit：用于设定最大迭代次数。默认为 100 次；
- Trace：用于设定是否输出最优化路径。默认值 TRUE 表示输出最优化路径；
- Abstol：用于设定迭代终止条件。当权重的最大调整值小于指定值（系统默认为 0.0001）时终止迭代；
- Subset：用于在训练集中索引出在模型中需要的数据集；
- na.action：用于设定对缺失值的处理方式。na.action=na.omit 表示删除数据集中的缺失值。

Nnet()的返回值是一个列表，包含许多计算结果。其主要成分如表 11.1 所示。

表 11.1　nnet()函数返回值表

返　回　值	说　　明
wts	最优化的连接权重
value	迭代终止时损失函数的值
fitted.values	训练数据集的拟合值
residuals	训练数据集的残差值
convergence	如果达到了最大的迭代次数，则值为 1，否则为 0

3．neuralne 包

程辑包 neuralnet 的主要函数是 neuralnet()，该函数使用反向传播来训练神经网络，其基本的调用格式如下：

```
neuralnet(formula, data, hidden = 1, threshold = 0.01,stepmax = 1e+05,
rep = 1, startweights = NULL, learningrate=NULL, linear.output = TRUE, )
```

参数介绍：

- Formula：指定输出变量与输入变量，其格式为输出变量~输入变量；
- Data：用于指定需要模拟的数据框；
- Hidden：以向量的形式指定在每一层隐含层中神经元的数目，系统默认为数值 1；
- Threshold：设置一个数值，用于指定误差函数的部分导数的阈值作为停止条件。系统默认数据为 0.01；
- Stepmax：设置神经网络训练的最大步骤，达到这个最大值时神经网络的训练过程停止；
- Rep：参数设置神经网络训练的重复次数；

- Startweights：设置一个包含权重的起始值的向量使权重不会被随机初始化；
- Learningrate：设置一个数值，用来指定传统反向传播所使用的学习速率。只适用于传统的反向传播；
- linear.output：是一个逻辑值，设置模型的类别，TRUE 为回归模型，False 为分类模型。系统默认为 TRUE。

函数 neuralnet()的返回值是一个列表，包含许多计算结果。其主要成分如表 11.2 所示。

表 11.2 neuralnet()函数返回值表

返回值	说明
err.fct	模型所使用的误差函数
act.fct	模型所使用的激活函数
Data	数据的各个参数
net.result	输出训练集的预测值
Weights	输出层与层之间的连接权重
result.matrix	一个输出矩阵，其中包含阈值、误差值及重复步骤的权重值
Startweights	一个输出列表，其中包含每个重复步骤的起始权重

11.3 综合案例：基于 Boston 数据的波士顿郊区房价预测建模

在神经网络中的回归模型的实例中运用 MASS 包中的 Boston 数据集，Boston 数据集就是关于 Boston 郊区的房价的数据集。通过使用这个数据集中的各个变量来预测每位业主所拥有的房屋的房价中位数。下面将在 R 语言中运行一些程序来对数据集 Boston 进行初步的认识：

```
> library(neuralnet)          #加载neuralnet包
> library(MASS)               #加载MASS包
> data(Boston)                #加载数据集Boston
> head(Boston)                #查看数据集Boston的前6行
     crim zn indus chas   nox    rm  age    dis rad tax ptratio  black lstat medv
1 0.00632 18  2.31    0 0.538 6.575 65.2 4.0900   1 296    15.3 396.90  4.98 24.0
2 0.02731  0  7.07    0 0.469 6.421 78.9 4.9671   2 242    17.8 396.90  9.14 21.6
3 0.02729  0  7.07    0 0.469 7.185 61.1 4.9671   2 242    17.8 392.83  4.03 34.7
4 0.03237  0  2.18    0 0.458 6.998 45.8 6.0622   3 222    18.7 394.63  2.94 33.4
5 0.06905  0  2.18    0 0.458 7.147 54.2 6.0622   3 222    18.7 396.90  5.33 36.2
6 0.02985  0  2.18    0 0.458 6.430 58.7 6.0622   3 222    18.7 394.12  5.21 28.7
> dim(Boston)                 #查看数据集Boston的维数
[1] 506  14
```

从以上程序的输出结果可以知道 Boston 数据集一共有 506 行观测记录值和 14 个变量。每一行观测记录值代表了每位业主所拥有的住宅信息。14 个变量的名称和含义如表 11.3 如示。

表 11.3　Boston 数据集的变量解释

变 量 名	含　义
crim	城镇人均犯罪率
zn	住宅用地面积超过 25 000 平方英尺的房屋数量
indus	每个城镇非零售商业面积的数值
chas	查尔斯河哑变量（如果与查尔斯河有界域，则为 1，否则为 0）
nox	氮氧化物浓度
rm	平均每个住宅的房间数
age	自 1940 年以前建造的自有住房的数量
dis	到波士顿的五个就业中心的加权平均距离
rad	径向高速公路可及性指数
tax	每 1 万美元住宅价值的财产税
ptratio	所在城镇的小学老师数量
black	城镇黑人的数量
lstat	底层阶级人口数量
medv	业主住宅房屋的中值

在本案例中，我们将 medv（业主住宅房屋的中值）作为响应变量（因变量），其余的 13 个变量作为解释变量（自变量）。接下来对原 Boston 数据集进行预处理。

作为建立人工神经网络模型的预处理方式主要是进行数据的归一化处理。我们知道在很多数据分析或挖掘过程中会对数据进行标准化或归一化处理。而数据归一化处理是神经网络预测前需要对数据处理的一个步骤，即将每一列变量的数据都转化为[0,1]之间的数，目的是取消各维度数据间数量级的差别，避免因为数据之间数据级差别较大而造成观测误差较大。

数据归一化方法主要包括以下两种：

1．极差法。其计算方法如下：

$$X_i' = \frac{X_i - X_{\min}}{X_{\max} - X_{\min}}$$

在上式中，$X_{\min}$ 是该数据序列的最小值，$X_{\max}$ 是该数据序列的最大值。

2．平均值方差法。

其计算方法如下：

$$X_i' = \frac{X_i - X_{mean}}{X_{\text{var}}}$$

在上式中，X_{mean} 是该数据序列的均值，X_{var} 是该数据序列的方差。

在本次案例的数据预处理中，我们采用极差法对 Boston 数据集进行归一化处理。

相关程序如下：

```
>na.Boston<-apply(Boston,2,is.na)  #判断数据集Boston中是否有缺失值
> which(na.Boston==T)
integer(0)
> maxs <- apply(Boston, 2, max)     #求原Boston数据集中每列变量的最大值
> mins <- apply(Boston, 2, min)     #求原Boston数据集中每列变量的最小值
> scaled <- as.data.frame(scale(Boston, center = mins, scale = maxs - mins))
#对Boston数据集进行归一化处理，由于scale函数返回的结果是一个矩阵因此需要把它强制转换成数据框的格式成为新的数据集scaled
> set.seed(1234)                    #设置随机数种子，确保随机抽取的样本不会改变
> index <- sample(1:nrow(Boston),round(0.75*nrow(Boston)))  #从原Boston数据集中随机抽取3/4的样本量的观测序列
> train_ <- scaled[index,]  #从归一化后的数据集中随机抽取的3/4序列作为训练集
> test_ <- scaled[-index,]          #剩下的1/4序列作为测试集
```

从以上程序及输出结果可以看到原 Boston 数据集中不含缺失值，因此不需做任何缺失值的处理。对原数据集进行归一化处理后，提取 3/4 的行序列作为训练集，余下的 1/4 作为测试集。其中 sample 函数为随机抽样函数。

接下来运用 neuralnet 函数对训练集建立神经网络模型。相关程序如下：

```
>nn<-neuralnet(medv~crim+zn+indus+chas+nox+rm+age+dis+rad+tax+ptratio+
black+lstat,train_,
hidden=c(5,3),linear.output=T)      #建立一个神经网络模型
> nn$err.fct                        #输出神经网络模型所使用的误差函数
function (x, y)
{
    1/2 * (y - x)^2
}
<bytecode: 0x0000000005961a68>
<environment: 0x0000000004aff8e8>
attr(,"type")
[1] "sse"
> nn$act.fct                        #输出神经网络模型所使用的激活函数
function (x)
{
    1/(1 + exp(-x))
}
<bytecode: 0x00000000032c5d58>
<environment: 0x0000000004aff8e8>
attr(,"type")
[1] "logistic"
> nn$weights                        #输出每一步的拟合权重
[[1]]
[[1]][[1]]
              [,1]          [,2]          [,3]          [,4]           [,5]
[1,] -0.4257769364  1.1443470794  -0.4200603279   1.1655465567   3.01762062360
[2,]  1.5635728946 -6.9027120763  -0.3411597039 -17.4374308881 -20.44019984838
[3,]  0.5287705322 53.4741340406 147.7312577731   3.4929899697   0.43217831569
[4,] -0.3883710382  4.4502420207 -10.3488581963  -0.8979817421   1.11707886605
```

```
[5,] -0.1209540594  1.3398182258  -0.4703711112  -1.2226989852  -0.05627981405
[6,] -0.3505600375 -3.2348721767  19.5739050775   0.3138774114  -0.55904530976
[7,]  5.1543848825 -3.7268717482   2.0843638488   0.8361375158  -7.39024404033
[8,] -1.5017423187 -0.1205909258  -0.6832539621  -1.2936990383   0.22894468904
[9,] -2.5702445308 -9.5904936539  53.2599871986   7.7317657881  -0.55253057497
[10,]  1.0218952399 -0.8945393811  -3.5350713449   1.9808517613  -1.23856784895
[11,] -5.5029457118 -0.1159954380  -2.8058439261  -1.0122484085  -2.81206184578
[12,] -1.6134381030 -1.3130946309   0.6027793483  -1.0844449517  -0.03419725165
[13,] -0.7002153280 -0.3675586039  -4.6370787928   2.7676684957   1.77415924335
[14,]  1.3662814731  0.9583146609  17.3682551075  -4.2961573470   8.83259833119

[[1]][[2]]
             [,1]          [,2]          [,3]
[1,]  1.0920576026 -0.4310237072 -0.1880626917
[2,]  0.7092111379 -1.8503815614  2.2471113334
[3,] -0.2839680546  0.7575566198 15.4773247656
[4,] -1.5746204481  0.6103931037 -1.0558457967
[5,]  0.8766429517 -0.5705371965  0.5061667314
[6,] -0.5450358288  1.7043306645  1.6605545447

[[1]][[3]]
             [,1]
[1,]  0.1162020048
[2,]  0.7692703030
[3,] -0.8995330444
[4,]  0.6629361441
> plot(nn)                                  #做以上神经网络模型的图像
```

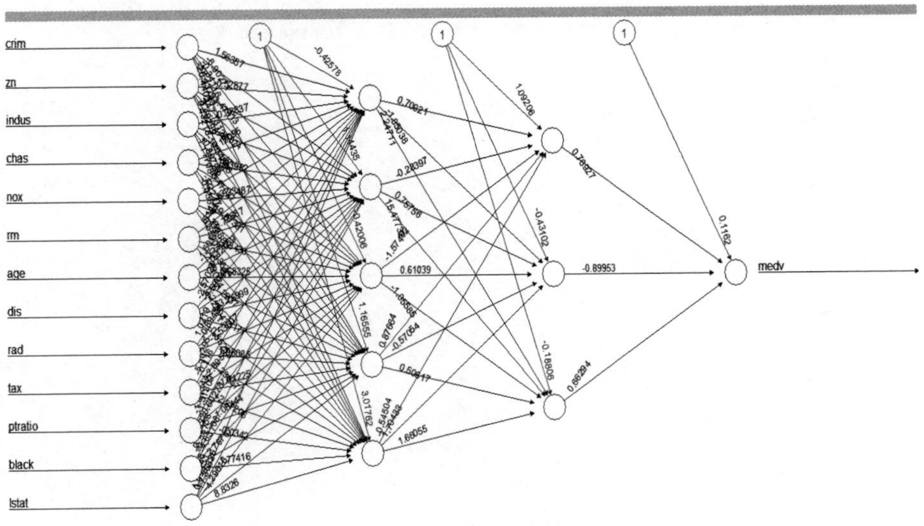

图 11.12 神经网络模型结构图

```
> pr.nn <- compute(nn,test_[,1:13])  #对测试集进行房屋中位数的预测
> pr.nn_ <- pr.nn$net.result*(max(Boston$medv)-min(Boston$medv))+min
(Boston$medv)  #对输出结果去归一化处理
> test.r <- (test_$medv)*(max(Boston$medv)-min(Boston$medv))+min(Boston$medv)
#对原测试集的响应变量medv做去归一化处理
> plot(test.r,pr.nn_,col='blue',main='Real vs predicted NN',pch=18,cex=0.7)
```

```
#做预测值与原始数据的散点图
  > abline(0,1,lwd=2)
```

以上建立的神经网络模型包含两层隐含层，每层隐含层的神经元数量分别为 5 个和 3 个。使用的误差函数是 SSE（均方误差函数），激活函数是逻辑函数。图 11.12 给出了整个神经网络模型的图像，通过设定权重进行连接。图中的黑线表示每一层与其相关权重直接的关系，蓝色点线上的蓝色数值表示拟合过程中每一步被添加到蓝色线上的误差值（彩色图片见封底二维码十载包）。随后应用建立的神经网络模型对测试集进行住宅房屋中位数的预测，其中 compute 函数是 neuralnet 包中预测函数。图 11.13 给出了预测值与原始测试集数据的散点图，可以看到图中蓝色的散点大部分集中分布在 $y = x$ 这条直线附近或与之重叠，说明建立的神经网络模型的拟合效果是不错的。

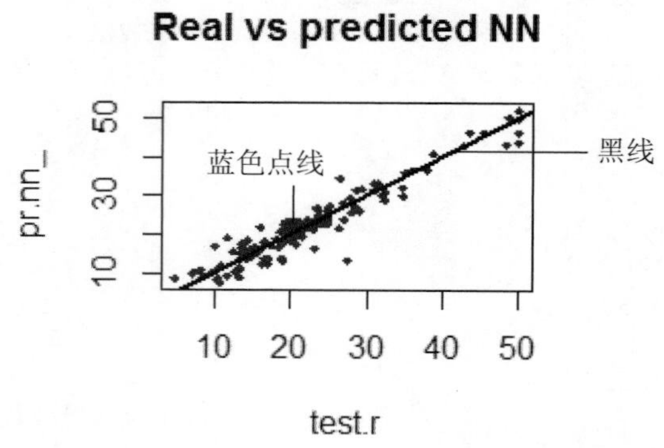

图 11.13　预测值与原始数据散点图